道路土工
擁壁工指針

(平成24年度版)

平成 24 年 7 月

公益社団法人　日本道路協会

序

　我が国は地形が急峻なうえ，地質・土質が複雑で地震の発生頻度も高く，さらには台風，梅雨，冬期における積雪等の気象上きわめて厳しい条件下におかれています。このため，道路構造物の中でも特に自然の環境に大きな影響を受ける道路土工に属する盛土，切土，擁壁，カルバート，あるいは付帯構造物である排水施設等の分野での合理的な調査，設計，施工及び適切な維持管理の方法の確立と，これらの土工構造物の品質の向上は重要な課題です。

　このようなことから，日本道路協会では，昭和31年に我が国における近代的道路土工技術の最初の啓発書として「道路土工指針」を刊行して以来，技術の進歩や工事の大型化等を踏まえて数回の改訂や分冊化を行ってまいりました。直近の改訂を行った平成11年時点で「道路土工－のり面工・斜面安定工指針」，「道路土工－排水工指針」，「道路土工－土質調査指針」，「道路土工－施工指針」，「道路土工－軟弱地盤対策工指針」，「道路土工－擁壁工指針」，「道路土工－カルバート工指針」，「道路土工－仮設構造物工指針」の8分冊及びこれらを総括した「道路土工要綱」の合計9分冊を刊行しています。また，この間の昭和58年度には「落石対策便覧」を，昭和61年度には「共同溝設計指針」を，平成2年度には「道路防雪便覧」を刊行しました。

　しかし，これらの中には長い間改訂されていない指針もあるという状況を踏まえ，道路土工をとりまく情勢の変化と技術の進展に対応したものとすべく，このたび道路工要綱を含む道路土工指針について全面的に改訂する運びとなりました。

　今回の改訂では技術動向を踏まえた改訂と併せて，道路工指針全体として大きく以下の4点が変わっております。

① 指針の利用者の便を考慮して，分冊化した指針の再体系化を図ることとし，これまでの「道路土工要綱」と8指針を，「道路土工要綱」及び「盛土工指針」，「切土工・斜面安定工指針」，「擁壁工指針」，「カルバート工指針」，「軟弱地盤対策工指針」，「仮設構造物工指針」の6指針に再編した。

② 性能規定型設計の考え方を道路土工指針としてはじめて取り入れた。
③ 各章節の記述内容の要点を枠書きにして，読みやすくするよう努めた。
④ 平成23年3月11日に発生した東日本大震災における教訓を反映した。

　なお，道路土工要綱をはじめとする道路土工指針は，現在の道路土工の標準を示してはいますが，同時に将来の技術の進歩及び社会的な状況変化に対しても柔軟に適合することが望まれます。これらへの対応と土工技術の発展のため，道路土工要綱および道路土工指針を手にする道路技術者におかれましては，今後とも自身の努力と創意工夫を続けてくださることをお願いします。

　本改訂の趣旨が正しく理解され，今後とも質の高い道路土工構造物の整備及び維持管理がなされることを期待してやみません。

平成24年7月

　　　　　　　　　　　　　　日本道路協会会長　井　上　啓　一

まえがき

　我が国の国土は，急峻な山地が大部分を占め，少ない平地部は社会・経済活動に高度に利用されています。このため，斜面上や限られた用地等，制約された条件での道路整備が求められることが多く，土だけでは安定を保ち得ない箇所において設けられる擁壁は，道路整備を行ううえで欠かせない構造物です。

　擁壁は，道路の盛土や切土の安定性を図るうえで重要な構造物であることを鑑み，平成11年3月の前回改訂においては，それまで「道路土工－擁壁・カルバート・仮設構造物工指針」であったものが3分冊化され，「道路土工－擁壁工指針」として内容の充実が図られました。

　一方，道路土工指針全体の課題として，近年の土工技術の目覚ましい発展を踏まえた，新技術を導入しやすい環境の整備や，学会や関連機関等における基準やマニュアル類の整備等，技術水準の向上への対応が必要となってきました。

　このため，道路土工指針検討小委員会の下に6つの改訂分科会を組織し，道路土工の体系を踏まえたより利用しやすい指針とすべく，道路土工要綱を含む土工指針の全面的な改編を行い，新たな枠組みとして，擁壁の構築に関する知識や技術の十分な理解を図ることを目的とした「道路土工－擁壁工指針」の改訂に至りました。

　道路土工指針全体に共通する，今回の主な改訂点は以下のとおりです。

① 指針の利用者の便を考慮して，分冊化した指針の再体系化を図ることとし，これまでの「道路土工要綱」と8指針を「道路土工要綱」と6指針に再編しました。
② 各分野での技術基準に性能規定型設計の導入が進められているなか，道路土工の分野においても，今後の技術開発の促進と新技術の活用に配慮し，性能規定型設計の考え方を道路土工指針として初めて取り入れました。
③ これまでも，道路土工に携わる技術者に対して，計画，調査，設計，施工，検査，維持管理の各段階における基本的な技術理念が明確となるように記述していましたが，その要点を枠書きとし，各章節の記述内容を読みやすくするよう努めました。

また、「道路土工－擁壁工指針」に関する今回の主な改訂点は以下のとおりです。
① 擁壁において生じる変状・損傷の発生形態とその原因を整理するとともに、これらの変状・損傷を防ぐために擁壁工の計画、調査、設計、施工、維持管理の各段階において留意すべき事項を整理しました。
② これまでの経験・実績に基づく設計方法を基本的に維持しつつ、性能規定型設計の枠組みを導入しました。これに伴い擁壁に要求される性能及び要求される事項を満足する範囲内で従来の方法によらない解析手法、設計方法、材料、構造等を採用する際の基本的考え方を整理して示しました。
③ 本指針において土圧の算定方法として採用している試行くさび法について、より合理的な算定が図られるよう算定方法の一部を見直しました。
④ これまでの被災事例等の経験や実績を踏まえ、もたれ式擁壁、ブロック積擁壁、U型擁壁の設計方法の一部を見直しました。
⑤ 近年、適用事例が増加している補強土壁について、これまでの被災事例等の経験や実績を踏まえ、補強土壁の主な変状とその原因、適用に当たっての留意点を整理して記載するとともに、補強土壁の基本的な設計・施工方法に関する記載の充実を図りました。

なお、本指針は、擁壁工における調査、計画、設計、施工、維持管理の考え方や留意事項を記述したものでありますが、「道路土工要綱」、「道路土工－盛土工指針」、「道路土工－切土工・斜面安定工指針」、「道路土工－軟弱地盤対策工指針」等と関連した事項が多々ありますので、これらと併せて活用をしていただくよう希望します。

最後に、本指針の作成に当たられた委員各位の長期にわたる御協力に対し、心から敬意を表するとともに、厚く感謝いたします。

平成24年7月

　　　　　　　　　　　　道路土工委員会委員長　古　賀　泰　之

道路土工委員会

委 員 長	古 賀 泰 之	
前委員長	嶋 津 晃 臣	
委　　員	安 樂　　敏	岩 崎 泰 彦
	岩 立 忠 夫	梅 山 和 成
	運 上 茂 樹	太 田 秀 樹
	岡 崎 治 義	岡 原 美知夫
	岡 本　　博	小 口　　浩
	梶 原 康 之	金 井 道 夫
	河 野 広 隆	木 村 昌 司
	桑 原 啓 三	古 関 潤 一
	後 藤 敏 行	佐々木　　康
	塩 井 幸 武	下 保　　修
	鈴 木 克 宗	鈴 木　　穰
	関　　克 己	田 村 敬 一
	常 田 賢 一	徳 山 日出男
	冨 田 耕 司	苗 村 正 三
	長 尾　　哲	中 西 憲 雄
	中 野 正 則	中 村 敏 一
	中 村 俊 行	祢 屋　　誠
	馬 場 正 敏	早 崎　　勉
	尾 藤　　勇	平 野 勇 志
	廣 瀬　　伸	深 澤 淳
	福 田　　正	松 尾　　修

　　　　　　　　　　　　　　　　　　　　　　　　　　　　　　三見　光彦
　　　　　　　　　　　　　　　　　　　　　　　　　　　　　　嶋波　信雄
　　　　　　　　　　　　　　　　　　　　　　　　　　　　　　村松　敏潔
　　　　　　　　　　　　　　　　　　　　　　　　　　　　　　吉田　安光
　　　　　　　　　　　　　　　　　　　　　　　　　　　　　　脇　　等彦
　　　　　　　　　　　　　　　　　　　　　　　　　　　　　　渡辺　和弘

　　　　　　　　　　　　　　　　　　　　　　　　　　　　　　史久　耕収宏重
　　　　　　　　　　　　　　　　　　　　　　　　　　　　　　博木山高田年崎雅
　　　　　　　　　　　　　　　　　　　　　　　　　　　　　　三水宮吉吉渡

　　　　　　　　　　　　　　　　　　　　　　　　稲垣　孝己
　　　　　　　　　　　　　　　　　　　　　　　　大窪　克温
　　　　　　　　　　　　　　　　　　　　　　　　大城　信茂
　　　　　　　　　　　　　　　　　　　　　　　　川崎　茂貞
　　　　　　　　　　　　　　　　　　　　　　　　後藤　貞良
　　　　　　　　　　　　　　　　　　　　　　　　小輪瀬　良喜
　　　　　　　　　　　　　　　　　　　　　　　　佐々木　喜直彦
　　　　　　　　　　　　　　　　　　　　　　　　塩井　直和秀
　　　　　　　　　　　　　　　　　　　　　　　　前佛　和隆史
　　　　　　　　　　　　　　　　　　　　　　　　玉越　隆昌一郎
　　　　　　　　　　　　　　　　　　　　　　　　中谷　昌次徳
　　　　　　　　　　　　　　　　　　　　　　　　福井　次修
　　　　　　　　　　　　　　　　　　　　　　　　持丸　修将
　　　　　　　　　　　　　　　　　　　　　　　　若尾　将

幹事
　　荒井　猛
　　岩崎　信義
　　大下　武志
　　川井田　実
　　倉重　毅
　　小橋　秀俊
　　今野　和則
　　佐々木　哲也
　　杉田　秀樹
　　田中　晴之
　　長尾　和之
　　中前　茂之久
　　松居　茂哉
　　横田　聖一
　　渡邊　良

道路土工指針検討小委員会

小委員長	苗村　正三	
前小委員長	古賀　泰之	
委　　員	荒井　　猛	五十嵐　己寿
	稲垣　　孝	岩崎　信義
	岩崎　泰彦	運上　茂樹
	大窪　克己	大下　武志
	大城　　温	川井田　実
	川崎　茂信	河野　広隆
	北川　　尚	倉重　　毅
	桑原　啓三	後藤　貞二
	小橋　秀俊	小輪瀬　良司
	今野　和則	佐々木　喜八
	佐々木　哲也	佐々木　康
	佐々木　靖人	塩井　直彦
	島　　博保	杉田　秀樹
	鈴木　　穣	前佛　和秀
	田中　晴之	玉越　隆史
	田村　敬一	長尾　和之
	中谷　昌一	中前　茂之
	中村　敏一	平野　　勇
	福井　次郎	福田　正晴
	藤沢　和範	松居　茂久
	松尾　　修	三浦　真紀

三嶋信雄
持丸修一
横田聖哉
吉村雅宏
脇坂安彦
三木博史
見波　潔
森川義人
吉田　等
若尾将徳
渡邊良一

幹　事

石井靖雄
市川明広
小澤直樹
甲斐一洋
北村佳則
神山宗泰
高木　男
土肥　学
樋口尚弘
星野　誠
松山裕幸
矢野公久
阿南修司
石田雅博
岩崎辰志
小野寺誠一
加藤俊二
倉橋稔幸
澤松俊寿
竹口昌弘
浜崎智洋
藤岡一頼
堀内浩三郎
宮武裕昭
藪　雅行

擁壁工指針改訂分科会

分科会長	小橋 秀俊	
前分科会長	大下 武志	
委員	赤川 正一	荒井 猛
	板清 弘	稲垣 孝
	上野 次男	大山 英郎
	小山 浩徳	川井田 実
	熊谷 陽寿	倉重 毅
	小輪瀬 良司	近藤 淳
	今野 和則	佐々木 喜八
	佐々木 哲也	塩井 直彦
	柴田 吉勝	杉崎 光義
	杉田 秀樹	田中 晴之
	中根 淳	中前 茂之
	福田 直三	本荘 清司
	本間 淳史	松居 茂久
	松尾 修	水谷 和彦
	水谷 美登志	持丸 修一
	吉村 雅宏	渡辺 博志
	渡邊 良一	若尾 将徳
幹事	石田 雅博	市村 靖光
	岩崎 辰志	榎本 忠夫
	岡田 太賀雄	小澤 直樹

甲斐	一洋		小野寺	誠一	
神山	泰夫		加藤	俊二	
近藤	益夫		北村	佳則	
白戸	真章		澤松	俊寿	
高橋	大裕		高木	宗男	
土肥	学		竹口	昌弘	
西田	秀明		中村	洋丈	
広瀬	剛		樋口	尚弘	
藤田	智弘		藤岡	一頼	
八ッ元	仁		宮武	裕昭	
藪	雅行		矢野	公久	

目　次

第1章　総　説 …………………………………………………………… 1
1 - 1　適 用 範 囲 …………………………………………………………… 1
1 - 2　用語の定義 …………………………………………………………… 3
1 - 3　擁壁の概要 …………………………………………………………… 4
　　1 - 3 - 1　擁壁の機能と種類 ……………………………………………… 4
　　1 - 3 - 2　擁壁の変状・損傷の発生形態 ……………………………… 11

第2章　擁壁工の基本方針 ……………………………………………… 16
2 - 1　擁壁の目的 …………………………………………………………… 16
2 - 2　擁壁工の基本 ………………………………………………………… 16

第3章　計 画・調 査 …………………………………………………… 23
3 - 1　計　　画 ……………………………………………………………… 23
3 - 2　調　　査 ……………………………………………………………… 31
　　3 - 2 - 1　調査の基本的な考え方 ……………………………………… 31
　　3 - 2 - 2　調 査 方 法 ……………………………………………………… 34

第4章　設計に関する一般事項 ………………………………………… 39
4 - 1　基 本 方 針 …………………………………………………………… 39
　　4 - 1 - 1　設計の基本 ……………………………………………………… 39
　　4 - 1 - 2　想定する作用 …………………………………………………… 41
　　4 - 1 - 3　擁壁の要求性能 ……………………………………………… 42
　　4 - 1 - 4　性能の照査 ……………………………………………………… 45
　　4 - 1 - 5　擁壁の限界状態 ……………………………………………… 46
　　4 - 1 - 6　照 査 方 法 ……………………………………………………… 49
4 - 2　荷　　重 ……………………………………………………………… 50

4-2-1　一　　　般	50
4-2-2　自　　　重	52
4-2-3　載　荷　重	52
4-2-4　土　　　圧	53
4-2-5　水圧及び浮力	55
4-2-6　地震の影響	56
4-2-7　風　荷　重	58
4-2-8　雪　荷　重	60
4-2-9　衝　突　荷　重	61
4-3　土の設計諸定数	63
4-4　使 用 材 料	71
4-4-1　一　　　般	71
4-4-2　コンクリート	71
4-4-3　鋼　　　材	73
4-4-4　裏込め材料	76
4-4-5　設計計算に用いるヤング係数	77
4-5　許容応力度	78
4-5-1　一　　　般	78
4-5-2　コンクリートの許容応力度	79
4-5-3　鉄筋の許容応力度	85
4-5-4　鋼材の許容応力度	86
4-5-5　鋼管杭の許容応力度	87
第5章　コンクリート擁壁	88
5-1　設 計 一 般	88
5-2　設計に用いる荷重	94
5-2-1　一　　　般	94
5-2-2　擁壁の自重	95
5-2-3　地震の影響	95

5－2－4	土圧の算定………………………………………………………		97
5－3	擁壁の安定性の照査…………………………………………………………		110
5－3－1	一　　　般………………………………………………………		110
5－3－2	直接基礎の擁壁における擁壁自体の安定性の照査…………		111
5－3－3	杭基礎の擁壁における擁壁自体の安定性の照査……………		136
5－3－4	背面盛土及び基礎地盤を含む全体としての安定性の検討…		138
5－4	部材の安全性の照査…………………………………………………………		142
5－4－1	一　　　般………………………………………………………		142
5－4－2	曲げモーメント及び軸方向力が作用するコンクリート部材		143
5－4－3	せん断力が作用するコンクリート部材………………………		144
5－5	耐久性の検討…………………………………………………………………		147
5－5－1	一　　　般………………………………………………………		147
5－5－2	塩害に対する検討………………………………………………		149
5－6	鉄筋コンクリート部材の構造細目…………………………………………		152
5－6－1	一　　　般………………………………………………………		152
5－6－2	最小鉄筋量………………………………………………………		153
5－6－3	最大鉄筋量………………………………………………………		153
5－6－4	鉄筋のかぶり……………………………………………………		154
5－6－5	鉄筋のあき………………………………………………………		154
5－6－6	鉄筋の定着………………………………………………………		155
5－6－7	鉄筋のフック及び曲げ形状……………………………………		155
5－6－8	鉄筋の継手………………………………………………………		155
5－6－9	せん断補強鉄筋…………………………………………………		156
5－6－10	配力鉄筋及び圧縮鉄筋…………………………………………		156
5－7	各種構造形式のコンクリート擁壁の設計…………………………………		157
5－7－1	一　　　般………………………………………………………		157
5－7－2	重力式擁壁………………………………………………………		157
5－7－3	もたれ式擁壁……………………………………………………		160
5－7－4	ブロック積（石積）擁壁………………………………………		168

5－7－5	片持ばり式擁壁………………………………………	177
5－7－6	Ｕ型擁壁……………………………………………	190
5－7－7	井げた組擁壁………………………………………	195
5－7－8	プレキャストコンクリート擁壁…………………	198
5－8	コンクリート擁壁における基礎の部材の設計……………	200
5－9	排 水 工………………………………………………………	203
5－9－1	一 般………………………………………………	203
5－9－2	表面排水工及び裏込め排水工……………………	204
5－10	付 帯 工………………………………………………………	212
5－10－1	伸縮目地及びひび割れ誘発目地…………………	212
5－10－2	付属施設……………………………………………	213
5－11	施工一般………………………………………………………	215
5－11－1	施工の基本方針……………………………………	215
5－11－2	基 礎 工……………………………………………	216
5－11－3	躯 体 工……………………………………………	219
5－11－4	裏込め工……………………………………………	220
5－11－5	安全対策……………………………………………	220

第6章	補強土壁…………………………………………………………	223
6－1	補強土壁の定義と適用………………………………………	223
6－2	設計一般………………………………………………………	234
6－3	設計に用いる荷重……………………………………………	239
6－4	使用材料………………………………………………………	247
6－5	部材の安全性及び補強土壁の安定性の照査………………	250
6－6	耐久性の検討…………………………………………………	259
6－7	基 礎 工………………………………………………………	261
6－8	排 水 工………………………………………………………	263
6－8－1	一 般………………………………………………	263
6－8－2	排水工の設計………………………………………	265

6-9	付帯する構造	270
	6-9-1 補強材の配置，壁面材の目地等	270
	6-9-2 付属施設	272
6-10	施工一般	274
	6-10-1 施工の基本方針	274
	6-10-2 基礎工	276
	6-10-3 壁面材及び補強材の設置	278
	6-10-4 盛土工	279

第7章 軽量材を用いた擁壁

7-1	軽量材を用いた擁壁の定義と適用	283
7-2	設計一般	286
7-3	発泡スチロールブロックを用いた擁壁	291
7-4	気泡混合軽量土を用いた擁壁	297

第8章 維持管理

8-1	基本方針	303
8-2	記録の保存	304
8-3	点検・保守	304
8-4	補修・補強対策	309

巻末資料 ……………………………………………………………… 317

資料-1	その他の擁壁	319
資料-2	基礎形式の一般的な適用性	324
資料-3	地震動の作用に対する擁壁自体の安定性の照査に関する参考資料	325
資料-4	防災点検による安定度判定及びその活用	336

第1章　総　　説

1－1　適用範囲

> 擁壁工指針（以下，本指針）は，道路土工における擁壁の計画，調査，設計，施工及び維持管理に適用する。

(1) 指針の適用

　本指針は，主に道路土工における擁壁の計画，調査，設計，施工及び維持管理の基本的な考え方やその手法，留意事項について示したものである。また，擁壁に防護柵や遮音壁等の付帯構造物を直接取り付ける場合の基本的な考え方についても示している。

　本指針の適用に当たっては，以下の指針を併せて適用する。
1) 道路土工要綱
2) 道路土工－切土工・斜面安定工指針
3) 道路土工－盛土工指針
4) 道路土工－軟弱地盤対策工指針
5) 道路土工－カルバート工指針
6) 道路土工－仮設構造物工指針

　なお，擁壁は，多様な条件のもとで設置されており，これら全ての条件に対する考え方を示すのは困難であることから，本指針においては擁壁工を実施する際の基本的な事項のみを示すこととする。本指針に記述の無い事項は，本指針で述べる基本的な考え方を理解し，必要に応じて関連する技術基準等を参考に，総合的な検討を行うことにより，経済的かつ合理的な計画，調査，設計，施工及び維持管理を行う必要がある。

(2) 指針の構成

　本指針の構成を以下に示す。

第1章　総　　説
　本指針の適用範囲，用語の定義，擁壁の機能と種類，擁壁の変状・損傷の発生形態を示した。

第2章　擁壁工の基本方針
　擁壁の目的，擁壁工を実施するに当たって留意すべき基本的な事項，計画・調査・設計・施工・維持管理の各段階での基本的な考え方を示した。

第3章　計画・調査
　擁壁の設計・施工に先立って行う計画・調査について，その基本方針と手順，検討すべき事項を示した。

第4章　設計に関する一般事項
　擁壁の設計に当たって要求される性能及び性能照査に関する基本的な考え方を示した。

第5章　コンクリート擁壁
　コンクリート擁壁に適用することのできる慣用的な設計方法，施工方法を示した。

第6章　補 強 土 壁
　補強土壁に適用することのできる慣用的な設計方法，施工方法を示した。

第7章　軽量材を用いた擁壁
　軽量材を用いた擁壁に適用することのできる慣用的な設計方法，施工方法を示した。

第8章　維 持 管 理
　擁壁の維持管理の基本的な考え方を示した。

(3) 関係する法令，基準，指針等
　擁壁の計画，調査，設計，施工及び維持管理に当たっては，「道路土工要綱　基本編　第1章　総説」に掲げられた関連する法令等を遵守する必要がある。また，本指針及び(1)で述べた指針，以下の基準・指針類を参考に行うものとする。
　「道路構造令の解説と運用」（平成16年；日本道路協会）
　「道路橋示方書・同解説　Ⅰ共通編」（平成24年；日本道路協会）
　「道路橋示方書・同解説　Ⅱ鋼橋編」（平成24年；日本道路協会）

「道路橋示方書・同解説　Ⅲコンクリート橋編」（平成24年；日本道路協会）
「道路橋示方書・同解説　Ⅳ下部構造編」（平成24年；日本道路協会）
「道路橋示方書・同解説　Ⅴ耐震設計編」（平成24年；日本道路協会）
「防護柵の設置基準・同解説」（平成20年；日本道路協会）
「道路照明施設設置基準・同解説」（平成19年；日本道路協会）
「道路標識設置基準・同解説」（昭和62年；日本道路協会）
「地盤調査の方法と解説」（平成16年；地盤工学会）
「地盤材料試験の方法と解説」（平成21年；地盤工学会）
「舗装の構造に関する技術基準・同解説」（平成13年；日本道路協会）

なお，これらの基準・指針類が改訂され，参照する事項について変更がある場合は，新旧の内容を十分に比較したうえで適切に準拠するものとする。

1-2　用語の定義

本指針で用いる用語の意味は次のとおりとする。
(1) 擁壁，擁壁工
　　土砂の崩壊を防ぐために土を支える構造物で，土工に際し用地や地形等の関係で土だけでは安定を保ち得ない場合に，盛土部及び切土部に作られる構造物を擁壁といい，擁壁を構築する一連の行為を擁壁工という。
(2) コンクリート擁壁
　　躯体が，主にコンクリートまたは鉄筋コンクリートにより構成される擁壁。
(3) 補強土壁
　　盛土内に敷設した補強材と鉛直または鉛直に近い壁面材とを連結し，壁面材に作用する土圧と補強材の引抜き抵抗力が釣り合いを保つことにより，土留め壁として安定を保つ土工構造物。
(4) 軽量材を用いた擁壁
　　裏込め材料に自立性や自硬性を有する軽量材を用いて土圧の軽減を図ることで壁面材を簡略化し，この壁面材と軽量材が一体で擁壁としての機能を発揮する土工構造物。

(5) 直接基礎

　　擁壁からの荷重を擁壁底面より基礎地盤に直接伝えることで安定する基礎形式。なお、地盤改良や置換え土により改良した地盤上に擁壁を直接設ける場合も直接基礎に分類する。

(6) 杭基礎

　　杭を用いた基礎で、擁壁からの荷重を底版と結合した杭により基礎地盤に伝えることで安定する基礎形式。

(7) レベル1地震動

　　道路土工構造物の供用期間中に発生する確率が高い地震動。

(8) レベル2地震動

　　道路土工構造物の供用期間中に発生する確率は低いが、大きな強度をもつ地震動。

1－3　擁壁の概要

1－3－1　擁壁の機能と種類

　擁壁工の実施に当たっては、構造形式や使用材料による擁壁の種類の違い、及びその特徴について十分認識しておく必要がある。

(1) 擁壁の機能

　我が国の国土は、急峻な山地が大部分を占め、少ない平地部は社会・経済活動に高度に利用されている。このため、斜面上や限られた用地等、制約された条件での道路整備が求められることが多く、用地や地形等の関係で土だけでは安定を保ち得ない箇所において設けられる擁壁は、道路整備を行ううえで欠かせない構造物である。

　我が国の地質・土質は複雑で、地震・豪雨等により自然環境も厳しい条件下におかれる。このため、擁壁は経済的であるとともに、地震・豪雨等の自然災害に強いことが求められる。

また，道路土工は，道路の通過する地域における環境や景観に変化をもたらすものであり，その中でも擁壁は，その設置位置や設置箇所の多さから地域環境や景観に与える影響は大きい。したがって，擁壁の適用に当たっては，地形，地質・土質，気象，道路の平面・縦横断形状等の工学的な設計・施工条件とともに，周辺の地域環境，景観等の条件についても配慮することが求められる。

　擁壁工の実施に当たっては，このような擁壁の特徴を十分認識したうえで，擁壁を設置する目的と状況を明確に把握し，その目的に十分に対応できるように後述する様々な構造形式の擁壁の中から最適なものを選定する必要がある。

　なお，擁壁は設置場所に応じて盛土部擁壁と切土部擁壁に区分される。盛土部擁壁とは，**解図1－1**に示すように，擁壁の裏込めに地形的に制約のない平地部または緩斜面に設けられた擁壁をいう。山岳地帯の斜面や切土部に設けられる擁壁の場合でも，切土部の勾配が緩い，または切土面の位置が擁壁背面に接近していないなどの理由で地山斜面や切土部が擁壁に作用する土圧に影響を与えることが少ないとみなせる場合には，盛土部擁壁として考えてよい。また，切土部擁壁とは，**解図1－2**に示すように，切土のり面に直接設ける場合あるいは擁壁の背後に切土のり面または地山斜面等が近接し，擁壁に作用する土圧がこれらの存在によって影響を受ける擁壁をいう。

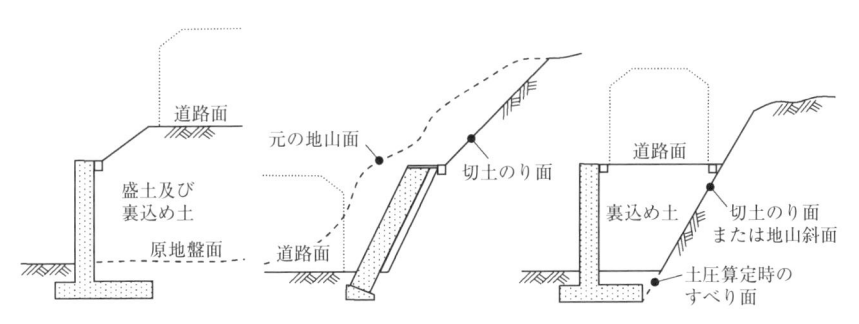

(a) 切土のり面に設ける場合　(b) 切土のり面または地山斜面等が近接した場所に設ける場合

解図1－1　盛土部擁壁　　　　**解図1－2　切土部擁壁**

(2) 擁壁の種類

　擁壁は，主要部材の材料や形状，力学的な安定のメカニズム等により様々に分類されるが，主にその構造形式や設計方法の相違により分類すると，**解図1-3**に示すように，コンクリート擁壁，補強土壁，軽量材を用いた擁壁及びその他の擁壁に大別される。

　コンクリート擁壁は，さらに力学的な特性から重力式擁壁，ブロック積擁壁，片持ばり式擁壁，U型擁壁，井げた組擁壁に分類される。重力式擁壁は，重力式擁壁，もたれ式擁壁，半重力式擁壁に細分され，ブロック積擁壁はブロック積（石積）擁壁と大型ブロック積擁壁とに細分されるが，大型ブロック積擁壁も構造形式によってはもたれ式擁壁と同様の力学的な特性を持つものもある。また，片持ばり式擁壁は逆T型擁壁，L型擁壁，逆L型擁壁，控え壁式擁壁，支え壁式擁壁に，U型擁壁は掘割式U型擁壁，中詰め式U型擁壁に，それぞれ細分される。

　補強土壁は補強材の使用材料によって帯鋼補強土壁，アンカー補強土壁，ジオテキスタイル補強土壁等に細分される。

　軽量材を用いた擁壁において用いられる軽量材には，発泡スチロールブロックや気泡混合土等がある。

　その他の擁壁には，山留め式擁壁，深礎杭式擁壁等がある。

　これらの擁壁の種類のうち，主な擁壁の形式を**解図1-4**に示す。以下に，これらの擁壁の構造特性を示す。

```
                                        ┌─ 重 力 式 擁 壁
                          ┌─ 重 力 式 擁 壁 ─┼─ も た れ 式 擁 壁
                          │                └─ 半 重 力 式 擁 壁
                          │
                          │                ┌─ ブロック積（石積）擁壁
                          ├─ ブロック積擁壁 ─┤
                          │                └─ 大型ブロック積擁壁
                          │
          ┌─ コンクリート ─┤                ┌─ 逆 T 型 擁 壁
          │    擁    壁    │                ├─ L 型 擁 壁
          │                ├─ 片持ばり式擁壁 ─┼─ 逆 L 型 擁 壁
          │                │                ├─ 控 え 壁 式 擁 壁
          │                │                └─ 支 え 壁 式 擁 壁
          │                │
          │                │                ┌─ 掘 割 式 U 型 擁 壁
          │                ├─ U 型 擁 壁 ─┤
          │                │                └─ 中詰め式 U 型擁壁
          │                │
          │                └─ 井げた組擁壁
          │
          │                    ┌─ 帯 鋼 補 強 土 壁
擁  壁 ─┼─ 補 強 土 壁 ──────┼─ アンカー補強土壁
          │                    └─ ジオテキスタイル補強土壁　等
          │
          │   軽 量 材 を      ┌─ 発泡スチロールを用いた擁壁
          ├─ 用 い た 擁 壁 ─┤
          │                    └─ 気泡混合土を用いた擁壁　等
          │
          │                  ┌─ 山留め式擁壁 ─┬─ アンカー付き山留め式擁壁
          └─ その他の擁壁 ─┤                  └─ 自立山留め式擁壁
                              └─ 深礎杭式擁壁
```

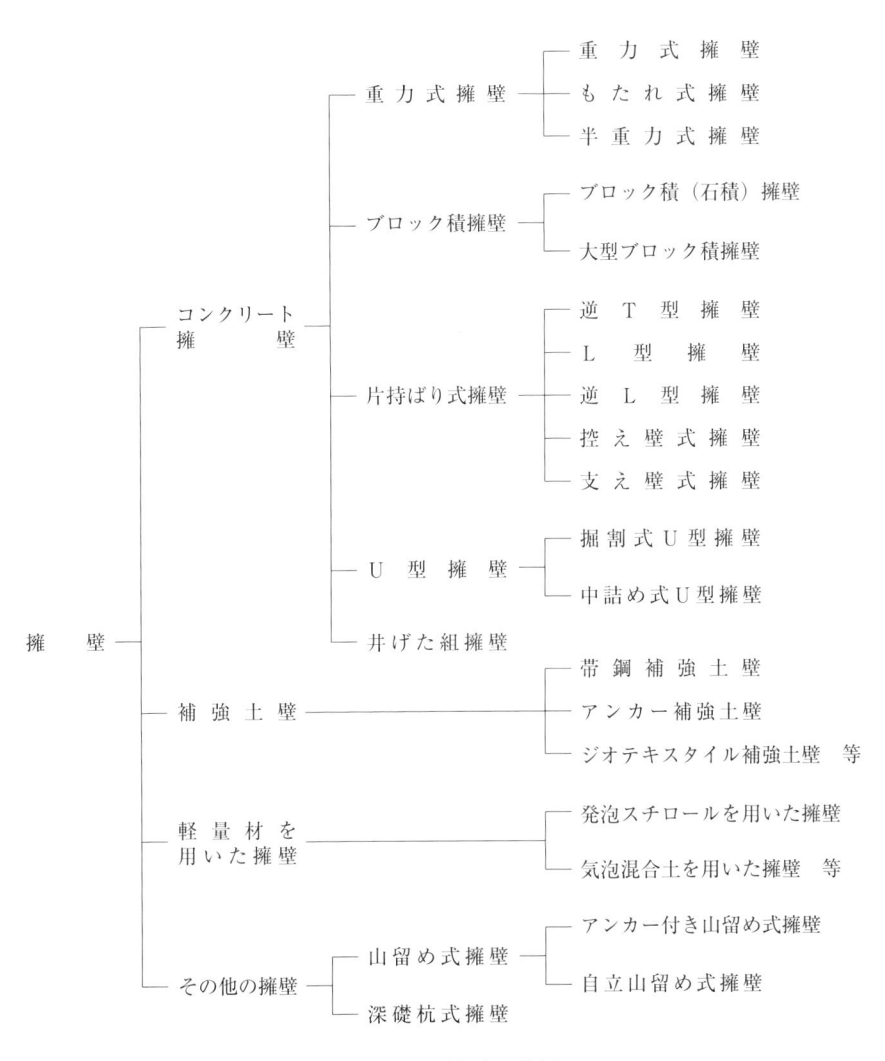

解図 1 − 3 擁壁の種類

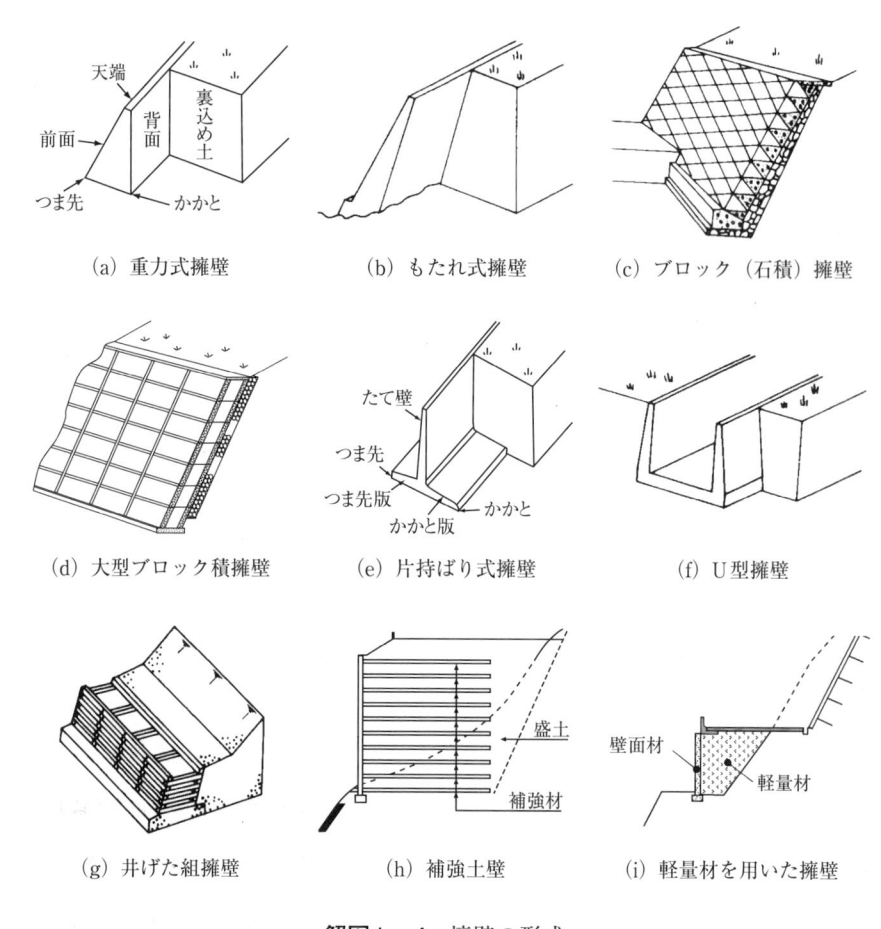

(a) 重力式擁壁
(b) もたれ式擁壁
(c) ブロック（石積）擁壁
(d) 大型ブロック積擁壁
(e) 片持ばり式擁壁
(f) U型擁壁
(g) 井げた組擁壁
(h) 補強土壁
(i) 軽量材を用いた擁壁

解図1－4　擁壁の形式

(a) 重力式擁壁
　躯体自重により土圧に抵抗するコンクリート製の擁壁。重力式擁壁の躯体断面を減じ，躯体内に生じる引張力を鉄筋によって抵抗させた半重力式擁壁もある。
(b) もたれ式擁壁
　擁壁自体では自立せず，地山あるいは裏込め土等にもたれた状態で自重によって土圧に抵抗する形式の擁壁。

(c) ブロック積（石積）擁壁

　コンクリートブロックあるいは石を積み重ね，胴込めコンクリートにより一体化を図り，自重により急勾配ののり面を保持する擁壁。安定している地山や盛土等，土圧が小さい場合に適用される。

(d) 大型ブロック積擁壁

　施工の省人化及び安定性の向上を図るために，コンクリートブロックの大きさを従来のものより大きくした大型ブロックを積み重ねた擁壁。胴込めコンクリートまたはブロック間のかみ合わせにより一体化を図り，自重により急勾配ののり面を保持するものや，ブロック間の結合を強固にし，一体となって自重により土圧に抵抗できる構造のものがある。

(e) 片持ばり式擁壁

　たて壁と底版とからなる鉄筋コンクリート製の擁壁。たて壁の位置により逆T型，L型，逆L型と呼ばれる。また，たて壁の背面側に設けた控え壁によって，たて壁と底版（かかと版）の間の剛性を補った擁壁（控え壁式擁壁）や，たて壁の前面側に設けた支え壁によってたて壁と底版（つま先版）の間の剛性を補った擁壁（支え壁式擁壁）もある。

(f) U型擁壁

　側壁と底版が一体となり，U字型またはそれに類似の形状を有する擁壁。掘割道路や立体交差の取付け部等に用いられる。掘割道路のように内部の空間を利用する掘割式U型擁壁と，内部に土等を詰めてその上面を利用する中詰め式U型擁壁がある。

(g) 井げた組擁壁

　プレキャストコンクリート等の部材を井げた状に組んで積み上げ，その内部に栗石等を詰め，一体となって土圧に抵抗する形式の擁壁。

(h) 補強土壁

　盛土内に敷設した補強材と鉛直または鉛直に近い壁面材とを連結し，壁面材に作用する土圧と補強材の引抜き抵抗力が釣り合いを保つことにより，土留め壁として安定を保つ土工構造物。補強材に帯状の鋼材を用いる帯鋼補強土壁やアンカープレート付きの鋼棒を用いるアンカー補強土壁，高分子材の補強材を用いる

ジオテキスタイル補強土壁等がある。なお、「道路土工指針」においては、このような補強材を用いた土工構造物のうち、のり面勾配（壁面勾配）が、1:0.6より急なものを「補強土壁」、1:0.6またはそれより緩いものを「補強盛土」と定義し、「補強土壁」については本指針に示し、「補強盛土」については「道路土工－盛土工指針」に示している。

(i) 軽量材を用いた擁壁

裏込め材料に自立性や自硬性を有する軽量材を用いて土圧の軽減を図ることで壁面材を簡略化し、この壁面材と軽量材が一体で擁壁としての機能を発揮する土工構造物。軽量材には、発泡スチロールブロックや気泡混合土等が用いられる。

(j) その他の擁壁

1) 山留め式擁壁

壁面の曲げ剛性と主に根入れ部の水平抵抗によって安定を保つ形式の擁壁。アンカー付き山留め式擁壁は、地山に設けたアンカー体の抵抗を加味して安定を保つ形式の擁壁。自立山留め式擁壁は、根入れ部の水平抵抗のみで安定を保つ形式の擁壁。

2) 深礎杭式擁壁

深礎杭を原地盤面よりも上まで立ち上げ、原地盤面上の杭間をコンクリート壁等で土留めし、深礎杭の曲げ剛性と主に根入れ部の水平抵抗によって安定を保つ形式の擁壁。

なお、その他の擁壁（山留め式擁壁、深礎杭式擁壁）については、「巻末資料　資料－1　その他の擁壁」に紹介しているので参考にするとよい。

これらのほか、鋼製部材やプレキャストコンクリートで重力式擁壁の型枠を形成し土砂で中詰めを行った形式の擁壁、鋼材とタイロッドを組み合わせた二重締切形式の擁壁等がある。

解図1－5に、直接基礎の片持ばり式擁壁を事例として擁壁各部の名称を示す。このほかの種類の擁壁における各部の名称については、それぞれの設計の考え方を記載した箇所に示しているので参照されたい。

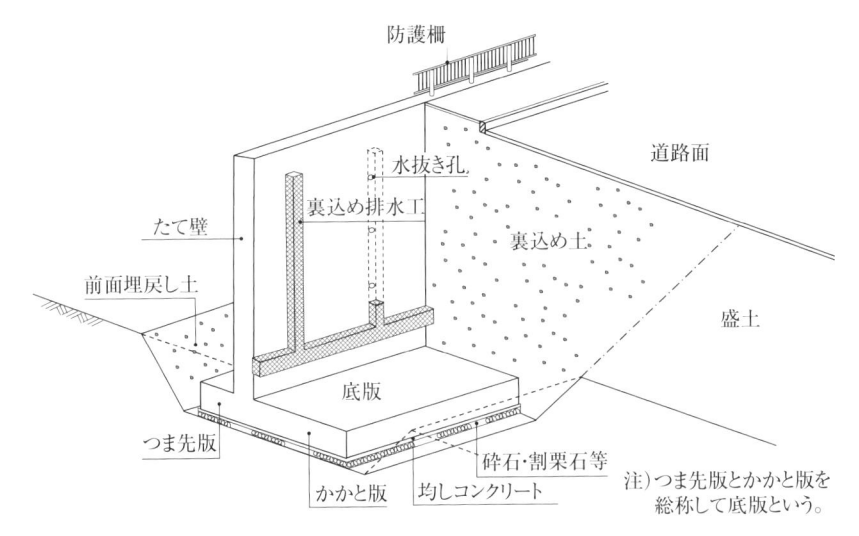

解図1－5　擁壁の各部の名称（直接基礎の片持ばり式擁壁の例）

1－3－2　擁壁の変状・損傷の発生形態

擁壁工の実施に当たっては，擁壁の変状・損傷の発生形態に十分に留意しなければならない。

　擁壁の変状・損傷の発生形態は，解図1－6に示すように多様であるが，設置箇所における地形，地質・土質，降雨，地下水，湧水等の調査・検討及びその対応が不十分であることが変状・損傷要因の大半である。特に，集水地形の箇所に設置された擁壁，斜面上に設置された擁壁，軟弱地盤上に設置された擁壁等で変状・損傷が発生することが多く，こうした箇所においては十分な注意が必要である。また，擁壁は，一般に縦断方向に長い構造物であり，横断及び縦断方向において設置箇所の条件が変化する場合があることにも留意する必要がある。

　擁壁工の実施において，一般的に留意すべき擁壁の変状・損傷の発生形態とその主な原因について，解図1－6の(a)～(g)に従って以下に示す。なお，補強土壁特有の変状・損傷の発生形態については，「第6章　補強土壁」に示している。

a) 滑動

擁壁に作用する荷重の増加や滑動抵抗力の低下が生じ，水平方向の荷重が基礎地盤の抵抗力を超過すると，擁壁が前面側に押し出される現象が起き，擁壁天端と背面盛土の接地面に地割れや擁壁のブロック間にずれが発生する。荷重の増加の原因としては，裏込め土への雨水や湧水等の浸透による土圧や水圧の増加，地震動による慣性力や地震時土圧の作用がある。滑動抵抗力の低下の原因としては，擁壁の前面地盤の掘削や洗掘による前面抵抗の喪失や雨水の浸透等による基礎地盤の飽和化に伴うせん断抵抗力の低下や浮力の影響がある。また，基礎の根入れが浅い場合には，凍結融解や乾湿の繰返し等による基礎地盤のせん断抵抗力の低下も原因となることがある。このほか施工時における不適切な基礎地盤の掘削・整地によっても滑動抵抗力の不足の原因となることもある。

b) 転倒・支持力不足

擁壁に作用する荷重の増加や支持力の低下によって，擁壁前面側に回転させるモーメントに対して抵抗するモーメントが不足する場合や，鉛直方向の荷重に対して地盤の支持力が不足する場合，擁壁が前面方向に傾倒し前面側が地盤にめり込み，擁壁天端と背面盛土の接地面に地割れや擁壁のブロック間にずれや段差等が発生する。荷重の増加の原因としては，a)と同様に裏込め土への雨水や湧水等の浸透による土圧や水圧の増加，地震動による慣性力や地震時土圧の作用がある。支持力の低下の原因としては，降雨等の影響での地下水位の上昇による支持力の低下がある。このような現象は，調査・設計時における斜面地盤での地層構成や湧水等の調査不足，あるいは施工時における支持層の確認不足により基礎地盤が必要な支持力を有していないことによっても生じる。

c) 軟弱地盤における沈下

軟弱な土層を含む地盤上に擁壁が設置されると，背面盛土等の影響で軟弱な土層に圧密沈下が生じる。この圧密沈下量が大きいと，擁壁が背面側に倒れ込むような現象が起き，擁壁のブロック間で不同沈下によるずれや段差等が発生する。このような現象は，横断及び縦断方向の地層構成等の調査不足等により生じることが大半であるが，背面盛土高さの設計変更や地下水の汲み上げ等による地下水位の低下による圧密の進行が原因となることもある。また，杭基礎の場合，圧密

沈下が生じるおそれのある地盤では，杭周面に下向きに作用する負の周面摩擦力による影響も原因と考えられる。

d-1) 円弧すべり，d-2) 斜面上のすべり，d-3) 軟弱な土層を含むすべり

擁壁に作用する荷重の増加や背面盛土及び基礎地盤を含む地盤のせん断抵抗力の低下によって，せん断抵抗力が作用荷重より小さくなると，背面盛土や基礎地盤を通るすべりが生じる。これに伴い擁壁が背面方向に回転し，前面側の地盤が盛り上がるような現象が起き，擁壁のブロック間でずれや段差等が発生する。荷重の増加の原因としては，a) と同様に裏込め土への雨水や湧水等の浸透による土圧や水圧の増加，地震動による慣性力や地震時土圧の作用がある。せん断抵抗力の低下の原因としては，降雨等による地下水位や湧水量の変動がある。このような現象は，横断及び縦断方向の地層構成等の調査不足によっても生じる。特に，斜面地盤や基礎地盤の下方に軟弱な土層がある場合には，擁壁や背面盛土の高さに応じた規模のすべりが発生することが多く，注意が必要である。

e) 側方移動

軟弱地盤に設ける杭基礎の擁壁では，背面盛土による偏荷重を受け，杭基礎が側方移動を起こし，擁壁が背面方向に回転しながら倒れ込み，沈下し，擁壁のブロック間では，ずれや段差等が発生することがある。これは，側方移動に対する設計時の不適切な対処，施工における背面盛土の不適切な盛土材料の使用による重量の増加，横断及び縦断方向の地層構成等の調査不足が主な原因と考えられる。

f) 擁壁躯体の損傷

擁壁躯体の耐力が不足すると，躯体の途中に屈折やずれが発生する。これは，地震動による慣性力や地震時土圧の作用，降雨等の影響による盛土内の水位の上昇にともなう水圧や土圧の増加，ブロック積擁壁の胴込めコンクリートの強度や充填厚さ不足，重力式擁壁やもたれ式擁壁の躯体コンクリートの打継ぎ目の不適切な施工，コンクリートの劣化や鉄筋の腐食等が主な原因と考えられる。このほか，ブロック積擁壁では水抜き孔から水と同時に背面盛土が流失し，背面盛土に空洞または陥没，躯体の破損が発生することもある。

g) 擁壁基礎の洗掘

擁壁基礎の根入れ部及び基礎地盤の土砂が流水や波浪により洗い流された場

合，擁壁が前面側に傾いたり，ずれ落ちるような現象が起きる。これは，河川の河道変動のほか，将来の洗掘が予想される箇所での根入れ深さの不足や洗掘防止工（根固め工）の未設置等が原因と考えられる。なお，河川の湾曲部，水衝部，狭隘部等では，河床の低下が生じやすく，供用後に洗掘される可能性は相対的に高いと考えられるので，特に注意が必要である。

(a) 滑動　　　(b) 転倒・支持力不足　　　(c) 軟弱地盤における沈下

軟弱な土層

沈下

(d-1) 円弧すべり　　　(d-2) 斜面上のすべり

沈下

軟弱地盤

側方移動

支持層

(d-3) 軟弱な土層（液状化も含む）を含むすべり

軟弱な土層

(e) 側方移動

クラック等の発生　過大な土圧の発生

(f) 擁壁躯体の損傷

洪水時

洗掘

(g) 擁壁基礎の洗掘

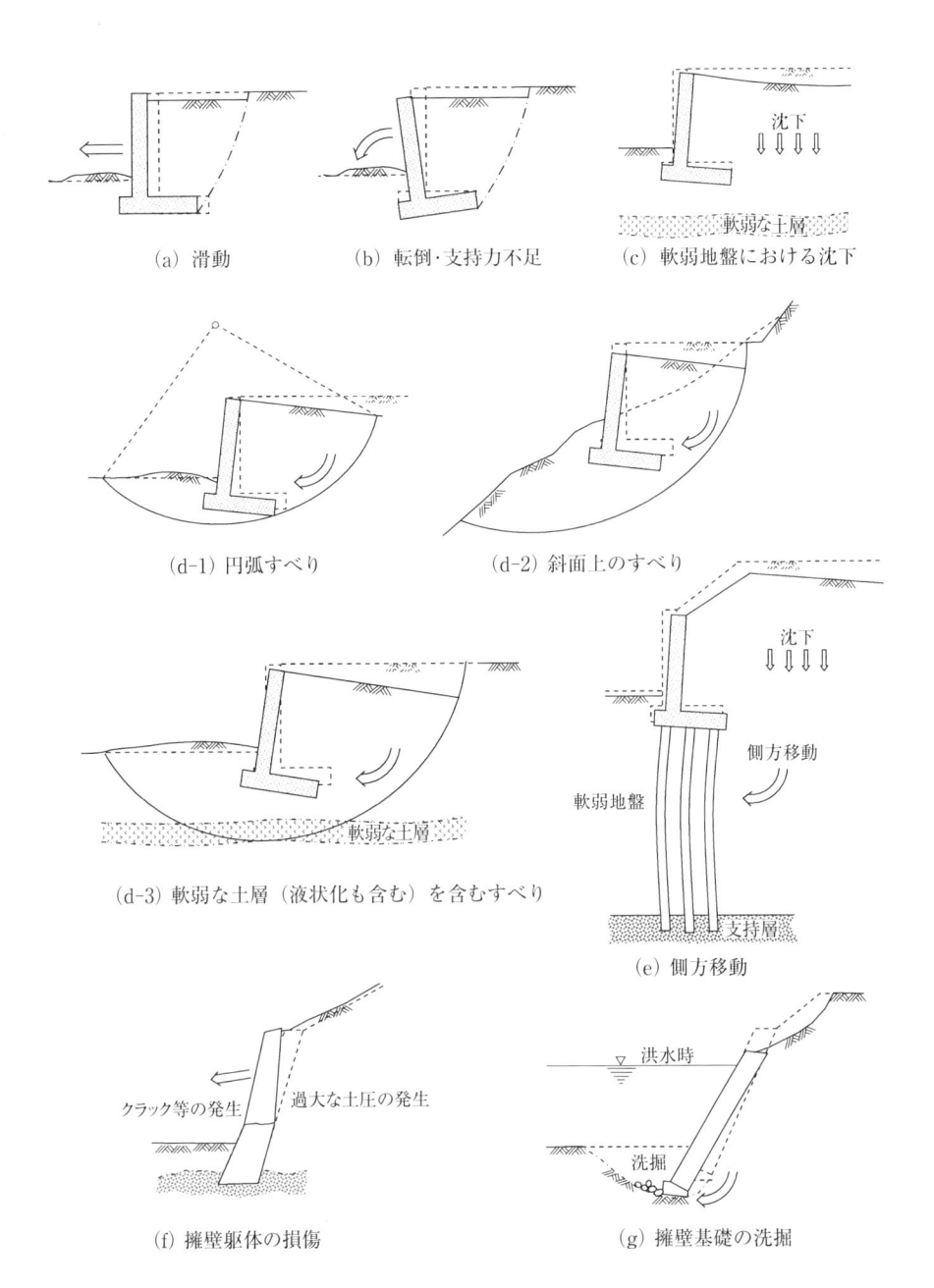

解図1－6　擁壁の変状・損傷の発生形態

― 15 ―

第2章　擁壁工の基本方針

2−1　擁壁の目的

> 擁壁は，供用開始後の長期間に渡り，擁壁背面の土砂の崩壊を防ぐとともに，道路交通の安全かつ円滑な状態を確保するための機能を果たすことを基本的な目的とする。

　擁壁は，供用開始後の長期間に渡り，擁壁背面の土砂の崩壊を防ぐとともに，道路交通の安全かつ円滑な状態を確保するための機能を果たすという基本的な目的を達成するため，常時の作用のみならず，降雨，地震動の作用等の自然現象により生じる変状・損傷及び道路が受ける被害，並びに道路周辺の人命・財産に及ぶ被害を最小限に留めなければならない。

2−2　擁壁工の基本

> (1) 擁壁工の実施に当たっては，使用目的との適合性，構造物の安全性，耐久性，施工品質の確保，維持管理の容易さ，環境との調和，経済性を考慮しなければならない。
> (2) 擁壁工の実施に当たっては，擁壁の特性を踏まえて計画，調査，設計，施工及び維持管理を適切に実施しなければならない。

(1) 擁壁工における留意事項
　擁壁工を実施するに当たり常に留意しなければならない基本的な事項を示したものである。
1)　使用目的との適合性
　使用目的との適合性とは，擁壁が計画どおりに交通に利用できる機能のことであり，通行者が安全かつ快適に使用できる供用性等を含む。

2) 構造物の安全性

　構造物の安全性とは，常時の作用，降雨の作用，地震動の作用等に対し，擁壁が適切な安全性を有していることである。

3) 耐久性

　耐久性とは，擁壁に経年的な劣化が生じたとしても使用目的との適合性や構造物の安全性が大きく低下することなく，所要の性能が確保できることである。例えば，乾湿繰り返しや凍結融解等の作用，塩害の影響等に対して耐久性を有していなければならない。

4) 施工品質の確保

　施工品質の確保とは，使用目的との適合性や構造物の安全性を確保するために確実な施工が行える性能を有することであり，施工中の安全性も有していなければならない。このためには構造細目への配慮を設計時に行うとともに，施工の良し悪しが耐久性に及ぼす影響が大きいことを認識し，品質の確保に努めなければならない。

5) 維持管理の容易さ

　維持管理の容易さとは，供用中の日常点検，材料及び部材の状態の調査，補修作業等が容易に行えることであり，これは耐久性や経済性にも関連するものである。

6) 環境との調和

　環境との調和とは，擁壁が建設地点周辺の社会環境や自然環境に及ぼす影響を軽減あるいは調和させること，及び周辺環境にふさわしい景観性を有すること等である。

7) 経済性

　経済性に関しては，ライフサイクルコストを最小化する観点から，単に建設費を最小にするのではなく，点検管理や補修等の維持管理費を含めた費用がより小さくなるよう心がけることが大切である。

(2) 擁壁工の各段階における留意事項

　擁壁は，「1-2　用語の定義」において述べたように，盛土部または切土部に

おいて土砂の崩壊を防ぐために構築される土工構造物であり，擁壁工は道路土工全体や盛土工，切土工との関連性を踏まえて検討を行う必要がある。

なお，道路土工全般，切土部全般，盛土部全般に対する技術的要点や留意事項については，それぞれ「道路土工要綱」，「道路土工－切土工・斜面安定工指針」，「道路土工－盛土工指針」に記載されているので参照されたい。

擁壁工は基本的に計画・調査・設計・施工・維持管理の工程からなり，その実施に当たっては，擁壁の機能，特徴，生じやすい変状・損傷とその原因等を踏まえ，計画から維持管理までを適切に実施していく必要がある。各段階で留意すべき事項を列挙すると次のとおりである。

1) 計画から維持管理までの全般にわたる留意事項
   ① 裏込め材料の選定，締固め及び基礎地盤の確認

   擁壁に作用する主たる荷重は自重及び土圧であり，擁壁はその荷重を基礎地盤に伝え，基礎地盤から反力を受けることで安定する。したがって，裏込め材料や基礎地盤の条件は擁壁の性能に大きく影響する。しかしながら，擁壁に用いる裏込め材料と基礎地盤について，施工以前の段階で直接確認することが難しい場合や施工時の状況により予定していた裏込め材料等が利用できない場合もある。このような場合には，施工の段階で裏込め材料及び基礎地盤について，再度確認を行い，必要に応じて設計変更を行うなどの対応が必要である。また，裏込め材料の締固めを入念に行い，裏込め土の力学特性の向上等を図ることが必要である。特に，補強土壁については，安定性や精度の高い出来形の確保を図るため，良質な盛土材料を選定し，入念な締固めを行うことが重要である。
   ② 排水性能の確保

   擁壁を含む土工構造物の性能は，水の作用による影響を大きく受ける。そのなかでも，降雨や地山からの湧水等の影響に対しては十分に留意する必要がある。

   擁壁においては，一般には，入念な排水工を実施することを前提に降雨の影響に対しても十分な性能を確保していると考えている。このため，擁壁の性能の確保には，排水工により所要の排水性能を確保することが重要である。道路土工における排水工の基本的な考え方を示した「道路土工要綱　共通編　第2

章　排水」によるほか，本指針における排水工の考え方をもとにして入念な設計・施工を行うとともに，維持管理の段階においても排水工が十分に機能するように点検・保守を行う必要がある。
2) 計画時の留意事項
① 擁壁は，道路の交通機能の確保や構造物としての安定性の確保と合わせて，景観や周辺環境との調和，供用期間を通じて耐久性が確保されること，経済的であること，施工及び維持管理が容易であることが望ましい。
② 擁壁の構造形式や壁面の外観は道路全体の景観や道路利用者の快適性，周辺住民の生活環境等に大きな影響を与えることから，計画・設計段階において配慮が必要である。
3) 調査時の留意事項
① 擁壁の構造形式や基礎形式の選定には，設置される位置の地形，地質・土質の条件が大きく影響する。また，用いられる裏込め材や補強土壁の盛土材料の条件が擁壁の安定性に影響し，地形，地質は施工の難易度にも影響を及ぼす。さらに，擁壁背面の裏込め土等への雨水及び地下水の浸透は，擁壁の安定性に大きな影響を及ぼす。また，擁壁が設置されることで当該地域の地下水や滞留水の分布が変わり，広範囲なすべりを誘発する要因となる場合がある。
　　したがって，地形，地質・土質，地下水及び気象に関する調査は非常に重要である。
② 擁壁が設置される基礎地盤や切土部等の自然地盤については，位置によって土の性状が大きく異なり，安定性に影響を及ぼすことがある。土質試験とサウンディングを適切に組み合わせるなどして，効率的に調査が行えるよう検討することが必要である。
③ 既設あるいは同時施工の構造物に隣接して擁壁を設置する場合等においては，擁壁を単独で新設する場合と異なり，構造，施工，景観等の面で周辺構造物の影響を受けたり，逆に影響を与えたりすることが多い。したがって，擁壁との位置関係によって周辺構造物の現況を注意して調査する必要がある。

周辺構造物との影響に関する例としては，以下があげられる。
- 根入れ部の掘削が，隣接する構造物を支持する地盤に悪影響を与えることがある。
- 既設の盛土や擁壁の上部に擁壁を新設することで従来は安定であった既設構造物の荷重が増大し，既設構造物の安定性が損なわれることがある。
- 擁壁の設置によって景観の連続性が損なわれることがある。
- 隣接して設置される構造物により擁壁に変状が生じることがある。

④ 重金属を含む土や一定以上の酸性・アルカリ性を示す土は，擁壁に使用する材料の腐食・劣化を助長したり，周辺の環境に悪影響を与えることがある。また，基礎地盤や裏込め土の改良に用いる材料等が周辺の環境に影響を及ぼす場合もある。このため，使用する材料については使用条件に応じてその耐久性や環境に与える影響を調査しなければならない。

4) 設計時の留意事項
① 擁壁の構造形式や基礎形式の選定，構造物の安定性等には，地形，地質・土質，地下水，気象等が大きく影響する。このため，地形，地質・土質，地下水，気象に関する調査結果を十分に踏まえて設計を行うことが必要である。
② 擁壁の設計に当たっては，設置目的や設置条件に適した構造形式の擁壁を選定する必要がある。狭い用地で擁壁底面幅が制限される箇所等の特殊な箇所で構築される擁壁については，水平荷重の作用の仕方，作用荷重の設定，基礎工の設計法，特殊な形式の擁壁の採用等により複雑な設計となり，本指針に示す一般的な事項にあてはまらない場合がある。このような場合には，設計条件に応じた詳細な検討を追加し，必要に応じて関連する技術基準等を参考に，所要の性能が確保されるように設計する必要がある。
③ 土質試験等で得られた土の諸定数は，ばらつきを含む値であるため，設計諸定数の設定に当たっては，土質試験等で得られた結果のほか，類似した箇所における過去の実績，地形，地質等の状況を勘案して慎重に評価することが必要である。
④ よく用いられる形式及び断面形状については，標準設計が整備されており，これらを用いることによって擁壁の設計・施工の効率化が図られる場合もあ

る。標準設計の利用に際しては，現場の設計条件が標準設計の適用条件内であることを確認しなければならない。また，標準設計は，背面盛土及び基礎地盤を含む全体としての安定性は考慮していないので，現場条件に応じて全体の安定性の確認を別途行う必要がある。さらに，標準設計は，最新のものを利用するよう留意しなければならない。
⑤ 設計段階で施工計画についても検討し，施工時の安全性，施工性等に十分な配慮がなされた設計としなければならない。
⑥ 近年，擁壁の構造形式や基礎形式において，コスト縮減や環境への配慮，各種の現場条件への対応等の観点から数多くの新たな技術が開発・提案され，実現場で適用されてきている。こうした新たな技術は，特殊な条件下に設置される場合や特殊な性能を要求される場合に適用することで，従来から用いられてきた擁壁よりも経済性，環境との調和，施工性，維持管理の容易さ等の面で優れたものとなる場合がある。新技術の情報については，国土交通省の新技術情報提供システム（NETIS）等が参考にできる。ただし，新技術の適用に当たっては，その特徴を十分に考慮し，類似の構造形式を参考にして必要な性能を確保していることを確認し，そのうえで対象とする箇所への適用性について検討する必要がある。

5) 施工時の留意事項
① 擁壁の設計は入念な施工が行われることを前提としており，また，擁壁の品質は，施工の良否に依存する割合が高い。このため，擁壁の施工に当たっては，入念な施工計画の立案及び施工管理を行う必要がある。
② 擁壁の施工時は，それに先立つ計画・調査・設計時に確認できなかった事項を確認する機会と捉え，基礎地盤や裏込め材料の確認等を行う。特に，基礎地盤の良否は擁壁の安定に大きな影響を与えることから，基礎地盤に関する調査は重要であるが，基礎地盤は施工段階よりも前の段階では直接確認することができない場合も多い。このような場合には施工段階で確認し，設計条件と異なっていた場合には，再度，安定性に対する検討を行う必要がある。
③ 擁壁の裏込めは，良質な材料を用いて，締固めに適した転圧機械等で十分に締め固めることが必要である。

④　擁壁の安定性を確保するには，浸入した地下水や湧水を速やかに排水する必要がある。施工時に掘削した時点で地山から湧水が多い場合，その水量に応じて適切に排水施設等を設ける。また，裏込め土の盛り立て中に降雨が予想される場合には，雨水の浸入を最小限に留めるために敷均しの状態で放置せず，転圧を必ず行うとともに，状況に応じて表面に勾配をつける，シートで覆うなどの処置を行う。

6）　維持管理時の留意事項

①　擁壁の変状・損傷には，**解図1－6**に示した発生形態があるが，このうち特に排水不良，基礎地盤の支持力不足による沈下・変形，ブロック積擁壁等のはらみ出しが多い。変状・損傷が生じた場合には，必要に応じて応急対策を実施するとともに，適切な調査により原因を把握し，補修・補強対策を検討・実施する必要がある。

②　特に大規模な擁壁や補強土壁については，施工が終了した時点での状態を把握し，その記録を保存しておくことが望ましい。また，より合理的かつ効率的な維持管理を行っていくためにも，施工が終了した時点での状態に加え，点検，補修・補強等に関するデータを蓄積することが望ましい。

第3章 計画・調査

3-1 計画

> 擁壁の計画に当たっては，道路の全体計画の中で，地形・地質をはじめとする擁壁を設置する諸条件を総合的に勘案し，施工・維持管理に適し，十分な安全性を有し，良好な景観を保ち，かつ経済的に有利となるように留意しなければならない。

(1) 基本方針

一般に，擁壁は，土工に際し用地や地形等の関係で土だけでは安定を保ち得ない場合に用いられる。したがって，擁壁の設計に先立ち，まず擁壁が必要になる理由を明確にして，その目的に十分対応できる計画を立てる必要がある。

擁壁の計画に当たっては，地形や地盤条件・擁壁高等により，構造形式，基礎形式が変わることに留意しつつ，次の事項について調査し，構造物の安全性や環境との調和，経済性等の検討を行う必要がある。

① 設置の必要性
② 設置箇所の地形，地質・土質，地下水，気象
③ 周辺構造物との位置関係
④ 施工条件

擁壁を計画・調査・設計する場合の一般的な手順を**解図3-1**に示す。

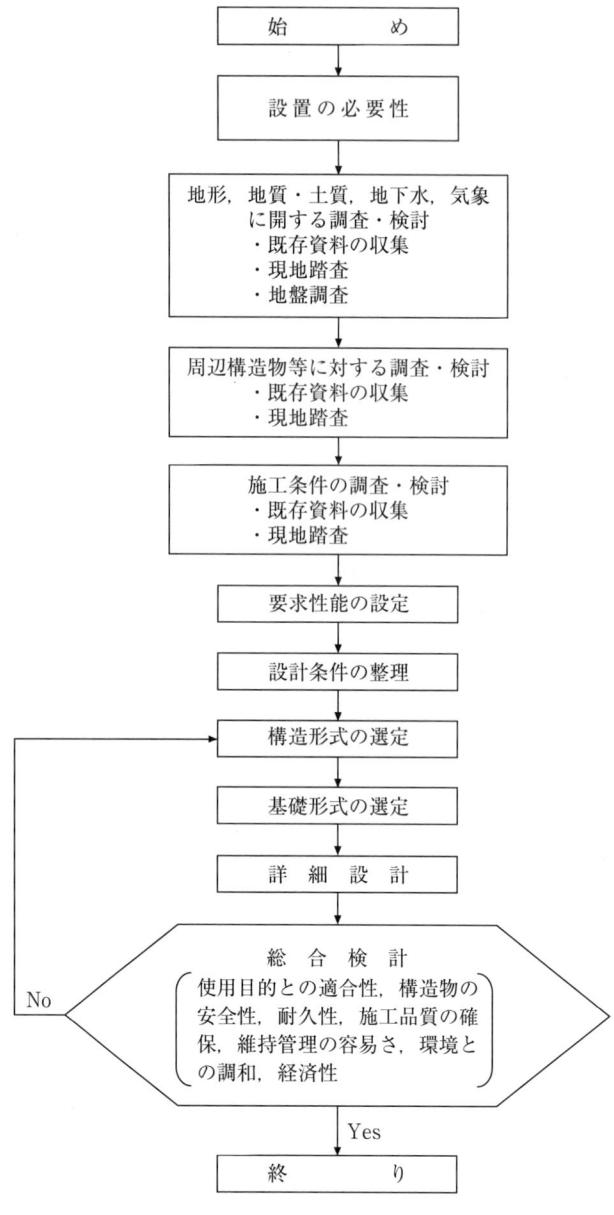

```
┌─────────────┐
│  始   め    │
└──────┬──────┘
┌──────┴──────┐
│ 設置の必要性 │
└──────┬──────┘
┌──────┴──────────────────┐
│ 地形,地質・土質,地下水,気象 │
│ に関する調査・検討         │
│ ・既存資料の収集          │
│ ・現地踏査               │
│ ・地盤調査               │
└──────┬──────────────────┘
┌──────┴──────────────────┐
│ 周辺構造物等に対する調査・検討 │
│ ・既存資料の収集          │
│ ・現地踏査               │
└──────┬──────────────────┘
┌──────┴──────────────────┐
│ 施工条件の調査・検討       │
│ ・既存資料の収集          │
│ ・現地踏査               │
└──────┬──────────────────┘
┌──────┴──────┐
│ 要求性能の設定 │
└──────┬──────┘
┌──────┴──────┐
│ 設計条件の整理 │
└──────┬──────┘
┌──────┴──────┐
│ 構造形式の選定 │◄────┐
└──────┬──────┘      │
┌──────┴──────┐      │
│ 基礎形式の選定 │      │
└──────┬──────┘      │
┌──────┴──────┐      │
│ 詳 細 設 計  │      │
└──────┬──────┘      │
   ╱─────┴──────────╲  │
  ╱  総 合 検 討      ╲ │
 ╱ 使用目的との適合性,構造物の╲│
 ╲ 安全性,耐久性,施工品質の確 ╱ No
  ╲保,維持管理の容易さ,環境と ╱
   ╲の調和,経済性          ╱
    ╲─────┬──────────╱
        Yes
┌──────┴──────┐
│   終   り   │
└─────────────┘
```

解図3－1　擁壁を計画・調査・設計する場合の一般的な手順

(2) 調査・検討事項

1) 地形，地質・土質，地下水，気象に関する調査・検討

擁壁の構造形式や基礎形式は，設置される位置の地形，地質・土質，必要擁壁高等に応じて適切に選定されなければならない。また，用いられる裏込め材料や補強土壁の盛土材料の良否，地下水や湧水の状況は構造物の安定性に影響を及ぼし，地形，地質・土質条件等によって施工の難易度も異なってくる。これらを踏まえ，地形，地質・土質，地下水，気象に関する調査・検討は次の事項について行う。

① 表層の状態及び傾斜
② 支持層の位置や地盤の傾斜，支持力及び盛土荷重による地盤の安定
③ 盛土材料，裏込め材料の性質（土の分類，単位体積重量，強度定数等）
④ 地盤の強度・変形特性（圧密沈下，地震時の液状化等）
⑤ 地下水の有無，水位，湧水の位置と水量
⑥ 降雨強度，気温（凍上の有無）等の気象条件　等

2) 周辺構造物等に対する調査・検討

既設あるいは同時施工の構造物に隣接して擁壁を設置する場合等においては，擁壁を単独に新設する場合と異なり，構造，施工，景観等の面で周辺構造物の影響を受けたり，逆に影響を与えたりする場合が多い。周辺構造物に対応する調査・検討は次の事項について行う。

① 基礎の根入れ深さ
② 基礎形式
③ 施工時期や位置関係
④ 周辺景観との調和　等

3) 施工条件の調査・検討

施工の安全性，確実性等に十分な配慮がなされた設計とするためには，設計段階で次の事項について調査・検討を行う。

① 既存構造物及び埋設物による施工上の制約条件
② 施工中ののり面の安定
③ 施工中の仮排水の方法
④ 作業空間

⑤　資材の輸送，搬入，仮置き方法
　⑥　騒音，振動等の規制状況
　⑦　施工時期，工程，使用機械　等

4）要求性能の設定

　擁壁の設計に当たっては，使用目的との適合性，構造物の安全性について，安全性，供用性，修復性の観点から，想定する作用と擁壁の重要度に応じて要求性能を適切に設定する。（「4-1　基本方針」参照）

5）設計条件の整理

　擁壁の立地条件及び各種の調査結果等を整理し，設計諸定数等を設定する。また，設計時に考慮すべき荷重の種類，組合せ及び作用方法を設定する。（「4-2　荷重」，「4-3　土の設計諸定数」参照）

6）構造形式の選定

　擁壁の構造形式の選定に当たっては，各構造形式の特徴を十分に理解したうえで，設置箇所の地形，地質・土質，擁壁高，施工条件，周辺構造物や地震・豪雨等の自然災害による影響を総合的に検討し，適切な構造形式を選定する。特に急峻な地形に設置する場合，集水地形等の湧水の多い箇所に設置する場合，軟弱地盤上に設置する場合，水辺に設置する場合等のように設置条件の厳しい箇所においては，特に慎重な検討を行う必要がある。

　擁壁の構造形式としては，**解表3-1**で示したように種々の形式があり，それぞれ適した条件が異なっているので，この表に示された適用されている主な擁壁高，特徴，主な留意点等を構造形式選定の目安とするとよい。なお，表に記述された事項は一般的なものであり，狭い用地で擁壁底面幅が制限される箇所の擁壁等の特殊な箇所で構築される擁壁については，水平荷重の作用の仕方，基礎工の設計法，特殊な形式の擁壁の採用等により複雑な設計となり，表に記述された一般的な事項にあてはまらない場合がある。

　擁壁の構造形式は，基礎形式を含め，その選定が道路計画の予備設計等の計画初期段階に行われることが多く，その後の変更は大きな手戻りとなることから，その選定に当たっては，十分な検討を行う必要がある。そのため，検討すべき内容の整理，目的に見合う調査が必要であり，かつ，施工に対する適切な認識をもって，十分な検討を行う必要がある。

解表3－1　擁壁の構造形式の選定上の目安

擁壁の種類	適用されている主な擁壁高	特徴	主な留意事項
重力式擁壁	・5m程度以下	・自重によって土圧に抵抗し，躯体断面には引張応力が生じないような断面とする。	・基礎地盤が良好な箇所に用いる。 ・小規模な擁壁として用いることが多い。 ・杭基礎となる場合は適していない。
もたれ式擁壁	・10m程度以下	・地山または切土部にもたれた状態で自重のみで土圧に抵抗する。	・基礎地盤は堅固なものが望ましい。 ・比較的安定した地山や切土部に用いる。
ブロック積（石積）擁壁	・7m以下	・のり面下部の小規模な崩壊の防止，のり面の保護に用いる。	・安定している地山や盛土など土圧が小さい場合に用いる。 ・耐震性に劣る。
大型ブロック積擁壁	・8m以下	・のり面下部の小規模な崩壊の防止，のり面の保護に用いる。 ・ブロック間の結合を強固にした場合は，もたれ式擁壁に準じた適用が可能。	・もたれ式擁壁に準ずる場合には，基礎地盤は堅固なものが望ましい。 ・比較的安定した地山や切土部に用いる。
片持ばり式擁壁（逆T型，L型，逆L型，控え壁式）	・3〜10m程度	・躯体自重とかかと版上の土の重量によって土圧に抵抗する。 ・たて壁，かかと版・つま先版は，各作用荷重に対し，片持ばりとして抵抗する。 ・擁壁高が高い場合は，控え壁式が有利となる。	・杭基礎となる場合にも用いられる。 ・プレキャスト製品も多くある。 ・控え壁式の場合，躯体の施工及び裏込め土の転圧が難しい。
U型擁壁	—	・掘割式U型擁壁と中詰め式U型擁壁がある。 ・掘割式で壁高が高い場合，側壁間にストラットを設けることがある。	・掘割式で地下水位以下に適用する場合，水圧の影響や浮き上がりに対する安定を検討する必要がある。
井げた組擁壁	・15m程度以下	・プレキャストコンクリート等の部材を井げた状に組み中詰め材を充填するもので，透水性に優れている。	・もたれ式擁壁に準じた設計を行う。

擁壁の種類	適用されている主な擁壁高	特徴	主な留意事項
補強土壁	・3～18m 程度	・補強材と土の摩擦やアンカープレートの支圧によって土を補強して壁体を形成するもので，さまざまな工法がある。 ・壁面工の種類により緑化が可能である。	・柔軟性のある構造であるため，ある程度の変形が生じる。 ・コンクリート擁壁に比べ規模が大きくなる場合もあるため，詳細な地盤調査を行う必要がある。 ・安定性は，盛土材と補強材，壁面の相互の拘束効果によるため，良質な盛土材料を用い，施工・施工管理を確実に行う必要がある。 ・盛土に比べて変形・変状に対する修復性に劣る。 ・水による影響を受けやすいため，十分な排水施設を設ける。
軽量材を用いた擁壁	―	・軽量材の種類により，さまざまな工法がある。 ・軟弱ないし比較的不安定な地盤でも擁壁の構築が可能となる場合がある。	・水の浸入等による軽量材の強度低下や重量増加があるので，十分な排水処理を行う必要がある。
その他の擁壁	・地形・地質・土質，施工条件，周辺環境，その他各種の制約条件等に応じて適宜採用される。		

7) 基礎形式の選定

　擁壁の滑動，転倒，沈下等の変状の多くは基礎地盤に起因している。したがって，擁壁の基礎形式の選定に当たっては，地形及び地盤条件，擁壁の構造形式，環境条件，施工条件等について，十分な検討を行う必要がある。

　擁壁の基礎形式を大別すると，直接基礎と杭基礎に分類される。

　擁壁の基礎形式としては，基礎地盤や背面盛土と一体となって挙動することから直接基礎が望ましく，表層の地盤が軟弱でも比較的浅い部分（2～3m程度）に支持層が存在する場合は，軟弱層の置換えや改良を行い，直接基礎とすることが多い。

　杭基礎は，地表近くに支持層がない場合に適用される。杭基礎には，既製杭（RC

杭・PHC杭・鋼管杭等）を用いた打込み杭工法，中堀り杭工法，プレボーリング杭工法あるいは鋼管ソイルセメント杭工法や現場で構築する場所打ち杭工法がある。これらの工法の選定に当たっては，経済性，施工時の騒音・振動，泥水の発生や掘削土の処理等について十分検討し，施工現場に適するとともに，杭基礎としての要求性能を満足したものを用いなければならない。また，杭基礎は，その支持機構において杭先端の支持力を考慮するかどうかにより支持杭と摩擦杭に大別され，擁壁の規模，施工性，経済性等を総合的に検討したうえで，支持杭と摩擦杭を適切に選定しなければならない。

軟弱地盤上に杭基礎を設ける場合，**解図1－6**(e) に示すような背面盛土の偏載荷重の影響により，施工時または施工後に擁壁前面に大きな変位や傾斜が生じる場合があるので，地盤改良や軽量材を用いた裏込めとの併用等，総合的に検討し選定する必要がある。また，河川の水際等に擁壁を設置する場合は，洪水時に**解図1－6**(g) のように基礎が洗掘されることがある。このため，根入れ，根固め工等については河川関係の技術基準類を参照して設計するものとする。

基礎形式の選定も，擁壁の構造形式と同様，道路計画の予備設計等の計画初期段階に行われることが多く，その後に基礎形式の変更を行うと大きな手戻りが生じることとなる。したがって，基礎形式の選定に当たっては，検討すべき内容の整理，目的に見合う調査を行うとともに，施工に対する適切な認識をもって，十分な検討を行う必要がある。基礎形式の選定に当たっては，**解表3－2**及び「巻末資料　資料-2　基礎形式の選定表」を参考にするとよい。

8)　詳細設計

整理した設計条件に基づき選定した構造形式及び基礎形式に応じた断面形状を仮定し，擁壁の要求性能（「4－1　基本方針」参照）を満足しているかを照査する。

9)　総合検討

使用目的との適合性，構造物の安全性，耐久性，施工品質の確保，維持管理の容易さ，環境との調和，経済性等について，総合的な観点から妥当性を検討する。

解表3-2　基礎形式の選定上の目安

	基礎形式	特徴	主な留意事項
直接基礎	一般的な直接基礎	・比較的浅い位置の良質な地盤に直接支持させるため，地盤条件や他の外的条件が許せば最も確実で経済的な形式である。	・支持層下に軟弱な土層がないこと。 ・施工中の排水処理が可能であること。 ・洗掘のおそれがない，あるいはその対策が可能であること。
直接基礎	置換え基礎 ①良質土による置換え基礎	・基礎地盤の表層の軟弱な土層を良質土や安定処理土に置き換え，擁壁基礎の寸法を小さくし，経済性を向上させる形式である。	・置換え範囲や地盤改良の範囲，支持力の確認等，安定性について十分な検討が必要である。 ・支持層下に軟弱な土層がないこと。 ・施工中の排水処理が可能であること。 ・洗掘のおそれがない，あるいはその対策が可能であること。 ・地下水位が高い地盤で良質土による置換えを行う場合には，液状化の懸念があるので注意を要する。
直接基礎	置換え基礎 ②地盤改良工法による置換え基礎	・軟弱な土層が比較的薄い場合には表層改良工法で，軟弱な土層が厚い場合には，深層混合処理工法で軟弱地盤をブロック状に改良して，その上に擁壁を施工する形式である。	
直接基礎	置換え基礎 ③コンクリートによる置換え基礎	・基礎地盤面の一部に不良箇所がある場合や斜面上に直接基礎を設ける場合等に採用される形式である。	

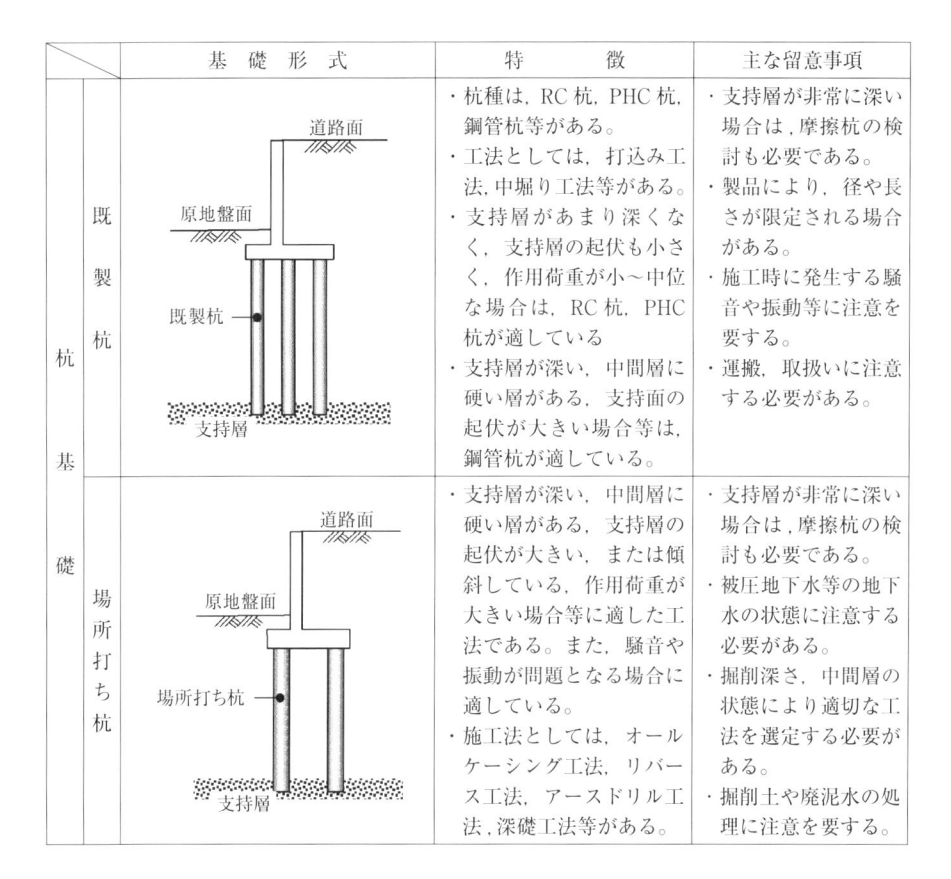

基礎形式		特徴	主な留意事項
杭基礎	既製杭	・杭種は，RC杭，PHC杭，鋼管杭等がある。 ・工法としては，打込み工法，中掘り工法等がある。 ・支持層があまり深くなく，支持層の起伏も小さく，作用荷重が小〜中位な場合は，RC杭，PHC杭が適している。 ・支持層が深い，中間層に硬い層がある，支持面の起伏が大きい場合等は，鋼管杭が適している。	・支持層が非常に深い場合は，摩擦杭の検討も必要である。 ・製品により，径や長さが限定される場合がある。 ・施工時に発生する騒音や振動等に注意を要する。 ・運搬，取扱いに注意する必要がある。
杭基礎	場所打ち杭	・支持層が深い，中間層に硬い層がある，支持層の起伏が大きい，または傾斜している，作用荷重が大きい場合等に適した工法である。また，騒音や振動が問題となる場合に適している。 ・施工法としては，オールケーシング工法，リバース工法，アースドリル工法，深礎工法等がある。	・支持層が非常に深い場合は，摩擦杭の検討も必要である。 ・被圧地下水等の地下水の状態に注意する必要がある。 ・掘削深さ，中間層の状態により適切な工法を選定する必要がある。 ・掘削土や廃泥水の処理に注意を要する。

3-2 調　　査

3-2-1　調査の基本的な考え方

> 合理的かつ経済的な擁壁の計画・設計・施工・維持管理を行うために適切な調査を実施しなければならない。

(1) 基本方針

　擁壁工の実施に当たっては，合理的かつ経済的な擁壁の計画・設計・施工・維持管理が行えるように，地形，地質・土質等の地盤の条件のほか，周辺構造物の有無や施工，環境等の条件について適切に調査を実施しなければならない。擁壁

の調査は，道路建設の進捗状況に応じて他の構造物と同時に進められ，内容の精度を深めながら数次にわたり系統的に実施される。したがって，調査に当たっては，道路土工全体の流れについて理解する必要がある（「道路土工要綱　基本編　第2章　道路土工の基本的考え方」参照）。

道路土工全体に関わる調査については「道路土工要綱」に，また擁壁と密接な関係を有する切土部や盛土部に関わる調査については，それぞれ「道路土工－切土工・斜面安定工指針」，「道路土工－盛土工指針」に示されているので，ここでは擁壁工に関する固有の事項について記述する。なお，維持管理に関わる点検・調査に関する事項は「第8章　維持管理」に示す。

(2) 調査の視点

擁壁の安定性の観点からは，擁壁に作用する荷重に関する調査とその荷重を受け止める基礎地盤の性状把握が調査の主目的となるが，擁壁の設計・施工においては，周辺環境との適合性，景観への配慮，耐久性，維持管理の容易さ等も重要な要素であり，これらに関する調査も必要である。

擁壁に作用する荷重に関しては，裏込め材料の土質性状（土の種類，土の密度，強度定数等）や擁壁背面の地山状態，湧水の状況等が重要な要素となる。また，荷重を受け止める基礎地盤については，基礎地盤の鉛直支持力及びせん断強度に関する地盤調査が必要となる。

裏込め材料の土質性状は，土質試験により判断することが基本である。しかし，実際の土工工事では，現場内の切土等により発生した土砂を裏込め材料に用いることが多いため，あらかじめ調査段階において土砂を採取し土質試験を行うことが困難な場合がある。このような場合，調査段階においてはサウンディング等を主体に実施し，施工段階において必要に応じて裏込め材料の土質試験を行うなど，実際の現場条件に合わせた調査計画を立てることも必要である。

また，基礎地盤については，地盤は複雑多岐であり，単に調査箇所のみでなく，広く地形，地質・土質まで考えて調査しなければならない。特に，湧水量が多い斜面や傾斜地の崖錐上に設ける擁壁，中間層に軟弱な土層がある地盤上に設ける擁壁については注意が必要であり，排水不良による土圧の増加や擁壁の背面盛土

及び基礎地盤を含む全体としての安定性，地盤の圧密沈下等に関する調査を十分に行う必要がある。また，軟弱地盤で基礎形式に杭基礎を用いる場合には，側方移動に関する調査（強度定数，水平方向地盤反力係数等）を行っておくことも重要である。

さらに，特に留意すべき事項として以下のようなものがある。

1) 地表水・地下水の調査の重要性

これまでの擁壁の被災は，水の影響を受けているものが多い。例えば，地表水・地下水が擁壁の裏込め土に浸透し，水圧の増加や裏込め土の強度の低下に伴う土圧増加による変状が生じる場合がある。また，地表水や地下水が擁壁の基礎地盤に浸透し，擁壁を含む地盤全体がすべり崩壊を生じる場合もある。地震による被災についても，健全な擁壁が地震動の作用のみで被害を受けることは少なく，不十分な排水対策で裏込め土や基礎地盤が湿潤化し，強度が低下していることが誘因となっていることが多い。特に，湧水量が多い切土部や地山からの浸透水の影響を受けやすい盛土部に設ける擁壁については十分な注意が必要である。

擁壁の被災を防ぐためには，地表水・地下水の調査を適切に実施し，その結果を設計・施工に反映することが重要である。

2) 大規模な擁壁での調査の重要性

これまで，擁壁については，事前に十分な地盤調査が行われず，施工時の調査にゆだねられることが多かった。しかし，昨今，補強土壁等をはじめ規模の大きな擁壁が構築されるようになってきており，このような擁壁において変状が生じた場合には，手直しに必要となる期間や費用も大きくなる。これを未然に防ぐとともに，合理的で経済的な設計・施工を行うには十分な地盤調査が不可欠である。

(3) 調査位置

道路土工に係わる調査は，道路建設の進捗状況に応じて必要な調査が行われ，特に，縦横断方向に地盤条件が大きく変化している箇所や，大規模な土工構造物が計画されている箇所等では間隔を詰め密な調査が行われる。擁壁の地盤調査に当たっても，擁壁設置計画箇所において実施することが望ましい。また，谷部等で地盤条件が道路縦横断方向に変化していることが予想される場合は，擁壁設置

位置の前後において実施し，支持層等を確認することが望ましい。

(4) 施工段階での確認の重要性

　実際の土工工事では，調査段階で十分な地盤調査を行えない場合や施工段階において設計時に想定した土質と異なる裏込め材料を用いる場合，基礎地盤が設計時に想定した地盤条件と異なる場合も少なくない。このような場合，再度，裏込め材料の土質試験や当該箇所の地盤調査を行うことが必要である。なお，施工段階における地盤条件の確認には，工事着手に先立ち標準貫入試験の追加実施や，支持層が比較的浅い位置にあると想定される場合にはバックホウ等を用いて試掘し，平板載荷試験による支持力調査等の方法が用いられている。これらの結果から，擁壁の性能に大きく影響を及ぼすと考えられる場合には，設計の見直しや補強・安定処理等の対策の検討も必要である。さらに，設計・施工段階で得られた地質・土質等に関する資料は維持管理における重要な資料となるので，整理・保存しておくことが望ましい。

3-2-2 調査方法

> 　調査は，目的に応じて適切な資料収集，現地踏査，地盤調査等を行わなければならない。

　擁壁の設計に必要な調査事項及び調査結果の利用法について以下に述べるが，一般的な調査計画及び地盤調査等の調査方法については，「道路土工要綱」及び「地盤調査の方法と解説」（地盤工学会），「地盤材料試験の方法と解説」（地盤工学会）を参照するとよい。

(1) 資料収集

　調査予定箇所の近くで行われた地質調査やボーリング等の既存資料を収集・検討して概略の地質構成を把握するとともに，問題となる箇所を抽出し，地盤調査を行う際の参考資料とする。次に周辺構造物の調査を行い，その基礎形式や変状の有無等を調べることにより，地層，地盤の支持力及び基礎構造形式に関する概

略検討が可能となる。また，同時に施工記録等を調べることにより，施工方法，施工時期，使用材料の検討を行うことができる。

(2) 現地踏査

現地踏査は，擁壁の計画箇所を含む広範囲な地域について現地を踏査し，既存資料から得られた情報を確認し，地盤調査の調査計画の立案等に活用する。

現地踏査に当たっては，次に示す項目の調査を行う。

① 地形，地質・土質
② 既存の道路，構造物等の現況
③ 地表の状態及び植生状況
④ 地表水や地下水の状況，湧水等の状況

(3) 地盤調査

擁壁を設計する場合には，既存資料の収集及び現地踏査を行うことにより，擁壁の計画箇所の地形，地質・土質を把握し，擁壁の構造形式と基礎形式の概要を定める。この形式に応じて調査計画を立て，必要な地盤調査を行う。

擁壁の基礎地盤の調査は，擁壁の設置計画箇所で少なくとも1箇所以上実施することが望ましい。

地盤調査は，大きく分類すると，土質試験と原位置試験がある。また，地盤調査は，裏込め材料・盛土材料と基礎地盤に関して，それぞれ次のような目的に応じて実施される。

1) 裏込め材料・盛土材料に関する調査
 ・土圧等の計算に必要な設計諸定数を求める調査

擁壁に作用する土圧の計算に用いる土の単位体積重量，強度定数（粘着力 c, せん断抵抗角 ϕ）等を求める調査である。これらは，裏込め材料または盛土材料に使用する土質材料に対して行う。

2) 基礎地盤に関する調査
 ・基礎の支持力計算に必要な設計諸定数を求める調査

基礎地盤の支持力を求めるための各種の室内せん断試験や原位置試験等によ

る調査である。

・擁壁の背面盛土及び基礎地盤を含む全体としての安定性の検討に必要な設計諸定数を求める調査

　擁壁の背面盛土及び基礎地盤を含む全体としての安定性を検討するための各種の室内せん断試験や原位置試験等による調査である。

・圧密沈下の検討に必要な設計諸定数を求める調査

　粘性土地盤における圧密沈下の検討のための$e - \log p$曲線，圧縮指数C_cまたは体積圧縮係数m_v等を求めるための調査である。

・液状化判定のための調査

　飽和した砂質地盤等での地震時の液状化の判定のための動的せん断強度等を求める調査である。

　上記の各項目における一般的な地盤調査の試験項目と求める諸定数を**解表3－3**に示す。

　土質試験には，土の判別分類のための試験と土の力学的性質を求めるための試験がある。土の判別分類のための試験は，いわゆる土の物理的性質の試験が主なもので，粒度試験，液性限界・塑性限界試験等であり，土を分類して裏込め材料・盛土材料並びに基礎地盤として，概略の適否の目安を得るために行う。土の力学的性質を求めるための試験は，具体的な設計計算に用いる土の定数を求める目的で行われ，一軸圧縮試験，三軸圧縮試験や圧密試験等がある。

　原位置試験には，標準貫入試験や静的コーン貫入試験，スウェーデン式サウンディング試験等のサウンディングのほかに，現場において地盤反力係数を確認するための平板載荷試験，ボーリング孔を利用した孔内水平載荷試験等がある。

　地盤調査は，地盤の支持力やすべり，基礎の沈下や水平変位等に影響する範囲の深さまで行う。一般に，基礎地盤に生じるすべり破壊は，擁壁底面から擁壁高の1.5倍以内の深さに生じると考えられ，また，擁壁自重や背面盛土等による沈下の影響は，擁壁高の1.5～3倍以内の深さと考えられている。これらは，あくまでも目安であり地層構成等を踏まえ，適切に判断し調査する必要がある。なお，地震の影響を考慮する場合に地盤種別を設定する際に用いる耐震設計上の基盤面を推定するためには，耐震設計上の基盤面を判断できる深さまで行う必要がある。

耐震設計上の基盤面については,「道路土工要綱　巻末資料」を参照されたい。

　良質な支持層とは,擁壁の重要度や擁壁に作用する荷重の規模等によっても異なり,一律に定められるものではないが,一般的には次の事項を目安としてよい。

- 砂質土層の場合は,N値が20程度以上であれば支持層と考えてよいが,N値が20以下のときは,土質調査結果等を総合的に検討し地盤の諸定数を適切に定める必要がある。また,砂礫層では礫の影響を受けN値が過大に出る傾向があるので注意が必要である。
- 粘性土層の場合は,N値が10～15程度以上,あるいは一軸圧縮強さq_uが100～200kN/m^{2}程度以上あれば支持層と考えてよい。
- 岩盤の場合は,一般に支持層としてよい。しかし,岩盤には不連続面やスレーキング等の影響により均質な岩盤に比べて十分な支持力が得られないことがあるので,これらの影響について事前に検討を行っておく必要がある。

　なお,N値から判断して良質な支持層と考えられる場合でも,その層厚が薄い場合やその下に相対的に弱い層あるいは圧密層がある場合には,支持力と沈下についてその影響を検討しなければならない。

　大規模な擁壁や特殊な構造となる擁壁については,特に慎重かつ十分な調査が必要であり,擁壁の設置条件を踏まえて,ここに示した試験以外のものも適宜追加して検討を加え,適切な諸定数を決定する必要がある。

　なお,地盤の沈下や安定,液状化が懸念される軟弱地盤での具体的な調査手法については,「道路土工－軟弱地盤対策工指針」によるものとする。

(4) 周辺構造物,施工条件に関する調査

　周辺構造物が存在する場合には,周辺構造物の構造形式・健全度の状況や設計図書・施工記録等の資料調査を「3－1(2)　調査・検討事項」の2)及び3)に示す事項について行う。これらの結果は,地層・地盤の支持力及び基礎形式に関する検討,施工方法,施工時期等の施工条件の検討に反映することができる。

解表3−3 擁壁の設計における地盤調査と設計諸定数

地盤調査試験名(注1)		主な調査結果	調査結果の利用					設定する設計諸定数
			土圧の計算	基礎の支持力	全体安定	沈下	液状化	
土質試験(注2)	含水比試験	自然含水比 w_n				○		初期間隙比 e_0 圧縮指数 C_c 等
	液性限界・塑性限界試験	コンシステンシー指数 w_L, w_P 塑性指数 I_P				○	○	
	粒度試験	粒径加積曲線 細粒分含有率 F_C 平均粒径 D_{50}					○	
		土の工学的分類	○ (注4)	○				土圧係数 K_A, K_0, K_p 許容支持力度 q_a
	突固めによる土の締固め試験	最大乾燥密度 $\rho_{d\,max}$ 最適含水比 w_{opt}		○				裏込め材料の単位体積重量 γ_t
	土の湿潤密度試験	湿潤密度 ρ_t	○	○	○		○	単位体積重量 γ_t
	圧密試験	圧縮指数 C_c 圧密係数 C_v 体積圧縮係数 m_v 圧密降伏応力 p_c e-log$p$ 曲線				○		
	一軸圧縮試験	一軸圧縮強さ q_u		○	○			粘着力 c
		変形係数 E_{50}		○				地盤反力係数 k_v, k_h
	三軸圧縮試験	強度定数 c, ϕ		○	○			
		変形係数 E_{50}		○				地盤反力係数 k_v, k_h
	土の電気化学試験	pH, 比抵抗, 可溶性塩類の濃度	補強土壁等における補強材の耐久性検討					
原位置試験	標準貫入試験	N 値	○ (注5)	○	○		○	強度定数 c, ϕ 地盤反力係数 k_v, k_h
	平板載荷試験 (直接基礎)	極限支持力 Q_u 地盤反力係数 K_v		○				強度定数 c, ϕ 地盤反力係数 k_v, k_h
	孔内水平載荷試験(杭基礎)	変形係数 E_b		○				地盤反力係数 k_v, k_h
	地下水調査	地下水位	○	○	○	○	○	
調査頻度(注3)			・擁壁延長 40〜50m に1箇所程度。 ・擁壁の設置計画箇所で少なくとも1箇所以上。					

(注1) 土の強度定数を求めるための試験方法については，現地の土の種類，含水比，排水条件，施工条件により選定する。
(注2) 土質試験はサンプリングした試料によって行われるが，地形や地質が軟弱で複雑に変化している場合は，地盤の強度や成層状態等を把握するためボーリング（標準貫入試験）間の中間位置でサウンディング（静的コーン貫入試験やスウェーデン式サウンディング試験等）を実施する。
(注3) 調査はできるだけ段階的に進めることが望ましく，その結果，地形地質等の変化が著しい場合にはそれぞれの中間地点や擁壁設置位置直下でも実施する。
(注4) 裏込め材料としての適否の判断や**解表4−5，4−6**の分類に利用する。
(注5) 切土部擁壁で切土のり面や地山斜面が不安定な場合や掘割式U型擁壁の土圧の計算に利用する。

第4章　設計に関する一般事項

4－1　基本方針

4－1－1　設計の基本

> (1) 擁壁の設計に当たっては，使用目的との適合性，構造物の安全性，耐久性，施工品質の確保，維持管理の容易さ，環境との調和，経済性を考慮しなければならない。
> (2) 擁壁の設計に当たっては，原則として，想定する作用に対して要求性能を設定し，それを満足することを照査する。
> (3) 擁壁の設計は，論理的な妥当性を有する方法や実験等による検証がなされた手法，これまでの経験・実績から妥当とみなせる手法等，適切な知見に基づいて行うものとする。

(1) 設計における留意事項

　擁壁の設計に当たって常に留意しなければならない基本的な事項を示したものである。擁壁の設計では，「2－2　擁壁工の基本」に示した擁壁工における留意事項を十分に考慮するものとする。

(2) 要求性能と照査

　擁壁の設計に当たっては，原則として，(1)に示した留意事項のうち，使用目的との適合性，構造物の安全性について，「4－1－2　想定する作用」に示す想定する作用に対して安全性，供用性，修復性の観点から要求性能を設定し，擁壁がそれらの要求性能を満足することを照査する。

(3) 設計手法

　今回の改訂では，性能設計の枠組みを導入したことにより，本章は性能照査による方法を主体とした記述構成にしている。これに伴い，要求する事項を満足す

る範囲で従来の方法によらない，解析手法，設計方法，材料，構造等を採用する際の基本的な考え方を整理して示した。この場合には，要求する事項を満足するか否かの判断が必要となるが，本指針では，その判断として，論理的な妥当性を有する方法や実験等による検証がなされた手法，これまでの経験・実績から妥当とみなせる手法等，適切な知見に基づいて行うことを基本とした。

　従来から多数構築されてきた構造形式の擁壁については，慣用的に使用されてきた設計方法・施工方法があり，長年の経験の蓄積により，所定の規模の範囲内であれば一定の性能を確保するとみなすことができる。今回の改訂に当たってもこの考え方を踏襲し，第5章から第7章にこれまでの経験・実績から妥当とみなせる手法を示している。

　擁壁の設計に当たっては，類似条件での施工実績・災害事例等を十分に調査し，総合的な観点から決定することが大切である。また，擁壁の安全性等には，擁壁の構造形式，擁壁の設置箇所の地形・地質，基礎地盤の性状が大きく影響するため，設計に当たってはこれらの項目について十分配慮する必要がある。

　また，近年，擁壁の構造形式や基礎形式において，コスト縮減や環境への配慮，各種の現場条件への対応等の観点から数多くの新たな技術が開発・提案され，実現場で適用されてきている。新たな技術については，各作用に対する挙動について，従来から用いてきた構造形式・基礎形式の擁壁（本指針で第5章から第7章までに示す構造形式の擁壁）との相違を検証したうえで，適切かつ総合的な検討を加えて設計する必要がある。この場合には，工学的計算を適用し，要求性能を満足するかどうかを照査することとなるが，計算のみに依存するのではなく，従来から用いられてきた擁壁との相違や被災事例等も考慮して総合的な工学的判断を行う必要がある。

4－1－2　想定する作用

　擁壁の設計に当たって想定する作用は，以下に示すものを基本とする。
(1) 常時の作用
(2) 降雨の作用
(3) 地震動の作用
(4) その他

　擁壁の設計に当たって想定する作用の種類を列挙した。設計で想定する作用は，擁壁の設置箇所等の諸条件や構造形式等によって適宜選定するものとする。

(1) 常時の作用
　常時の作用としては，自重，載荷重，土圧，水圧や浮力の作用等，常に擁壁に作用すると想定される作用を考慮する。

(2) 降雨の作用
　降雨の作用は，擁壁の安定性，排水工の設計で考慮する。
　擁壁の安定性の照査において想定する降雨の作用については，地域の降雨特性，擁壁の立地条件，路線の重要性等を鑑み適切に考慮する。

(3) 地震動の作用
　地震動の作用としては，レベル1地震動及びレベル2地震動の2種類の地震動を想定する。ここに，レベル1地震動とは供用期間中に発生する確率が高い地震動，また，レベル2地震動とは供用期間中に発生する確率は低いが大きな強度を持つ地震動をいう。さらに，レベル2地震動としては，プレート境界型の大規模な地震を想定したタイプⅠの地震動，及び内陸直下型地震を想定したタイプⅡの地震動の2種類を考慮することとする。
　レベル1地震動及びレベル2地震動の詳細は「道路土工要綱　巻末資料　資料－1」を参照するのがよい。
　ただし，想定する地震動の設定に際して，対象地点周辺における過去の地震情

報，活断層情報，プレート境界で発生する地震の情報，地下構造に関する情報，表層の地盤条件に関する情報，既往の強震観測記録等を考慮して対象地点における地震動を適切に推定できる場合には，これらの情報に基づいて地震動を設定してもよい。

(4) その他
　その他の作用としては，凍上，塩害，酸性土壌中での部材の腐食や劣化，施工時での損傷等により耐久性に影響する作用等があり，擁壁の設置条件により適宜考慮する。

4－1－3　擁壁の要求性能

> (1) 擁壁の設計に当たっては，使用目的との適合性，構造物の安全性について，安全性，供用性，修復性の観点から，次の(2)〜(4)に従って要求性能を設定することを基本とする。
> (2) 擁壁の要求性能の水準は，以下を基本とする。
> 　性能1：想定する作用によって擁壁としての健全性を損わない性能
> 　性能2：想定する作用による損傷が限定的なものにとどまり，擁壁としての機能の回復が速やかに行い得る性能
> 　性能3：想定する作用による損傷が擁壁として致命的とならない性能
> (3) 擁壁の重要度の区分は，以下を基本とする。
> 　重要度1：万一損傷すると交通機能に著しい影響を与える場合，あるいは隣接する施設に重大な影響を与える場合
> 　重要度2：上記以外の場合
> (4) 擁壁の要求性能は，想定する作用と擁壁の重要度に応じて，上記(2)に示す要求性能の水準から適切に選定する。

(1) 擁壁に必要とされる性能
　本指針では，想定する作用に対して，使用目的との適合性，構造物の安全性について，安全性，供用性，修復性の観点から，要求性能を設定することを基本と

した。ここで，安全性とは，想定する作用による変状によって人命を損なうことのないようにするための性能をいう。供用性とは，想定する作用による変形や損傷に対して，擁壁により形成される道路が本来有すべき通行機能や避難路，救助・救急・医療・消火活動・緊急物資の輸送路としての機能を維持できる性能をいう。修復性とは，想定する作用によって生じた損傷を修復できる性能をいう。

(2) 擁壁の要求性能の水準

擁壁の要求性能の水準は以下を基本とした。

性能1は，想定する作用によって擁壁としての健全性を損なわない性能と定義した。性能1は安全性，供用性，修復性すべてを満たすものである。擁壁の場合，長期的な沈下や変形，降雨や地震動の作用による軽微な変形を全く許容しないことは現実的ではない。このため，性能1には，通常の維持管理程度の補修で擁壁の機能を確保できることを意図している。

性能2は，想定する作用による損傷が限定的なものにとどまり，擁壁としての機能の回復が速やかに行い得る性能と定義した。性能2は安全性及び修復性を満たすものであり，擁壁の機能が応急復旧程度の作業により速やかに回復できることを意図している。

性能3は，想定する作用による損傷が擁壁として致命的とならない性能と定義した。性能3は，供用性・修復性は満足できないが，安全性を満たすものであり，擁壁には大きな変状が生じても，擁壁の崩壊等により擁壁により形成されている道路及び隣接する施設等に致命的な影響を与えないことを意図している。

(3) 擁壁の重要度

重要度の区分は，擁壁が損傷した場合の道路の交通機能への影響と，隣接する施設等に及ぼす影響の重要性を総合的に勘案して定めることとした。

擁壁が損傷した場合の道路の交通機能への影響は，必ずしも道路の規格による区分を指すものではなく，迂回路の有無や緊急輸送道路であるか否か等，万一損傷した場合に道路ネットワークとしての機能に与える影響の大きさを考慮して判断することが望ましい。

なお，擁壁が損傷した場合の道路の交通機能への影響や隣接する施設等に及ぼす影響は，擁壁の位置や擁壁高等の設置条件によって異なることにも留意する。

(4) 擁壁の要求性能

　擁壁の設計で考慮する要求性能は，「4－1－2　想定する作用」に示した想定する作用と上記(3)に示した擁壁の重要度に応じて，上記(2)に示す性能の水準から適切に選定する。一般的には，擁壁の要求性能は**解表4－1**を目安とするのがよい。以下に，**解表4－1**に例示した個々の作用に対する要求性能の内容を示す。

解表4－1　擁壁の要求性能の例

想定する作用	重要度	重要度1	重要度2
常時の作用		性能1	性能1
降雨の作用		性能1	性能1
地震動の作用	レベル1地震動	性能1	性能2
	レベル2地震動	性能2	性能3

① 　常時の作用に対する擁壁の要求性能

　自重，載荷重，土圧等の常時の作用による沈下や変形は，擁壁構築中や構築直後に生じるもの，及び供用中に生じるものがある。

　擁壁の構築中や構築直後においては，擁壁の自重，載荷重，土圧等の荷重により，擁壁及び基礎地盤に損傷が生じず安定している必要がある。また，供用中には，時間の経過とともに，基礎地盤あるいは盛土の圧密（圧縮）変形が生じるが，これにより供用性に著しい支障を与えることを防止する必要がある。このため，常時の作用に対しては重要度にかかわらず性能1を要求することとした。軟弱地盤の場合においても，計画的な補修によりその影響を軽減することが可能であるため，性能1を要求することとした。

② 　降雨の作用に対する擁壁の要求性能

　想定する降雨の作用による擁壁の崩壊等が供用性に支障を与えることを防止するため，重要度にかかわらず性能1を要求することとした。

③ 地震動の作用に対する擁壁の要求性能

　地震動の大きさと重要度に応じて性能1～性能3を要求することとした。これは，地震動の作用に対する擁壁の要求性能を一律に設定することは困難な面があること，擁壁を含めて膨大なストックを有する土工構造物の耐震化対策には相応のコストを要すること等を考慮したものである。

　なお，擁壁の性能2や性能3の照査では，擁壁に許容する損傷の程度の評価が必要となる。しかしながら，擁壁が地震時にどの程度損傷するかについては，擁壁が設置される背面盛土や地盤を構成する材料特性の多様性や不均一性，擁壁自体の材料特性の経年変化，地震発生時の環境条件，擁壁の被災パターンや被災程度を精度よく予測するための解析手法の不確実性等から，現状の技術水準では未だ定量的な照査が困難である場合も多い。このため，擁壁に性能2や性能3を要求する場合には，震前対策と震後対応等の総合的な危機管理を通じて必要な性能の確保が可能となるように努める視点も重要である。なお，道路震災対策の考え方については「道路震災対策便覧」（日本道路協会）に示されているので参考にするとよい。

4－1－4　性能の照査

(1) 擁壁の設計に当たっては，原則として，要求性能に応じて限界状態を設定し，想定する作用に対する擁壁の状態が限界状態を超えないことを照査する。

(2) 設計に当たっては，設計で前提とする施工，施工管理，維持管理の条件を定めなければならない。

(3) 第5章，第6章，第7章に示す構造形式の擁壁については，それぞれ各章に基づいて設計・施工し，第8章に基づいて維持管理を行えば，(1)，(2)を行ったとみなしてよい。

(1) 擁壁の性能照査の原則

　擁壁の性能照査の原則を示したものである。擁壁の設計に当たっては，原則として，想定する作用と擁壁の重要度に応じて定めた要求性能に対して適切に限界

状態を設定し，想定する作用に対する擁壁の状態が限界状態を超えないことを照査する．

擁壁の限界状態の一般的な考え方は「4-1-5　擁壁の限界状態」に示しているが，限界状態は，構造条件，施工条件，維持管理の容易性等の諸条件によって様々な考え方がある．このため，限界状態の設定に当たっては，構造条件，施工条件，日常点検，異常時の緊急点検と応急復旧体制を含めた維持管理の容易さ等を考慮して定めることが重要である．

(2) 設計の前提条件

擁壁の安定性，耐久性は，設計のみならず施工の善し悪し，維持管理の程度により大きく依存する．このため，設計に当たっては，設計で前提とする施工，施工管理，維持管理の条件を定めなければならない．

(3) 第5章，第6章，第7章に示す構造形式の擁壁の照査

第5章，第6章，第7章に示す構造形式の擁壁の設計に当たっては，これまでの経験・実績等を踏まえて，それぞれ各章に基づいて設計・施工し，第8章に基づいて維持管理を行えば，(1)，(2)を行ったとみなしてよい．

4-1-5　擁壁の限界状態

(1) 性能1に対する擁壁の限界状態は，想定する作用によって生じる擁壁の変形・損傷が擁壁の機能を確保し得る範囲内で適切に定めるものとする．
(2) 性能2に対する擁壁の限界状態は，想定する作用によって生じる擁壁の変形・損傷が修復を容易に行い得る範囲内で適切に定めるものとする．
(3) 性能3に対する擁壁の限界状態は，想定する作用によって生じる擁壁の変形・損傷が隣接する施設等への甚大な影響を防止し得る範囲内で適切に定めるものとする．

擁壁の要求性能に応じた限界状態の考え方及び照査項目を例示すると**解表4-2**及び以下のとおりである．

(1) 性能1に対する擁壁の限界状態

　性能1に対する擁壁の限界状態は，想定する作用によって擁壁としての健全性を損なわないように定めたものである。擁壁の長期的な沈下や変形，降雨や地震動の作用等による軽微な損傷を完全に防止することは現実的ではない。このため，性能1に対する擁壁の限界状態は，擁壁の安全性，供用性，修復性をすべて満足する観点から，擁壁や擁壁により形成される道路に軽微な亀裂や段差が生じた場合でも，平常時においては点検と補修，また地震時においては緊急点検と緊急措置により擁壁としての機能を確保できる限界の状態として設定すればよい。

　この場合，擁壁，基礎地盤及び背面盛土の限界状態は，擁壁が安定であるとともに，基礎地盤及び背面盛土の力学特性に大きな変化が生じず，かつ，基礎地盤の変形が擁壁を構成する部材及び擁壁により形成される道路から要求される変位にとどまる限界の状態を設定すればよい。また，擁壁を構成する部材の限界状態は，力学特性が弾性域を超えない限界の状態を設定すればよい。

(2) 性能2に対する擁壁の限界状態

　性能2に対する擁壁の限界状態は，想定する作用に対する変形・損傷が限定的なものにとどまり，擁壁としての機能の回復をすみやかに行えるように定めたものである。擁壁の安全性及び修復性を満足する観点から，擁壁に変形・損傷が生じて通行止めの措置を要する場合でも，応急復旧等により，擁壁としての機能を回復できる限界の状態を限界状態として設定すればよい。

　この場合，擁壁及び基礎地盤，背面盛土の限界状態は，復旧に支障となるような過大な変形や損傷が生じない限界の状態を設定すればよい。また，擁壁を構成する部材の限界状態は，想定する作用に対する損傷の修復を容易に行い得る限界の状態として設定すればよい。この際，損傷した場合の修復方法等を考慮する必要がある。

(3) 性能3に対する擁壁の限界状態

　性能3に対する擁壁の限界状態は，想定する作用による変形・損傷が擁壁として致命的にならないように定めたものである。擁壁の供用性及び修復性は失われ

ても，安全性を満足する観点から，擁壁の崩壊による隣接する施設等への甚大な影響を防止できる限界の状態を限界状態として設定すればよい。

この場合，擁壁及び基礎地盤，背面盛土の限界状態は，隣接する施設等へ甚大な影響を与えるような過大な変形や損傷が生じない限界の状態として設定すればよい。また，擁壁を構成する部材については，部材の耐力が大きく低下し始める限界の状態として設定すればよい。

解表4-2 擁壁の要求性能に対する限界状態と照査項目（例）

要求性能	擁壁の限界状態	構成要素	構成要素の限界状態	照査項目	照査手法
性能1	想定する作用によって生じる擁壁の変形・損傷が，擁壁の機能を確保し得る限界の状態	擁壁，基礎地盤及び背面盛土	擁壁が安定であるとともに，基礎地盤及び背面盛土の力学特性に大きな変化が生じず，かつ，擁壁を構成する部材及び擁壁により形成される道路から要求される変位にとどまる限界の状態	安定	安定照査・支持力照査
				変形	変形照査
		擁壁を構成する部材	力学特性が弾性域を超えない限界の状態	強度	断面力照査
性能2	想定する作用によって生じる擁壁の変形・損傷が，修復を容易に行い得る限界の状態	擁壁，基礎地盤及び背面盛土	復旧に支障となるような過大な変形や損傷が生じない限界の状態	変形	変形照査
		擁壁を構成する部材	損傷の修復を容易に行い得る限界の状態	強度・変形	断面力照査・変形照査
性能3	想定する作用によって生じる擁壁の変形・損傷が，隣接する施設等への甚大な影響を防止し得る限界の状態	擁壁，基礎地盤及び背面盛土	隣接する施設へ甚大な影響を与えるような過大な変形や損傷が生じない限界の状態	変形	変形照査
		擁壁を構成する部材	部材の耐力が大きく低下し始める状態	強度・変形	断面力照査・変形照査

4-1-6 照査方法

> 照査は，擁壁の形式，想定する作用，限界状態に応じて適切な方法に基づいて行うものとする。

擁壁の照査では，照査手法と擁壁を構成する要素の限界状態に応じて応力度，断面力，安全率，残留変位等の照査指標並びにその許容値を適切に設定し，想定する作用に対して照査指標が許容値以下となることを照査する。

照査に際しては，擁壁の形式，想定する作用及び限界状態，用いることができる情報・データ，必要とされる精度等を考慮して，適切な照査方法を選定する必要がある。照査に当たっては，擁壁と背面盛土の関係，擁壁周辺及び基礎地盤の条件等を考慮した手法を用いる。

常時の作用に対する照査方法としては，許容応力度設計法に代表されるような，地盤や部材の応力状態に対する安定や強度のみを照査し，変位・変形については過去の実績から性能を有するとみなす方法と，数値計算等により変位・変形も照査する方法がある。

降雨の作用については，擁壁では，通常，常時の作用における荷重の一項目として扱う。

地震動の作用に対する照査方法としては，大きく分けて，構造物の地震時挙動を動力学的に解析する動的照査法と，地震の影響を静力学的に解析する静的照査法に大別される。一般に，動的照査法は地震時の現象を精緻にモデル化し，詳細な地盤調査に基づく入力データと高度な技術的判断を必要とする。一方，静的照査法は現象を簡略化しており，比較的簡易に実施することが可能であるが，静的荷重へのモデル化や地震時の挙動の推定法等については適用条件があり，すべての形式の擁壁や地盤条件に対して適用できるものではない。擁壁の地震時残留変位量を直接評価する手法等を含む地震動の作用に対する擁壁の照査方法について，「巻末資料 資料-3 地震動の作用に対する擁壁自体の安定性の照査に関する参考資料」に紹介しているので参考にするとよい。

4−2 荷　　重

4−2−1 一　　般

> (1) 擁壁の設計に当たっては，以下の荷重を考慮するものとする。
> （主荷重）
> 　① 自重
> 　② 載荷重
> 　③ 土圧
> 　④ 水圧及び浮力
> （従荷重）
> 　⑤ 地震の影響
> 　⑥ 風荷重
> （主荷重に相当する特殊荷重）
> 　⑦ 雪荷重
> （従荷重に相当する特殊荷重）
> 　⑧ 衝突荷重
> (2) 擁壁の設計に当たって考慮する荷重の組合せは，同時に作用する可能性が高い荷重の組合せのうち，最も不利となる条件を考慮して設定するものとする。
> (3) 荷重は，想定する範囲内で擁壁に最も不利な断面力あるいは変位が生じるように作用させるものとする。

(1) 考慮すべき荷重

「4−1−2　想定する作用」を踏まえ，擁壁の設計を行う際に考慮する主な荷重を，主荷重（常に作用すると考えなければならない荷重），従荷重（必ずしも常時またはしばしば作用するとは限らないが，荷重の組合せにおいて必ず考慮しなければならない荷重），特殊荷重（構造形式，設置箇所の状況等の条件によっては，特に考慮しなければならない荷重）に分類し列挙したものであり，擁壁の設置地点の諸条件，構造形式等によって適宜選定し，必ずしも全部採用する必要はない。

(2) 荷重の組合せ

擁壁の設計は，同時に作用する可能性が高い組合せのうち，擁壁に最も不利となる条件を考慮して行わなければならない。擁壁の設計における一般的な荷重の組合せは次のとおりである。ただし，設置地点，構造形式，環境，形状・寸法等の諸条件によっては，次の組合せにその他の荷重を付加して設計しなければならない。

① 自重＋載荷重＋土圧
② 自重＋土圧
③ 自重＋地震の影響

一般には，上記の組合せのうち，常時の作用に対しては①及び②，地震動の作用に対しては③の組合せについて設計を行うものとする。

水圧及び浮力，雪荷重については，擁壁の設置地点の状況によって，上記①～③の組合せに付加して設計するものとする。

擁壁の設計における荷重の組合せは，同時に作用する可能性が低いと考えられる組合せについては検討を省くことができる。例えば，擁壁の頂部に遮音壁や防護柵を直接取り付ける場合には，風荷重や衝突荷重を考慮するものとし，それぞれ上記②の組合せに付加して設計するものとする。これは，風荷重や衝突荷重は，載荷重や地震の影響と同時に作用する可能性は一般的に低いと考えられるからである。また，風荷重と衝突荷重についても，同時に作用する可能性が一般的に低いと考えられることから，組合せは考慮しなくてもよい。

その他の荷重の組合せについては，「道路橋示方書・同解説 Ⅰ共通編」，「道路橋示方書・同解説 Ⅳ下部構造編」を参考に設定するとよい。

(3) 荷重の作用方法

荷重を想定する範囲内で，擁壁が最も不利となる状態で作用させることを示したものである。

4-2-2 自　　重

> 自重は，擁壁の種類や土質条件等を考慮するとともに，材料の単位体積重量を適切に評価して設定するものとする。

擁壁の設計に用いる自重は，躯体重量が基本となるが，構造物の種類や土質条件等によっては，底版上の裏込め土等を加えて設定する方が適切である場合がある。**解図4－1**に自重の考え方の一例を示す。

躯体自重の算出に用いる鉄筋コンクリート及びコンクリートの単位体積重量は，次の値を用いてもよい。

　　鉄筋コンクリート　　24.5kN/m^3

　　コンクリート　　　　23.0kN/m^3

土の単位体積重量は，土質試験結果をもとにして決定するのが望ましい。なお，高さが8m以下の擁壁で土質試験を行うことが困難な場合は，「4－3　土の設計諸定数」の**解表4－6**に示す値を用いてもよい。

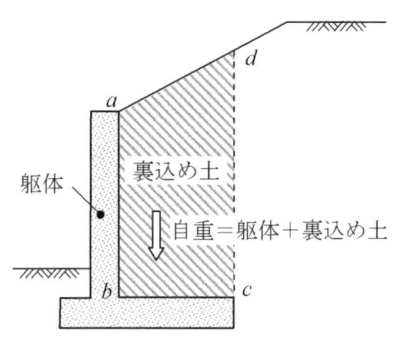

解図4－1　自重の考え方（例）

4-2-3 載　荷　重

> 擁壁の上部に道路を設ける場合には，自動車等の車両による載荷重を考慮するものとする。

擁壁の上部に道路を設ける場合には，自動車等の車両による載荷重を考慮する。

— 52 —

載荷重は，擁壁に最も不利となるように載荷するものとする。載荷重の載荷方法の例を**解図4－2**に示す．この例では，擁壁に最も不利となるように，支持に対する安定を照査する場合にはかかと版上の載荷重を考慮し，滑動・転倒に対する安定を照査する場合にはかかと版上の載荷重を無視している．

　なお，自動車等の車両による載荷重は，$10kN/m^2$を用いてよい．

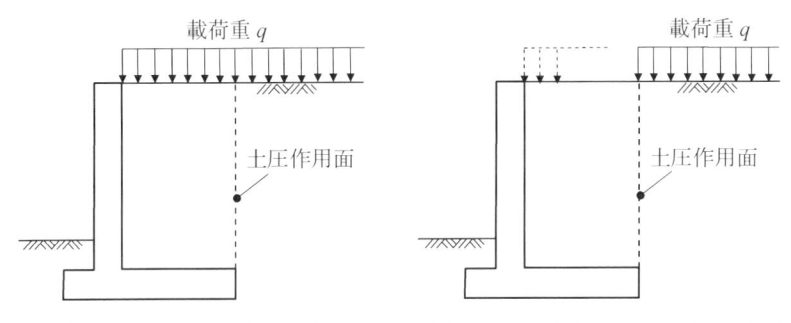

(a) 支持に対する照査の場合　　(b) 滑動及び転倒に対する照査の場合

解図4－2　載荷重の載荷方法の例

4－2－4　土　　圧

> 土圧は，擁壁の種類や土質条件，施工条件等を考慮して適切に設定するものとする．

　擁壁は，土砂の崩壊を防ぐための構造物であり，擁壁には背面盛土や前面埋戻し土，載荷重による土圧が作用する．

　土圧には**解図4－3**に示すように，壁の変位に応じて主働土圧，静止土圧，受働土圧の状態がある．

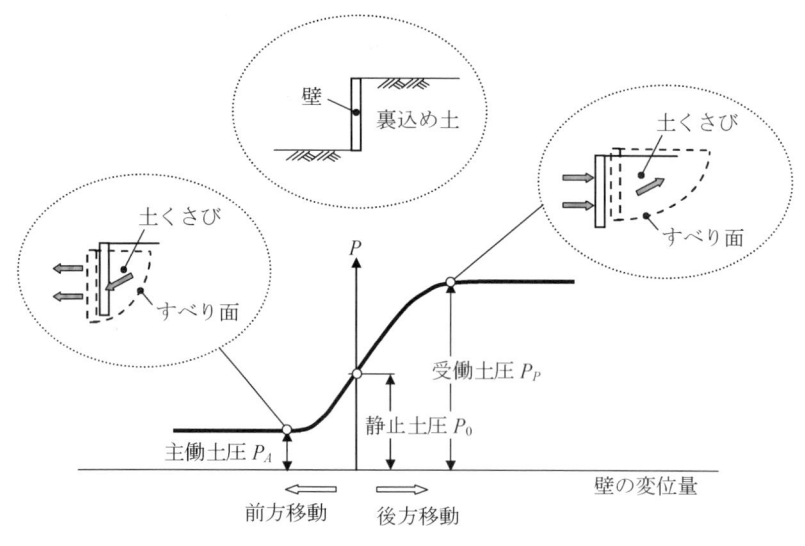

解図4-3 壁の移動と土圧

(1) 主働土圧

　壁が前方（盛土から遠ざかる方向）に移動し，それに伴って背面土が崩れかかるときの土圧は主働土圧と呼ばれている。擁壁は土塊を支えるのが目的であるので，一般にこの主働土圧をもとに設計が行われている。このとき，一般に土圧の計算はクーロンやランキン等の土圧公式が用いられるが，道路擁壁の場合，現場条件に応じて背面の盛土形状が異なるため，本指針においてはクーロン系の土圧算定手法である試行くさび法により土圧合力を算定するものとする。

(2) 受働土圧

　主働土圧とは逆に壁が土塊側に押し込まれ，土塊が上方に押し上げられるような状態で破壊するときの土圧は受働土圧と呼ばれている。擁壁前面の埋戻し土による受働土圧は，擁壁の滑動抵抗力となるが，洪水時や豪雨時の洗掘，人為的な堀返しにより前面の埋戻し土が取り除かれるおそれや，凍結融解によって前面土圧が十分発揮されないおそれ等があるため，擁壁の設計では前面埋戻し土による受働土圧を一般には無視する。

(3) 静止土圧

壁が全く変位を生じない時に壁に作用する土圧を静止土圧という。静止土圧は不静定力であり、これを正確に推定することは困難であるが、過去の実験や経験によって概略推定する方法が提案されている。

擁壁に作用する土圧は、ここに述べたように単純ではなく、構造物や基礎地盤との相互作用の結果生じると考えられる。したがって、擁壁に作用する土圧を推定するには、土の応力～ひずみ関係を考慮する必要があるが、土は粒度や間隙比、含水状態等の物理条件のほかに、応力履歴や境界条件等によって複雑な挙動を示す。このため、実務上は、構造物の変形特性等を考慮して、前述の考え方を経験的に応用した計算法を適用している。

4－2－5 水圧及び浮力

> 降雨の作用として、水圧及び浮力を考慮するものとする。
> (1) 水圧は、地盤条件や水位の変動等を考慮して適切に設定するものとする。
> (2) 浮力は、間隙水や水位の変動等を考慮して適切に設定するものとする。
> また、浮力は鉛直方向に作用するものとする。

(1) 水 圧

水圧は、地盤条件や水位の変動等を考慮して適切に設定するものとする。

擁壁の安定性については、裏込め土や背面盛土への浸透水による水圧が大きく影響するため、擁壁の設計に当たっては、排水工を適切に設置することによりこれらの影響を軽減することが基本である。このため、排水工を適切に設置することを前提として、一般的な擁壁では、水圧の影響を考慮しなくてもよい。

ただし、**解図4－4**に示すような、地下水位以下に設置されるU型擁壁や河川の水際に設置される擁壁のように壁の前後で水位差が生じるような場合には、この水位差に伴う水圧を考慮する必要がある。なお、水圧 p_w は、式（解4－1）により算出してよい。

$$p_w = \gamma_w \cdot h \qquad (解4-1)$$

ここに,
  p_w：水面より深さhにおける静水圧（kN/m²）
  γ_w：水の単位体積重量（9.8kN/m³）
  h：水面からの深さ（m）

(2) 浮　力

　擁壁が河川等の水際や地下水位以下に設置される場合には，**解図4－4**に示す擁壁の底面に作用する上向きの水圧によって生じる浮力を考慮する必要がある。

　擁壁底面の地盤が粘性土層や亀裂の少ない岩盤等の不透水性層の場合でも，経年的な水の浸透等によって浮力が作用する場合がある。このような場合には，擁壁の長期的な安定性を照査するため浮力を考慮する。

　浮力は，水位の変動が著しい箇所においては擁壁に最も不利となるように載荷するものとする。例えば，滑動や転倒に対する安定を照査する場合には浮力を考慮し，支持に対する安定を照査する場合には浮力を無視する場合がある。

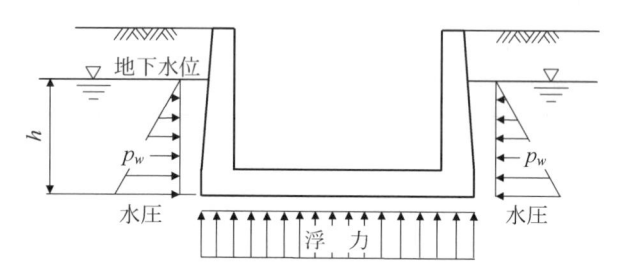

解図4－4　地下水位以下に設置されるU型擁壁に作用する水圧及び浮力

4－2－6　地震の影響

　地震の影響として，次のものを考慮するものとする。
(1) 擁壁の自重に起因する地震時慣性力（以下，「慣性力」という）
(2) 地震時土圧
(3) 地盤の液状化の影響

擁壁の照査で考慮すべき地震の影響の種類を示したものである。

地盤の液状化の影響は，基礎地盤が砂質土層の場合，地震時に液状化が生じ沈下や変形が生じることがあり，また，U型擁壁等では地盤の液状化に伴う揚圧力が作用することがあるため，考慮する事項として示している。

地震動の作用に対する照査方法としては，静的照査法と動的照査法とがあるが，照査法の特性に応じて地震の影響を適切に考慮する。以下に，地震時の影響の種類についての考え方を示す。

(1) 慣性力

慣性力は水平方向のみ考慮し，一般に鉛直方向の慣性力の影響は考慮しなくてよい。

静的照査法により照査する場合の擁壁の慣性力は，解図4-5に示すように擁壁の自重Wに設計水平震度k_hを乗じたものとし，躯体断面の重心位置Gを通って水平方向に作用させるものとする。設計水平震度の値については，地震動レベル，構造形式，構造物の立地条件に応じて適切に設定する。

動的解析により照査を行う場合には，時刻歴で与えられる入力地震動が必要となり，この場合には，「道路橋示方書・同解説 Ⅴ耐震設計編（平成14年3月）」を参考に，目標とする加速度応答スペクトルに近似したスペクトル特性を有する加速度波形を用いるのがよい。なお，地震動の入力位置を耐震設計上の基盤面とする場合には，地盤の影響を適切に考慮して設計地震動波形を設定する。

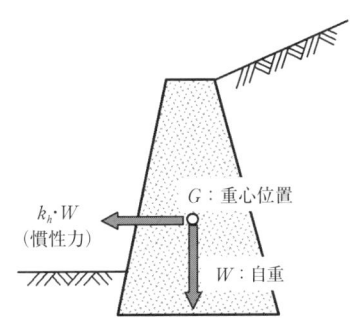

解図4-5 擁壁の慣性力の考え方

(2) 地震時土圧

地震時土圧は，裏込め土のすべり土魂の自重による水平方向の慣性力を考慮して算定する。

(3) 地盤の液状化の影響

基礎地盤で液状化すると判定された砂質土層は，地震時に不安定となる地盤であり，土の強度及び支持力が低下する可能性があると考えられる。液状化が生じると判定された砂質土層については，土質定数を低減させるなど適切に考慮する必要がある。

U型擁壁が地下水位以下に埋設される場合で，U型擁壁が設置される周辺地盤が液状化した場合には，過剰間隙水圧が作用するとともに側壁の土との摩擦抵抗力が低下する場合がある。したがって，U型擁壁が地下水位以下に埋設される場合で，周辺地盤が液状化する可能性がある場合には，その影響を考慮する必要がある。地盤の液状化の可能性の判定及び土質定数の低減については，「道路土工－軟弱地盤対策工指針」によるものとする。

また，軟弱地盤上で地下水位が高い場合には，基礎地盤の置換え土に砂質土を用いると，砂質土が液状化し，擁壁に沈下や変状が生じる場合がある。このため，軟弱地盤で地下水位が高い場合には，置換え砂の安定処理を行うなどの置換え砂に液状化が生じないような処理を施す必要がある。

4－2－7 風荷重

> 擁壁の遮音壁等に作用する風荷重は，擁壁の設置位置，地形及び地表条件，道路の形状，擁壁の構造等を考慮して適切に設定するものとする。

擁壁の遮音壁等に作用する風荷重は，擁壁の設置位置，地形及び地表条件，道路の形状，擁壁の構造等を考慮して適切に設定するものとする。

なお，擁壁の頂部に高さ5m以下の遮音壁等を直接設ける場合，部材の安全性の照査には遮音壁等に作用する風荷重を考慮するものとし，擁壁自体の安定性の照査には考慮しなくてもよい。ただし，高さ2m以下の重力式擁壁等に直接設置する

場合または遮音壁等の高さが5m以上になる場合には，風荷重により擁壁自体の安定性が左右されることがあるので，風荷重を考慮して擁壁自体の安定性の照査を行う必要がある。

　遮音壁等に作用する風荷重は，遮音壁の側面に直角に作用する水平荷重とし，その大きさは次の値を用いてもよい。

　　　風上側　　$2kN/m^2$
　　　風下側　　$1kN/m^2$

　ここで，風上側とは，**解図4－6**(a)に示すように遮音壁が道路の片側にのみ設置される場合で，土圧の作用方向と同じ方向に直接風荷重が作用する場合である。**解図4－6**(b)に示すように遮音壁が道路の両側に設置される場合には風下側の風荷重の値を用いればよい。

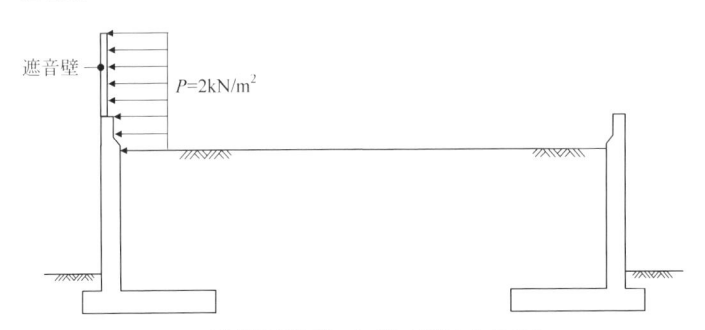

(a) 遮音壁が道路の片側に設置される場合

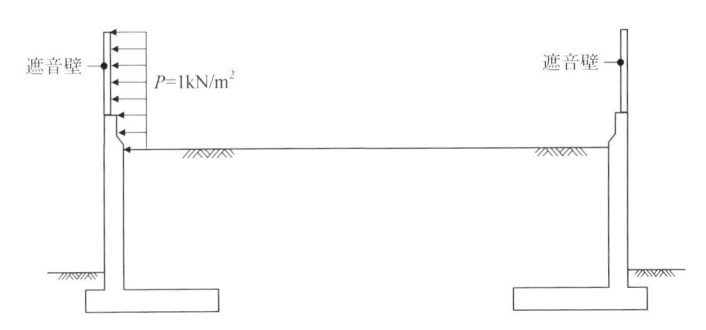

(b) 遮音壁が道路の両側に設置される場合

解図4－6　風荷重の載荷方法

[参考] 遮音壁等に作用する風荷重の求め方

単位面積当たりに作用する風荷重Pは，式（参4－1）により求められる。

$$P = \frac{1}{2} \rho \cdot U_d^2 \cdot C_d \cdot G \quad \cdots\cdots\cdots\cdots\cdots\cdots\cdots\cdots\cdots\cdots\cdots\cdots\cdots\cdots (参4－1)$$

ここに，

P：単位面積当たりの風荷重（N/m^2）

ρ：空気密度（1.23kg/m^3）

U_d：設計基準風速（m/s）

C_d：抗力係数

G：ガスト応答係数

擁壁に作用する風荷重Pは，設計基準風速U_dを40m/s，抗力係数C_dを1.2，ガスト応答係数Gを1.9として計算した値を，遮音壁等が設置される道路の周辺には住宅等の建物が密集していることを考慮して0.8倍に低減し，それよりやや大きめの値をとって風上側の風荷重の値とした。また，風下側の風荷重の値については，実験により確認した結果，風上側の1/2とした。

4－2－8 雪荷重

> 雪荷重を考慮する必要のある地方においては，擁壁の設置地点や道路管理の状況に応じて雪荷重を適切に設定するものとする。

雪荷重を考慮する必要がある地方においては，擁壁の設置地点や道路管理の状況に応じて，雪荷重を適切に設定するものとする。

雪荷重SWは，式（解4－2）により算出してよい。

$$SW = \gamma_s \cdot Z_s \quad \cdots\cdots\cdots\cdots\cdots\cdots\cdots\cdots\cdots\cdots\cdots\cdots\cdots\cdots\cdots\cdots (解4－2)$$

ここに，

SW：雪荷重（kN/m^2）

γ_s：雪の平均単位体積重量（kN/m^3）

Z_s：設計積雪深（m）

雪の平均単位体積重量γ_sは，地方や季節等により異なるが，積雪地帯においてお

ては一般に3.5kN/m³としてよい。また，設計積雪深Z_sは，通常の場合には設置地点における再現期間10年に相当する年最大積雪深を考慮すればよい。

また，圧縮された雪の上を車両が通行する場合には，規定の載荷重の他に雪荷重として1.0kN/m²（圧縮された雪で15cm厚）を考慮するものとする。

4－2－9 衝突荷重

> 擁壁の頂部に設置する車両用防護柵に車両が衝突した際に作用する衝突荷重は，擁壁や防護柵の設置条件等を考慮して適切に設定するものとする。

衝突荷重は，以下によるほか，「防護柵の設置基準・同解説」及び「車両用防護柵標準仕様・同解説」（日本道路協会）を参考に定めるとよい。

(1) 自動車の衝突荷重

擁壁の頂部に車両用防護柵を直接設ける場合には，原則として擁壁自体の安定性の照査及び部材の安全性の照査には防護柵に作用する衝突荷重を考慮するものとする。

防護柵への衝突荷重は，防護柵の側面に直角に作用する水平荷重とし，数台の車両が同時に防護柵に衝突する可能性が低いことから，擁壁1ブロック当たり1箇所に作用するものとしてよい。

擁壁自体の安定性の照査に当たっては，衝突荷重を1ブロック全体で受け持つものとして計算を行うものとする。また，たて壁の部材設計に当たっては，荷重の分散範囲が擁壁の端部付近では中央部に比較して小さくなることから，**解図4－7**に示すように，擁壁端部から1mの位置に作用する衝突荷重が45°の角度で荷重分散するものとして部材の有効幅を考え，鉄筋量は全断面に渡って同一としてよい。ここで，1ブロックとは通常のコンクリート擁壁では伸縮目地で区切られた延長方向の単位を表す。

(a) たわみ性防護柵の場合

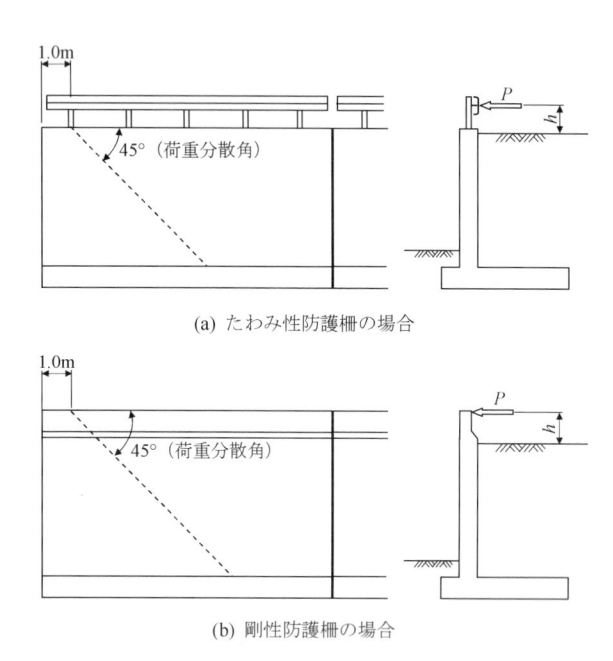

(b) 剛性防護柵の場合

解図4-7 擁壁に作用する衝突荷重

防護柵への衝突荷重として考慮する値と作用高さは，防護柵の形式に応じて**解表4-3，解表4-4**に示す値としてよい。

解表4-3 たわみ性防護柵の衝突荷重

防護柵の種別	衝突荷重 P (kN) 砂詰め固定	衝突荷重 P (kN) モルタル固定	擁壁天端からの作用高さ h (m)
SS，SA，SB	55	60	0.76
SC	50	60	0.6
A	50	60	0.6
B，C	30	40	0.6

解表4－4　剛性防護柵の衝突荷重

防護柵の種別	衝突荷重 P (kN)			路面からの作用高さ h (m)
	単スロープ型	フロリダ型	直壁型	
SS	135	138	170	1.0
SA	86	88	109	1.0
SB	57	58	72	0.9
SC	34	35	43	0.8

注）詳細は，「防護柵の設置基準・同解説」，「車両用防護柵標準仕様・同解説」を参照。

(2) 自動車の前輪荷重

　たわみ性防護柵は，車両衝突時に支柱が変形し，支柱中心部を乗り上げる形で衝突車両の車輪が通過することから，擁壁頂部にたわみ性防護柵を直接設ける場合には，**解図4－8**に示すように，衝突荷重と同時に擁壁頂部に衝突車両の前輪荷重25kNを考慮するものとする。

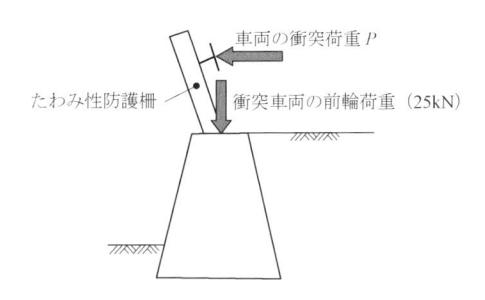

解図4－8　衝突車両の前輪荷重

4－3　土の設計諸定数

　土の設計諸定数は，原則として土質試験及び原位置試験等の結果を総合的に判断し，施工条件等も十分に考慮して設定するものとする。

　擁壁の設計に当たっては，裏込め土による土圧の算定や基礎地盤の支持力等の検討に用いる土の諸定数の設定が必要となる。これらの土の諸定数の設定は，原

則として「3-2 調査」の結果に基づいて行うこととする。

(1) 土の強度定数と試験

土の強度定数 c, ϕ を求める試験には，次のようなものがある。

1) 三軸圧縮試験

基礎地盤については乱さない試料，裏込め土については突き固めた試料をもとに三軸圧縮試験を行い，c, ϕ を求めるのが望ましい。このときのせん断強さは，式（解4-3）で示される。

$$s = c + \sigma \tan\phi \quad \cdots\cdots\cdots\cdots\cdots\cdots\cdots\cdots\cdots\cdots\cdots\cdots\cdots\cdots\text{（解4-3）}$$

ここに，

$\quad\quad s$：せん断強さ（kN/m^2）

$\quad\quad \sigma$：せん断面に作用する全垂直応力（kN/m^2）

$\quad\quad c$：土の粘着力（kN/m^2）

$\quad\quad \phi$：土のせん断抵抗角（°）

2) 一軸圧縮試験

粘性土の場合，一軸圧縮試験によって粘着力 c を求めてもよい。

$$c = \frac{1}{2} q_u \quad \cdots\cdots\cdots\cdots\cdots\cdots\cdots\cdots\cdots\cdots\cdots\cdots\cdots\cdots\cdots\cdots\text{（解4-4）}$$

ここに，

$\quad\quad c$：粘着力（kN/m^2）

$\quad\quad q_u$：一軸圧縮強さ（kN/m^2）

3) 標準貫入試験によるN値から推定する方法

標準貫入試験によるN値から強度定数を推定する方法は各種提案されている（「地盤調査の方法と解説」）が，経験的な推定式である式（解4-5），式（解4-6）～（解4-8）により推定した値を用いてもよい。

$\quad\quad$粘性土の粘着力 c

$$c = 6N \sim 10N \quad \cdots\cdots\cdots\cdots\cdots\cdots\cdots\cdots\cdots\cdots\cdots\cdots\cdots\text{（解4-5）}$$

$\quad\quad$砂質土のせん断抵抗角 ϕ

$$\phi = 4.8 \log N_1 + 21 \quad \text{ただし，} N > 5 \cdots\cdots\cdots\cdots\cdots\cdots\text{（解4-6）}$$

$$N_1 = \frac{170N}{\sigma'_v + 70} \quad\quad\quad\quad\quad\quad\quad\quad\quad\quad\quad\quad\quad\quad\quad\quad (解4-7)$$

$$\sigma'_v = \gamma_{t1} h_w + \gamma'_{t2}(x - h_w) \quad\quad\quad\quad\quad\quad\quad\quad\quad\quad (解4-8)$$

ここに,

c：粘着力（kN/m^2）

ϕ：せん断抵抗角（°）

σ'_v：標準貫入試験を実施した地点の有効上載圧（kN/m^2）

N_1：有効上載圧 $100kN/m^2$ 相当に換算した N 値。ただし，原位置の σ'_v が $\sigma'_v < 50kN/m^2$ である場合には，$\sigma'_v = 50kN/m^2$ として算出する。

N：標準貫入試験から得られる N 値

γ_{t1}：地下水位面より浅い位置での土の単位体積重量（kN/m^3）

γ'_{t2}：地下水位面より深い位置での土の単位体積重量（kN/m^3）

x：標準貫入試験を実施した地点の原地盤面からの深さ（m）

h_w：地下水位の深さ（m）

(2) 裏込め材料・盛土材料の諸定数

　擁壁の設計に用いる土圧算定のための土の強度及び単位体積重量等の諸定数は，土質試験等によって求めることを基本とする。

1) 土の強度定数

　土質試験により土の強度定数を求める場合，裏込め材料・盛土材料を所定の密度に締め固めて，飽和条件で試験を行うことを原則とする。

　粘着力 c については，過大評価にならないよう低減等を行い設定する必要がある。

　また，近年，建設発生土の有効利用の観点から，発生土をセメント等で改良して擁壁の盛土材料や裏込め材料として使用する例も見られる。改良土については，改良方法や改良材，材令，固化後の粉砕処理の有無等によって，その土質性状，強度，品質のバラツキ，耐久性等が大きく異なる。このため，室内あるいは現場での配合試験や現場での施工方法・施工条件に即した土質試験等を実施し，室内試験と現地施工での強度の違いや施工時の締固め時期や条件等の

影響を考慮したうえで，土の強度定数を適切に定める必要がある。

また，高さ8m以下の擁壁で土質試験を行うことが困難な場合は，経験的に推定した**解表4−5**の値を用いてもよい。

解表4−5　裏込め土・盛土の強度定数

裏込め土・盛土の種類	せん断抵抗角 (ϕ)	粘着力 (c) [注2]
礫質土	35°	—
砂質土[注1]	30°	—
粘性土（ただし $w_L < 50\%$）	25°	—

注1）細粒分が少ない砂は，礫質土の値を用いてよい。
注2）土質定数を上表から推定する場合は，粘着力 c を無視する。

2) 土の単位体積重量

土圧の計算に用いる土の単位体積重量 γ は，裏込めに使用する土質試料を用いて求める。高さ8m以下の擁壁で土質試験を行うことが困難な場合は，土質試験によらないで**解表4−6**の値を用いてもよい。

解表4−6　土の単位体積重量　　　　　(kN/m^3)

地盤	土質	緩いもの	密なもの
自然地盤	砂及び砂礫	18	20
	砂質土	17	19
	粘性土	14	18
裏込め土・盛土	砂及び砂礫	20	
	砂質土	19	
	粘性土（ただし $w_L < 50\%$）	18	

注）地下水位以下にある土の単位体積重量は，それぞれ表中の値から $9kN/m^3$ を差し引いた値としてよい。

(3) 基礎地盤の諸定数

1) 地盤の支持力

地盤の支持力は，特に重要度の高い擁壁，大規模な擁壁，斜面上の擁壁，ゆるい砂質地盤あるいは軟らかい粘性土地盤上の擁壁，特殊な施工条件の擁壁については，慎重に検討する必要がある。

地盤の許容鉛直支持力度は，基礎地盤の極限支持力及び擁壁の**沈下量**を考慮して求めるものとする。静力学公式で求められる荷重の偏心・傾斜及び支持力係数の寸法効果を考慮した基礎地盤の極限支持力は，標準貫入試験によるN値，一軸圧縮試験，三軸圧縮試験等の結果から得られた粘着力c，せん断抵抗角ϕを用いて求める場合と，平板載荷試験の結果により求めた地盤の粘着力c，せん断抵抗角ϕを用いて求める場合とがあり，それぞれ，「道路橋示方書・同解説　Ⅳ下部構造編」の「10.3.1　基礎底面地盤の許容鉛直支持力」に従って求めるものとする。なお，ここで用いる奥行き幅Lは**解図4-9**に示すように，一般にはブロック長（伸縮目地間隔）としてよい。

　平板載荷試験で求められる地盤の変形特性や支持力特性は，載荷面から載荷板の幅の1.5～2.0倍程度の深さまでの地盤を対象としているので，許容鉛直支持力度を決定する際には，平板載荷試験の結果だけでなく，N値，土質試験結果等を総合的に判断して決めなければならない。

　地盤の許容鉛直支持力度は，上記で求めた基礎地盤の極限支持力を，一般には**解表4-7**の安全率及び**解図4-9**に示す擁壁底面の有効載荷面積A'で除した値とする。なお，支持力の照査に用いる鉛直荷重は，擁壁底面に作用する全鉛直力を有効載荷面積で除した値とすることに注意しなければならない。荷重の合力Rの作用位置が擁壁底面の中央より後方にある場合には，許容鉛直支持力度及び地盤反力度とも有効載荷面積は擁壁底面積とする。

　また，岩盤の極限支持力は，亀裂・割れ目等により左右されるため，地盤定数の評価には不確定な要素が多く，支持力推定式より極限支持力を推定することが困難であるので，岩盤においては設計の実情を考慮し，**解表4-8**に示す従来からの許容鉛直支持力度を用いてよい。

解表4-7　安全率

常　時	地震時
3	2

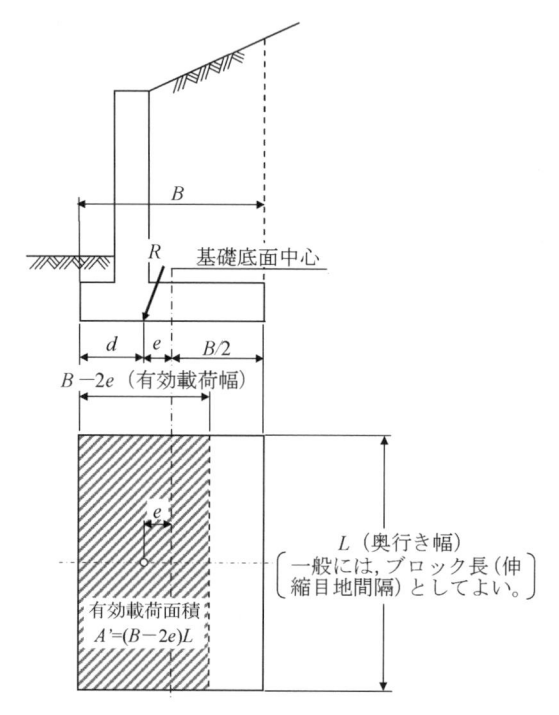

解図4－9 有効載荷面積（偏心が1方向の場合）

　また，基礎地盤の極限支持力は剛塑性理論に基づき得られるため，沈下量と関係付けられたものではない。そこで，擁壁の設計では一般的には沈下の照査は行わないが，擁壁に生じる沈下に対する制限が厳しい場合には，常時の最大地盤反力度を**解表4－8**に示す値程度に抑えれば，沈下の照査を行ったと考えてよい。なお，軟弱地盤における沈下の検討については，「道路土工－軟弱地盤対策工指針」を参照されたい。

　なお，斜面上でない高さ8m以下の擁壁で，現地の試験を行うことが困難な場合には，**解表4－8**に示す許容鉛直支持力度を使用してもよい。**解表4－8**の値は常時のものであり，地震時にはこの1.5倍の値としてよい。

解表4-8 基礎地盤の種類と許容鉛直支持力度（常時値）

基礎地盤の種類		許容鉛直支持力度 q_a (kN/m^2)	目安とする値	
			一軸圧縮強度 q_u (kN/m^2)	N値
岩盤	亀裂の少ない均一な硬岩	1000	10,000以上	—
	亀裂の多い硬岩	600	10,000以上	
	軟岩・土丹	300	1,000以上	
礫層	密なもの	600		
	密でないもの	300		
砂質地盤	密なもの	300	—	30～50
	中位なもの	200		20～30
粘性土地盤	非常に硬いもの	200	200～400	15～30
	硬いもの	100	100～200	10～15

　設計に必要な地盤調査は，調査段階において十分に行うことが基本であるが，施工段階において基礎地盤の状況が設計時と異なることが確認される場合がある。その際には，平板載荷試験の結果から得られる極限支持力を，載荷面積及び**解表4-7**に示す安全率で除した値を，地盤の許容鉛直支持力度としてもよい。この場合も上記と同様に，擁壁に生じる沈下に対する制限が厳しい場合には，最大地盤反力度を**解表4-8**に示す値程度に抑えるのがよい。

2）　擁壁底面と地盤との間の摩擦角ϕ_Bと付着力c_B
　擁壁底面と地盤の間のせん断抵抗力は，摩擦角及び付着力に支配されるので，これらの値は地盤条件とともに施工条件等を十分に考慮して決めることが望ましい。
　土質試験や原位置試験により基礎地盤の強度定数c，ϕが求められた場合，擁壁底面の摩擦角ϕ_Bは，場所打ちコンクリート擁壁では$\phi_B=\phi$，プレキャストコンクリート擁壁では$\phi_B=2/3\phi$としてよい。ただし，プレキャストコンクリート擁壁は基礎コンクリート及び敷きモルタルを設置して施工することを原則とするが，基礎コンクリート及び敷きモルタルが良質な材料で適切に施工されている場合には，$\phi_B=\phi$としてよい。なお，基礎地盤が土の場合及びプレキャストコンクリートでは，摩擦係数μの値は0.6を超えないものとする。

擁壁底面と地盤との付着力c_Bは，施工時の地盤の乱れ等を考慮して決定する。

また，土質試験等を行うことが困難な場合には，**解表4－9**の値を用いてもよい。なお，擁壁底面と地盤との間の摩擦角または摩擦係数及び付着力は，震度法等の静的照査法では，地震時においても常時と同じであると考えてよい。

解表4－9 擁壁底面と地盤との間の摩擦係数と付着力

せん断面の条件	支持地盤の種類	摩擦係数 $\mu = \tan\phi_B$	付着力 c_B
岩または礫とコンクリート	岩盤	0.7	考慮しない
	礫層	0.6	考慮しない
土と基礎のコンクリートの間に割栗石または砕石を敷く場合	砂質土	0.6	考慮しない
	粘性土	0.5	考慮しない

注）プレキャストコンクリートでは，基礎底面が岩盤であっても摩擦係数は0.6を超えないものとする。

3) 杭基礎の安定性の照査に用いる地盤定数

　杭基礎の安定性の照査に用いる地盤定数は，「道路橋示方書・同解説　Ⅳ下部構造編」によるものとする。

4) 背面盛土及び基礎地盤を含む全体としての安定性の検討に用いる地盤定数

　背面盛土及び基礎地盤を含む全体としての安定性を検討する際は，一般に円弧すべりの計算を行う。このときの地盤定数は，「道路土工－盛土工指針」，「道路土工－切土工・斜面安定工指針」及び「道路土工－軟弱地盤対策工指針」によるものとする。

5) 沈下の検討に用いる地盤定数

　基礎地盤に圧密沈下が懸念される軟弱な土層がある場合には，擁壁の沈下に対する検討が必要となる。このときの地盤定数は，「道路土工－軟弱地盤対策工指針」によるものとする。

6) 地盤の液状化の判定に用いる地盤定数

　基礎地盤に液状化が懸念されるゆるい砂質土地盤がある場合には，液状化の判定の検討が必要となる。このときの地盤定数は，「道路土工－軟弱地盤対策工指針」によるものとする。

4-4 使用材料

4-4-1 一般

> 使用材料は，使用目的に応じて要求される強度，施工性，耐久性，環境適合性等の性能を満足する品質を有し，その性状が明らかなものでなければならない。

　使用材料に要求される性能は，設計によって決まる用途や施工方法により異なるが，使用材料は個々の要求性能を満足する品質を有しているとともに，擁壁の材料として用いられた場合にどのような性状を発揮できるかが明確にされている必要がある。したがって，これまでの実績からその材料の性状が明らかなものを除き，試験，検査によってその性状を確認し，擁壁を構成する材料として要求性能を満足することを確認したうえで使用しなければならない。

　擁壁に用いる材料は，JIS等の公の品質規格に適合するものが望ましく，その適用範囲が明らかな用途に限り使用することができるものとする。なお，JIS等の品質を保証する公の規格がない材料の場合には，材料特性が擁壁の性能に及ぼす影響を試験等によって確認するとともに，品質についてもJIS等の規格と同等であることを確認しなければならない。

　擁壁の裏込めに用いる材料は，現場条件に適合した良質な材料を使用する。土質材料が現場条件に適合していることは，「3-2-2　調査方法」，「4-3　土の設計諸定数」に従い確認する。また，補強土壁及び軽量材を用いた擁壁に使用する材料については，「第6章　補強土壁」，「第7章　軽量材を用いた擁壁」に示している。

4-4-2 コンクリート

> 　コンクリートは，擁壁の要求性能を満足するための強度，施工性，耐久性等の性能を満足する品質を有していなければならない。そのためには材料の選定，配合及び施工の各段階において十分な配慮をしなければならない。

擁壁を構成する材料のコンクリートについて，一般事項を示した。

(1) **擁壁の躯体に用いるコンクリートの最低設計基準強度**

擁壁の躯体に用いるコンクリートは，原則として次に示す最低設計基準強度以上のものを用いるものとする。

　　　無筋コンクリート部材　　　　　　　　18N/mm^2
　　　鉄筋コンクリート部材　　　　　　　　21N/mm^2
　　　プレキャスト鉄筋コンクリート部材　　30N/mm^2

コンクリートの耐久性は，水セメント比W/Cに関係する。このため，劣悪なコンクリートを排除する趣旨から，水セメント比W/Cと直接的に関係するコンクリートの設計基準強度について少なくとも上記の最低設計基準強度以上としなければならないこととした。

また，耐久性確保の観点から水セメント比W/Cの最大値が別途指定される場合では，水セメント比W/Cの最大値が満たされるように使用するコンクリートの呼び強度の値を定めなければならない。

(2) **積みブロックの材料及び製品規格**

ブロック積擁壁に用いるコンクリート積みブロックは，「JIS A 5371（プレキャスト無筋コンクリート製品）附属書D」及び「JIS A 5372（プレキャスト鉄筋コンクリート製品）附属書B」に適合するものについては品質を満足するものとみなしてよい。ただし，施工面積1m^{2}当たりの質量は350kg以上とする。

近年，施工の省力化等の目的のために大型の積みブロックを用いたブロック積擁壁が増えてきている。特に，JIS規格に定められたものよりも大型の積みブロックも製品化されており，これらの大型の積みブロックを大型積みブロックと称し，大型積みブロックにより構成されたブロック積擁壁を大型ブロック積擁壁と呼ぶ。

大型積みブロックは主に次の3タイプに分けられる。

　　① 控長はJIS規格に定められた35cmのまま，ブロックの形状を大型化したもの

② 従来のブロックに比べ，控長を大型化したもの
③ その他

また，薄肉構造として施工時に配筋，中詰め等をして使用するものもある。

これらの大型積みブロックを使用する際には，その強度や質量等を十分に検討して使用する。

(3) RC杭及びPHC杭

RC杭及びPHC杭は，「JIS A 5372（プレキャスト鉄筋コンクリート製品）附属書A」，「JIS A 5373（プレキャストプレストレストコンクリート製品）附属書E」の規格に適合するものを標準とする。

(4) 場所打ち杭

水中で施工する場所打ち杭のコンクリートは，水中コンクリートの設計基準強度$24N/mm^2$（コンクリートの呼び強度$30N/mm^2$）以上のものを用いるものとする。

4-4-3 鋼材

> 擁壁に使用する鋼材は，強度，伸び，じん性等の機械的性質，化学組成，有害成分の制限，厚さやそり等の形状・寸法等の特性や品質が確かなものでなければならない。

擁壁に使用する鋼材は，製造時に材料としての特性や品質が決定されるため，その特性や品質が確保されていることが使用上の前提条件である。したがって，個々の材料についてあらかじめ，JIS等の公の規格に適合するように製造され，かつ当該規格で要求する品質が保証されることが重要である。

(1) 鉄筋コンクリート用棒鋼の材料

鉄筋コンクリート用棒鋼は，「JIS G 3112（鉄筋コンクリート用棒鋼）」の規格に適合するものについては，品質を満足するものとみなしてよい。これを使用す

る場合には，異形棒鋼SD295A，SD295B及びSD345を標準とする。

「JIS G 3112」に規定されている異形棒鋼の寸法及び質量は，**解表4－10**に示すとおりである。

解表4－10　異形棒鋼の寸法及び質量

呼び名	単位質量 (kg/m)	公称直径 (d) (mm)	公称断面積 (S) (mm^2)	公称周長 (l) (mm)
D6	0.249	6.35	31.67	20
D10	0.560	9.53	71.33	30
D13	0.995	12.7	126.7	40
D16	1.56	15.9	198.6	50
D19	2.25	19.1	286.5	60
D22	3.04	22.2	387.1	70
D25	3.98	25.4	506.7	80
D29	5.04	28.6	642.4	90
D32	6.23	31.8	794.2	100
D35	7.51	34.9	956.6	110
D38	8.95	38.1	1,140	120
D41	10.5	41.3	1,340	130
D51	15.9	50.8	2,027	160

(2) 鋼管杭の材料

鋼管杭は，「JIS A 5525（鋼管ぐい）」の規格に適合するものについては，品質を満足するものとみなしてよい。「JIS A 5525」に示されている鋼管杭の寸法，質量及び断面性能のうち，代表的なものについては，**解表4－11**に示すとおりである。

解表4-11 鋼管杭の寸法及び断面性能

寸法 外径 D (mm)	板厚 t (mm)	単位質量 W (kg/m)	$\Delta t = 0$mm 断面積 A (mm^2)	断面係数 Z (mm^3)	断面二次モーメント I (mm^4)	回転半径 i (mm)	$\Delta t = 1$mm 断面積 A (mm^2)	断面係数 Z (mm^3)	断面二次モーメント I (mm^4)
400	9	86.8	110.6×10^2	106×10^4	211×10^6	138	98.0×10^2	937×10^3	186×10^6
400	12	115	146.3×10^2	138×10^4	276×10^6	137	133.7×10^2	126×10^4	251×10^6
500	9	109	138.8×10^2	167×10^4	418×10^6	174	123.2×10^2	148×10^4	370×10^6
500	12	144	184.0×10^2	219×10^4	548×10^6	173	168.3×10^2	200×10^4	499×10^6
500	14	168	213.8×10^2	253×10^4	632×10^6	172	198.1×10^2	234×10^4	583×10^6
600	9	131	167.1×10^2	243×10^4	730×10^6	209	148.3×10^2	216×10^4	645×10^6
600	12	174	221.7×10^2	319×10^4	958×10^6	208	202.9×10^2	292×10^4	874×10^6
600	14	202	257.7×10^2	369×10^4	111×10^7	207	238.9×10^2	342×10^4	102×10^7
600	16	230	293.6×10^2	417×10^4	125×10^7	207	274.7×10^2	391×10^4	117×10^7
700	9	153	195.4×10^2	333×10^4	117×10^7	244	173.4×10^2	296×10^4	103×10^7
700	12	204	259.4×10^2	439×10^4	154×10^7	243	237.4×10^2	401×10^4	140×10^7
700	14	237	301.7×10^2	507×10^4	178×10^7	243	279.8×10^2	470×10^4	164×10^7
700	16	270	343.8×10^2	575×10^4	201×10^7	242	321.9×10^2	538×10^4	188×10^7
800	9	176	223.6×10^2	437×10^4	175×10^7	280	198.5×10^2	388×10^4	155×10^7
800	12	233	297.1×10^2	577×10^4	231×10^7	279	272.0×10^2	528×10^4	211×10^7
800	14	271	345.7×10^2	668×10^4	267×10^7	278	320.6×10^2	619×10^4	247×10^7
800	16	309	394.1×10^2	757×10^4	303×10^7	277	369.0×10^2	709×10^4	283×10^7
900	12	263	334.8×10^2	733×10^4	330×10^7	314	306.5×10^2	671×10^4	302×10^7
900	14	306	389.7×10^2	850×10^4	382×10^7	313	361.4×10^2	788×10^4	354×10^7
900	16	349	444.3×10^2	965×10^4	434×10^7	313	416.1×10^2	903×10^4	406×10^7
900	19	413	525.9×10^2	113×10^5	510×10^7	312	497.6×10^2	107×10^5	482×10^7
1000	12	292	372.5×10^2	909×10^4	455×10^7	349	341.1×10^2	832×10^4	415×10^7
1000	14	340	433.7×10^2	105×10^5	527×10^7	349	402.3×10^2	978×10^4	488×10^7
1000	16	388	494.6×10^2	120×10^5	599×10^7	348	463.2×10^2	112×10^5	560×10^7
1000	19	460	585.6×10^2	141×10^5	705×10^7	347	554.2×10^2	133×10^5	666×10^7
1100	12	322	410.2×10^2	110×10^5	607×10^7	385	375.6×10^2	101×10^5	555×10^7
1100	14	375	477.6×10^2	128×10^5	704×10^7	384	443.1×10^2	119×10^5	652×10^7
1100	16	428	544.9×10^2	146×10^5	801×10^7	383	510.4×10^2	136×10^5	748×10^7
1100	19	507	645.3×10^2	171×10^5	943×10^7	382	610.7×10^2	162×10^5	891×10^7
1200	14	409	521.6×10^2	153×10^5	917×10^7	419	484.0×10^2	142×10^5	850×10^7
1200	16	467	595.1×10^2	174×10^5	104×10^8	419	557.5×10^2	163×10^5	975×10^7
1200	19	553	704.9×10^2	205×10^5	123×10^8	418	667.3×10^2	194×10^5	116×10^8
1200	22	639	814.2×10^2	235×10^5	141×10^8	417	776.5×10^2	225×10^5	135×10^8

注)表中の板厚は,代表的な板厚を示したものである。

4-4-4 裏込め材料

> (1) 擁壁の裏込めに用いる土質材料は良質の材料を使用しなければならない。
> (2) 擁壁の裏込めに軽量材を用いる場合には,比重や強度等を検討し,現場条件に適した材料を選定する必要がある。

(1) 裏込めに用いる土質材料

擁壁の裏込めに用いる土質材料(裏込め材料)は,施工の難易,完成後の擁壁の安定に大きな影響を与えるので,良質な材料を使用しなければならない。

一般的に裏込め材料は,敷均し・締固めの施工が容易で,締固め後の強度が大きく,圧縮性が少なく,透水性が良く雨水等の浸透に対して強度低下が生じないものが望ましい。これらの条件から良質な裏込め材料としては粒度の良い粗粒土が挙げられる。

その一方で,土工は切土と盛土のバランスを考慮して行うので,経済性または環境への配慮から現地発生土を使用することが求められている。このため現地発生土のうちから裏込めに適した良質な材料を選定し使用する。また,現地発生土がそのままでは良質な裏込め材料とならない場合には,安定処理等による利用の検討を行う。その際,過度に安定処理を行うと変形特性が変化するとともに,透水性が低下し,通常とは異なった土圧や水圧等が作用するので十分に留意する必要がある。

液性限界の大きな粘性土は,含水量の影響を受けやすく,圧縮・膨張量が大きいために裏込め材料には適さない。また,温泉余土やベントナイト・腐植土を多量に含んだ土,風化の進んだ蛇紋岩等も膨張性や圧縮性が大きいので裏込め材料には適さない。新第三紀層の泥岩や頁岩等には乾湿繰返しの影響を受け,容易に細粒化するものがあり,これらは裏込め材料として望ましくない。

(2) 軽量材

擁壁及び地盤に作用する土圧の軽減を図るため軽量材を用いる場合には,軽量材の比重や強度等を検討し,現場条件に適合した材料を選定する必要がある。

軽量材には,発泡スチロールや気泡混合土等があるが,材料の選定に当たって

は，材料の特性を十分に把握したうえで，安全性，地震時の挙動，施工性，耐久性，経済性等を十分に考慮する必要がある。

軽量材の種類や特性については，「第7章 軽量材を用いた擁壁」に示す。

4-4-5 設計計算に用いるヤング係数

(1) 鋼材のヤング係数は，$2.0 \times 10^5 \text{N/mm}^2$としてよい。

(2) コンクリートのヤング係数は，表4-1に示す値としてよい。

表4-1 コンクリートのヤング係数 （N/mm²）

設計基準強度	21	24	27	30	40
ヤング係数	2.35×10^4	2.5×10^4	2.65×10^4	2.8×10^4	3.1×10^4

(3) 許容応力度設計法による設計を行う場合の，鉄筋コンクリート部材の応力度の計算に用いるヤング係数比nは15とする。

表4-1の値は，全国のコンクリートのヤング係数調査結果の平均値である。設計基準強度が表4-1に示す各値の中間にある場合には，ヤング係数は直線補間による値としてよい。

なお，RC杭のコンクリートのヤング係数は$3.1 \times 10^4 \text{ N/mm}^2$を，PHC杭のコンクリートのヤング係数は$4.0 \times 10^4 \text{ N/mm}^2$を用いてもよい。

4-5 許容応力度

4-5-1 一般

(1) 許容応力度設計法に用いる許容応力度は、使用する材料の基準強度や力学的特性を考慮して、適切な安全度が確保できるように設定するものとする。
(2) 許容応力度は、4-5-2から4-5-5までに示す値とする。
(3) 地震の影響、風荷重、衝突荷重を考慮する場合の許容応力度は、上記(2)の許容応力度に表4-2に示す割増し係数を乗じた値とする。

表4-2 許容応力度の割増し係数

荷重の組合せ	割増し係数
地震の影響を考慮する場合	1.50
風荷重を考慮する場合	1.25
衝突荷重を考慮する場合	1.50

(1) 許容応力度

許容応力度設計法による設計を行う場合に用いる許容応力度の設定方法について示したものである。

(2) 許容応力度の設定方法

「4-5-2 コンクリートの許容応力度」から「4-5-5 鋼管杭の許容応力度」までに示していない材料の許容応力度は、(1)を踏まえ、4-5-2から4-5-5までに示す材料の許容応力度と同等以上の安全度を確保するように設定しなければならない。

(3) 許容応力度の割増し

荷重の組合せにより、発生頻度や擁壁に与える影響度が異なるので、本指針では表4-2に示すように、荷重の組合せに応じて許容応力度の割増し係数を示した。なお、上記以外の荷重の組合せによる許容応力度の割増し係数を考慮する場合には、「道路橋示方書・同解説 Ⅳ下部構造編」に準じてよい。

4-5-2 コンクリートの許容応力度

(1) 鉄筋コンクリート部材

1) 鉄筋コンクリート部材におけるコンクリートの許容圧縮応力度,許容せん断応力度及び許容付着応力度は,表4-3の値とする。なお,許容付着応力度は,直径51mm以下の鉄筋に対して適用する。

表4-3 コンクリートの許容応力度 （N/mm²）

応力度の種類	コンクリートの設計基準強度 (σ_{ck})	21	24	27	30	40
圧縮応力度	曲げ圧縮応力度	7.0	8.0	9.0	10.0	14.0
	軸圧縮応力度	5.5	6.5	7.5	8.5	11.0
せん断応力度	コンクリトのみでせん断力を負担する場合（τ_{a1}）	0.22	0.23	0.24	0.25	0.27
	斜引張鉄筋と共同して負担する場合（τ_{a2}）	1.6	1.7	1.8	1.9	2.4
	押抜きせん断応力度（τ_{a3}）	0.85	0.90	0.95	1.00	1.20
付着応力度	異形棒鋼に対して	1.4	1.6	1.7	1.8	2.0

また,コンクリートのみでせん断力を負担する場合の許容せん断応力度τ_{a1}は,次の影響を考慮して補正を行う。

① 部材断面の有効高dの影響

表4-4に示す部材断面の有効高dに関する補正係数c_eをτ_{a1}に乗じる。

表4-4 部材断面の有効高dに関する補正係数c_e

有効高d（mm）	300以下	1,000	3,000	5,000	10,000以上
c_e	1.4	1.0	0.7	0.6	0.5

② 軸方向引張鉄筋比p_tの影響

表4-5に示す軸方向引張鉄筋比p_tに関する補正係数c_{pt}をτ_{a1}に乗じる。ここで,p_tは中立軸よりも引張側にある軸方向鉄筋の断面積の総和を部材断面の幅b及び部材断面の有効高dで除して求める。

表4-5 軸方向引張鉄筋比p_tに関する補正係数c_{pt}

軸方向引張鉄筋比p_t (%)	0.1	0.2	0.3	0.5	1.0以上
c_{pt}	0.7	0.9	1.0	1.2	1.5

③ 軸方向圧縮力の影響

軸方向圧縮力が大きな部材の場合，式（4-1）により計算される軸方向圧縮力による補正係数c_Nをτ_{a1}に乗じる。

$$c_N = 1 + M_0/M \quad \cdots\cdots\cdots\cdots\cdots\cdots\cdots\cdots\cdots\cdots\cdots\cdots\cdots\cdots (4-1)$$

ただし，$1 \leqq c_N \leqq 2$

ここに，

c_N：軸方向圧縮力による補正係数

M_0：軸方向圧縮力によるコンクリートの応力度が部材引張縁で零となる曲げモーメント（N・mm）

$$M_0 = \frac{N}{A_c} \cdot \frac{I_c}{y}$$

M：部材断面に作用する曲げモーメント（N・mm）

N：部材断面に作用する軸方向圧縮力（N）

I_c：部材断面の図心軸に関する断面二次モーメント（mm^4）

A_c：部材断面積（mm^2）

y：部材断面の図心より部材引張縁までの距離（mm）

2) コンクリートの許容支圧応力度は，式（4-2）により算出するものとする。

$$\sigma_{ba} = \left(0.25 + 0.05 \frac{A_c}{A_b}\right)\sigma_{ck} \quad \cdots\cdots\cdots\cdots\cdots\cdots\cdots\cdots (4-2)$$

ただし，$\sigma_{ba} \leqq 0.5\sigma_{ck}$

ここに，

σ_{ba}：コンクリートの許容支圧応力度（N/mm^2）

A_c：局部載荷の場合のコンクリート面の全面積（mm^2）

A_b：局部載荷の場合の支圧を受けるコンクリート面の面積（mm^2）

σ_{ck}：コンクリートの設計基準強度（N/mm^2）

(2) 無筋コンクリート部材

　　無筋コンクリート部材におけるコンクリートの許容応力度は，**表4－6**の値とする。ただし，局部載荷の場合の許容支圧応力度は，式（4－2）により算出する値とする。

表4－6　無筋コンクリートの許容応力度　（N/mm²）

応力度の種類	許容応力度	備　考
圧 縮 応 力 度	$\dfrac{\sigma_{ck}}{4} \leqq 5.5$	σ_{ck}：コンクリートの設計基準強度
曲げ引張応力度	$\dfrac{\sigma_{tk}}{7} \leqq 0.3$	σ_{tk}：コンクリートの設計基準引張強度（JIS A 1113の規定による）
支 圧 応 力 度	$0.3\sigma_{ck} \leqq 6.0$	

(3) 場所打ち杭

1) 水中で施工する場所打ち杭のコンクリートの許容応力度は，**表4－7**の値とする。ただし，コンクリートの配合は，単位セメント量350kg/m³以上，水セメント比55％以下，スランプ15～21cmを原則とする。

表4－7　水中で施工する場所打ち杭のコンクリートの許容応力度（N/mm²）

コンクリートの呼び強度		30	36	40
水中コンクリートの設計基準強度（σ_{ck}）		24	27	30
圧 縮 応 力 度	曲げ圧縮応力度	8.0	9.0	10.0
	軸圧縮応力度	6.5	7.5	8.5
せん断応力度	コンクリートのみでせん断力を負担する場合（τ_{a1}）	0.23	0.24	0.25
	斜引張鉄筋と共同して負担する場合（τ_{a2}）	1.7	1.8	1.9
付 着 応 力 度	異形棒鋼に対して	1.2	1.3	1.4

2) 大気中で施工する場所打ち杭のコンクリートの許容応力度は，**表4－3**の値の90％とする。

(4) 既製コンクリート杭

RC杭及びPHC杭のコンクリートの許容応力度は，表4－8の値とする。

表4－8　RC杭，PHC杭のコンクリートの許容応力度（N/mm²）

応力度の種類＼杭種	RC杭	PHC杭
設計基準強度	40.0	80.0
曲げ圧縮応力度	13.5	27.0
軸圧縮応力度	11.5	23.0
曲げ引張応力度	－	0
せん断応力度	0.36	0.85

なお，地震の影響を考慮するときのPHC杭のコンクリートの許容曲げ引張応力度は，表4－9の値とする。

表4－9　地震の影響を考慮するときのPHC杭のコンクリートの許容曲げ引張応力度（N/mm²）

有効プレストレス σ_{ce}	$3.9 \leq \sigma_{ce} < 7.8$	$7.8 \leq \sigma_{ce}$
曲げ引張応力度	3.0	5.0

(1)～(4)に示した部材のコンクリートの許容応力度は，「道路橋示方書・同解説　Ⅳ下部構造編」の「4.2　コンクリートの許容応力度」に準拠して示した。

(1) 鉄筋コンクリート部材

鉄筋コンクリート部材及びプレキャスト鉄筋コンクリート部材におけるコンクリートの許容応力度を，一般に用いられる設計基準強度21～40N/mm²までの範囲について示した。

ここで，コンクリートの設計基準強度30N/mm²を超えるコンクリートを用いる場合，許容曲げ圧縮応力度は従来どおり設計基準強度の1/3，許容軸圧縮応力度は設計基準強度の85%の1/3とする許容応力度の定め方に準じても良いが，その力学特性にも配慮して定めるのがよい。

設計基準強度が30N/mm²までで，表4－3に示した値以外のコンクリートを用いる場合の許容応力度は，表4－3に示した値を用い線形補間によって求めてよい。

許容せん断応力度τ_{a1}については，軸方向圧縮力の影響を考慮した補正ができるが，一般に擁壁の部材に作用する軸方向圧縮力は小さいと考えられるので，本文③の軸方向圧縮力の影響は無視してよい。ただし，場所打ち杭等のように，軸方向圧縮力の影響が大きい場合は考慮するものとする。

　押抜きせん断応力度の照査に当たっては，部材断面の有効高d，軸方向引張鉄筋比p_t及び軸方向圧縮力の影響を考慮した補正，表4－2に示す荷重の組合せを考慮した許容応力度の割増しをしてはならない。

　杭基礎における杭と底版の結合部等の設計に用いるコンクリートの許容支圧応力度は，式（4－2）を用いて算出するものとするが，解図4－10に示すように，その際の支圧面積の取り方は，次の事項に注意しなければならない。

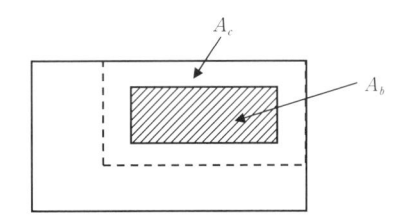

解図4－10　支圧面積の取り方

① 　A_cとA_bの重心は一致すること。
② 　A_cの幅，長さはそれぞれA_bの幅，長さの5倍以下とする。
③ 　A_bが多数ある場合，各々のA_cは重複してはならない。
④ 　A_bの背面は支圧力作用方向に直角な方向に生じる引張力に対し，格子状の鉄筋等で補強しなければならない。

(2) 無筋コンクリート部材

　無筋コンクリートの許容値を定めたものである。コンクリートの許容曲げ引張応力度については，$\sigma_{tk}/7$のかわりに$\sigma_{ck}/80$を目安にしてもよい。また，コンクリートのせん断応力度τ_aは，「道路橋示方書・同解説　Ⅲコンクリート橋編」の表－4.3.1の設計基準強度40以下のコンクリートが負担できる平均せん断応力度より得られる算出式（$\tau_a = \sigma_{ck}/100 + 0.15$）を用いて求めた値以下としてよい。なお，この値には荷重の組合せによる割増しを行わないものとする。

(3) 場所打ち杭

　水中または大気中で施工する場所打ち杭のコンクリートの許容応力度を示したものである。

(4) 既製コンクリート杭

　PHC杭の許容曲げ引張応力度は零としたが，荷重の組合せのうち地震の影響を考慮する場合は，少なくとも単純曲げが作用した状態で破壊安全度が2以上確保されるように，表4－9に示すとおり，有効プレストレス量に応じて示した。ここで，有効プレストレスσ_{ce}が$3.9 \leq \sigma_{ce} < 7.8$に該当するPHC杭は，「JIS A 5373」に示されるPHC杭Aに，また，$7.8 \leq \sigma_{ce}$に該当するPHC杭は，B及びCに，それぞれ対応するものと考えてよい。

　許容せん断応力度は，コンクリートのみでせん断力を負担させる場合の値τ_{a1}を示した。この値は荷重の組合せのほか，杭に作用する軸方向圧縮力，有効プレストレス量に応じて式（4－1）により割増すことができる。(1)1)に示す有効高の影響及び軸方向引張鉄筋比の影響による補正は行わないものとする。

4－5－3　鉄筋の許容応力度

(1) 鉄筋の許容応力度は，直径51mm以下の鉄筋に対して**表4－10**に示す値とする。

表4－10　鉄筋の許容応力度（N/mm^2）

応力度，部材の種類		鉄筋の種類	SD295A SD295B	SD345
引張応力度	荷重組合せに衝突荷重あるいは地震の影響を含まない場合	1) 一般の部材	180	180
		2) 水中あるいは地下水位以下に設ける部材	160	160
	荷重の組合せに衝突荷重あるいは地震の影響を含む場合の基本値		180	200
	鉄筋の重ね継手長あるいは定着長を算出する場合の基本値		180	200
圧　縮　応　力　度			180	200

(2) ガス圧接継手の許容応力度は，十分な試験及び管理を行う場合，母材の許容応力度と同等としてよい。

(3) 機械式継手等の継手強度は，使用条件を考慮した試験に基づいて適切に定めた値としてよい。

(1) 鉄筋の許容応力度

1) 一般の部材における鉄筋の許容引張応力度の値は，コンクリートのひび割れが部材の耐久性に対して有害にならないように設定したものである。

2) 水中あるいは地下水位以下に設ける部材に関しては，鉄筋が腐食しやすい環境にあることを考慮して，鉄筋の許容応力度を**表4－10**に示すように一般の部材より若干低減している。

(2) ガス圧接継手の許容応力度

JIS規格材であっても無制限に溶接可能とはいえず，事前に要求される圧接鉄筋の性能に問題がないことを確認する必要がある。

(3) 機械式継手等の継手強度

鉄筋の継手に機械式継手等を用いる場合は，鉄筋の種類，直径，応力状態，継手位置等の使用条件を考慮した試験によって，継手強度を定めることとしている。

4-5-4 鋼材の許容応力度

鋼材の母材部及び溶接部の許容応力度は，表4-11の値とする。ただし，これらは板厚が40mm以下の場合である。また，強度の異なる鋼材を溶接する場合は，強度の低い鋼材に対する値を用いるものとする。

表4-11 構造用鋼材の母材部及び溶接部の許容応力度 (N/mm^2)

区分及び応力度の種類		鋼材記号	SS400 SM400 SMA400W	SM490	SM490Y SM520 SMA490W	SM570 SMA570W
母材部		引張 圧縮 せん断	140 140 80	185 185 105	210 210 120	255 255 145
溶接部	工場溶接	全断面溶込みグループ溶接 引張 圧縮 せん断	140 140 80	185 185 105	210 210 120	255 255 145
		すみ肉溶接，部分溶込みグループ溶接 せん断	80	105	120	145
	現場溶接	引張 圧縮 せん断	原則として，工場溶接と同じ値とする。			

注）SS400は溶接構造に用いてはならない。

鋼材の許容応力度は，「道路橋示方書・同解説　Ⅰ共通編」の「3.1　鋼材」及び「道路橋示方書・同解説　Ⅱ鋼橋編」の「1.6　鋼種の選定」，「3.2.1　構造用鋼材の許容応力度」，「3.2.3　溶接部及び接合用鋼材の許容応力度」，「15.3　許容応力度」に準拠した。

表4-11に示した許容応力度は，板厚40mm以下の場合であり，40mmを超える板厚の部材を用いる場合には，「道路橋示方書・同解説　Ⅱ鋼橋編」の「3.2.1，3.2.3，15.3」に示す許容応力度を用いるものとする。

現場溶接の許容応力度は，従来，工場溶接の90％とし，全断面溶込みグループ溶接で，「道路橋示方書・同解説　Ⅱ鋼橋編」の「18章　施工」に基づいて施工及び検査が行われる場合については，工場溶接における値を許容応力度としてよいとしていた。しかし，本改訂では，「道路橋示方書・同解説　Ⅱ鋼橋編」の「18章　施工」に示す溶接工選定，適切な溶接環境の確保，非破壊検査や施工の記録化等の管理手法に基づき適切に施工及び検査を行うことを前提として，現場溶接についても工場溶接と同じ値としている。

4－5－5　鋼管杭の許容応力度

(1) 杭の母材部及び溶接部の許容応力度は，表4－12の値とする。

表4－12　鋼管杭の母材部及び溶接部の許容応力度（N/mm²）

区分及び応力度の種類	鋼管杭の種類		SKK400	SKK490
母材部		引張	140	185
		圧縮	140	185
		せん断	80	105
溶接部	工場溶接	引張	140	185
		圧縮	140	185
		せん断	80	105
	現場溶接	引張	原則として，工場溶接と同じ値とする。	
		圧縮		
		せん断		

(2) 強度の異なる鋼管杭を接合する場合の溶接部の許容応力度は，強度の低い鋼管杭に対する値を用いるものとする。

　鋼管杭の許容応力度は，「道路橋示方書・同解説　Ⅳ下部構造編」の「4.4　構造用鋼材の許容応力度」に準拠した。

第5章 コンクリート擁壁

5-1 設計一般

> (1) コンクリート擁壁の設計に当たっては，5-2から5-10に従って次の照査・検討を行う。
>   1) 擁壁の安定性
>   ①擁壁自体の安定性
>   ②背面盛土及び基礎地盤を含む全体としての安定性
>   2) 部材の安全性
>   3) 排水工，付帯工
> (2) 上記は，5-11，第8章に示されている施工，施工管理，維持管理が行われることを前提とする。

(1) コンクリート擁壁の設計

　本章は，「5-7　各種構造形式のコンクリート擁壁の設計」に示される構造形式のコンクリート擁壁に適用する。これらのコンクリート擁壁については，多くの施工実績により，供用中の健全性が経験的に確認されているため，本章に示した慣用的な設計方法・施工方法に従えば，以下のように所要の性能を確保するとみなせるものとした。

　常時の作用に対しては，「5-2　設計に用いる荷重」に対して「5-3　擁壁の安定性の照査」及び「5-4　部材の安全性の照査」に従い擁壁の安定性と部材の安全性を満足するとともに，5-5以降に示した事項に従えば，常時の作用に対して性能1を満足しているものとみなしてよい。

　降雨の作用に対する擁壁の安定性は，擁壁背面への雨水及び地下水等の浸透水が大きく影響するが，これらを定量的に評価するのは実務上困難である。このため，一般には「5-9　排水工」に従い適切に排水工を設置し，「5-11　施工一般」に従い入念な施工を実施することにより，擁壁の所要の安定性は確保されている

とみなし，降雨の作用に対する擁壁の安定性の照査を省略してもよい．ただし，地下水位以下に設置されるU型擁壁や河川の水際に設置される擁壁において，著しい降雨により地下水位や河川水位の上昇が想定される場合には，その影響を考慮する．

　地震動の作用に対しては，「5-2-3　地震の影響」に基づき震度法等の静的照査法により照査を行ってよい．なお，擁壁の照査には，地震の影響を考慮することを基本とするが，1995年兵庫県南部地震や2004年新潟県中越地震等での道路擁壁の被害事例等，これまでの経験によれば，「5-7　各種構造形式のコンクリート擁壁の設計」に示される構造形式の擁壁の場合は，地震動の作用に対する照査が行われていなくても常時の作用に対する照査を満足し，施工を綿密に行っておけば被害が限定的であり，ある程度の地震動に耐え得ることが認められている．

　また，これまでの「道路土工－擁壁工指針」の考え方に従い，レベル1地震動程度の規模の地震動の作用に対する照査が行われたコンクリート擁壁では，擁壁の安定性及び部材の安全性に関しては，背面盛土及び基礎地盤を含む地盤全体が崩壊した事例を除き，多くの擁壁が少なくとも性能3を満足していた．このような実績を踏まえて，「5-2-3　地震の影響」を考慮して，5-2から5-10までに示す事項に従えば，「5-7　各種構造形式のコンクリート擁壁の設計」に示す構造形式の擁壁について，以下のようにみなせる．

ⅰ）レベル1地震動に対する設計水平震度に対して，5-3及び5-4に従い擁壁の安定性と部材の安全性を満足する場合には，レベル1地震動に対して性能1を，レベル2地震動に対して性能3を満足する．

ⅱ）レベル2地震動に対する設計水平震度に対して，5-3及び5-4に従い擁壁の安定性と部材の安全性を満足する場合には，レベル2地震動に対して性能2を満足する．

ⅲ）高さ8m以下の擁壁で常時の作用に対して，5-3及び5-4に従い擁壁の安定性と部材の安全性を満足する場合には，地震動の作用に対する照査を行わなくてもレベル1地震動に対して性能2を，レベル2地震動に対して性能3を満足する．

なお，改訂前の「道路土工－擁壁工指針」でも，大規模地震動に対する設計は，重要かつ万一被災した場合の復旧が困難な擁壁の中でも極めて重大な二次的被害のおそれがあるものに対してのみ実施することとしており，今回の指針改訂においても，基本的にはこの考え方を踏襲している。

　なお，本章に具体的に示されていない新しい構造形式のコンクリート擁壁に対しては，その特徴を十分に考慮し，類似の構造形式を参考にして必要な性能を確保していることを別途照査しなければならない。

　コンクリート擁壁の設計に当たっては1)擁壁の安定性の照査，2)部材の安全性の照査，3)排水工，付帯工の検討を行う。なお，擁壁の安定性の照査に当たっては，擁壁自体の安定性の照査を行うとともに，中間層に軟弱な土層や飽和したゆるい砂質土層が存在する地盤や斜面上に擁壁を設置する場合，擁壁の上部に長大なのり面を有する場合には，背面盛土及び基礎地盤を含む全体としての安定性について検討する必要がある。

　これらの照査・検討は，**解図5－1**に示す設計の手順に従って行うのがよい。

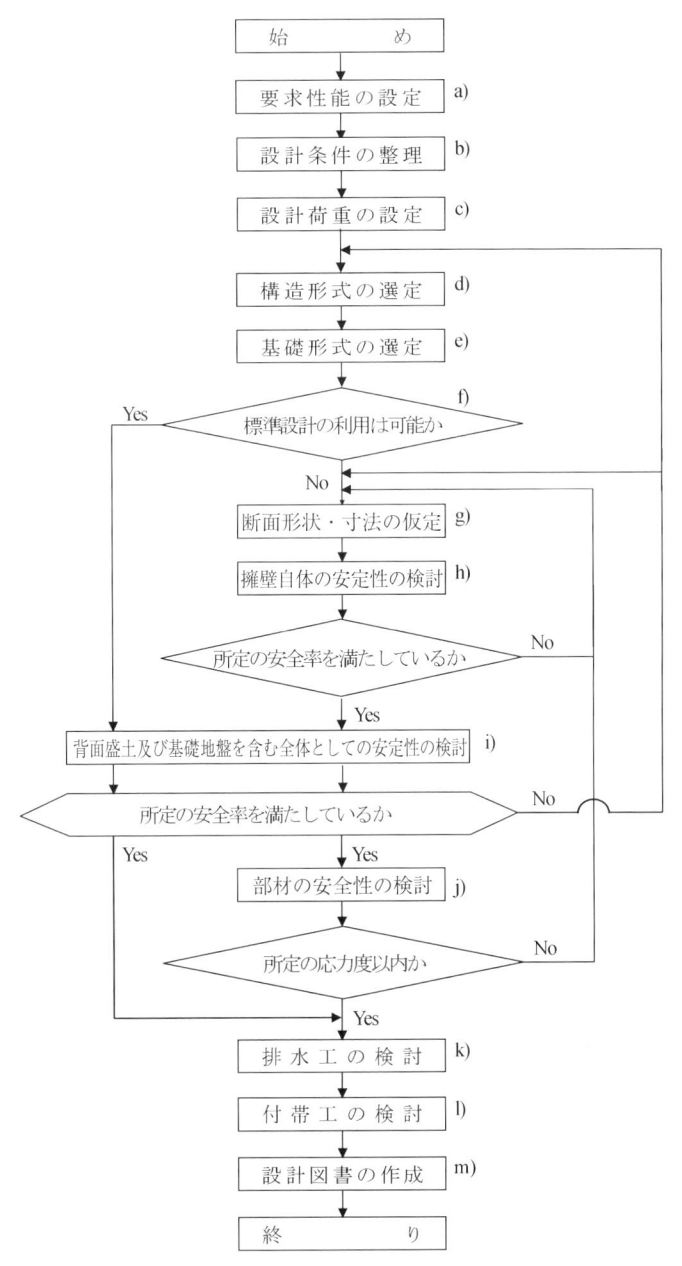

解図5−1　コンクリート擁壁の設計手順

- 始め
- 要求性能の設定　a)
- 設計条件の整理　b)
- 設計荷重の設定　c)
- 構造形式の選定　d)
- 基礎形式の選定　e)
- 標準設計の利用は可能か　f)
- 断面形状・寸法の仮定　g)
- 擁壁自体の安定性の検討　h)
- 所定の安全率を満たしているか
- 背面盛土及び基礎地盤を含む全体としての安定性の検討　i)
- 所定の安全率を満たしているか
- 部材の安全性の検討　j)
- 所定の応力度以内か
- 排水工の検討　k)
- 付帯工の検討　l)
- 設計図書の作成　m)
- 終り

— 91 —

a) 要求性能の設定

「4-1-3 擁壁の要求性能」に従い各作用に対する擁壁の要求性能を設定する。

b) 設計条件の整理

擁壁の立地条件及び各種の調査結果(「3-2 調査」を参照)等を整理し,設計諸定数(「4-3 土の設計諸定数」を参照)の設定を行う。

c) 設計荷重の設定(「4-2 荷重」,「5-2 設計に用いる荷重」を参照)

設計時に考慮すべき荷重の種類,組合せ及び作用方法の設定を行う。その際,擁壁の安定性の照査時と部材の安全性の照査時で異なる荷重を考えなければならない場合もあるので注意する。

d) 構造形式の選定

「3-1 計画」を参考に擁壁の構造形式を選定する。

e) 基礎形式の選定

「3-1 計画」を参考に擁壁の基礎形式を選定する。

f) 標準設計の利用

整理した設計条件をもとにして標準設計の利用が可能かどうかを検討する。標準設計は,標準的な形式・条件の擁壁については設計業務の省力化が可能となるため,積極的に活用するのが望ましい。ただし,形式毎に適用条件が定められているので,利用に当たっては,現地の条件等について十分に検討するとともに,安易な拡大適用は行なってはならない。

g) 断面形状・寸法の仮定

選定した形式,地盤条件等に応じて断面形状・寸法の仮定を行う。それぞれの形式には経験的に定められた標準的な断面があるので,標準設計等を参考にして概略の形状・寸法を仮定するのがよい。

h) 擁壁自体の安定性の照査(「5-3 擁壁の安定性の照査」,「5-7 各種構造形式のコンクリート擁壁の設計」を参照)

擁壁自体の安定性としては,滑動,転倒,支持,変位の照査を行う。

この安定性の照査によって「不安定」の結果が出た場合は,再度断面形状の仮定を変更して,「安定」の結果が得られるまで照査を繰り返す。ただし,最

終的な形状が当初の仮定からかけ離れて不経済もしくは不合理なものとなった場合，あるいは所要の性能を確保できる形状とならない場合は，構造形式及び基礎形式の選定から見直しを行うことが必要である。

i) 背面盛土及び基礎地盤を含む全体としての安定性の検討（「5-3　擁壁の安定性の照査」を参照）

　h)により，擁壁自体の安定性が確保されても，中間層に軟弱な土層が存在する地盤や斜面上に擁壁を設置した場合，擁壁の上部に長大なのり面を有する場合には，背面盛土や基礎地盤を通るすべりが生じ，前面側の地盤がもり上るような現象が起き，擁壁のブロック間でずれや段差が生じることがある。飽和したゆるい砂質土層が存在する地盤では，地震時に，液状化により大きく変形が生じることがある。また，軟弱地盤上に設ける杭基礎の擁壁では，背面盛土による偏荷重を受け，杭基礎が側方移動を起こし，擁壁が背面方向に回転しながら倒れこみ，沈下し，擁壁のブロック間では，ずれや段差が生じることがある。このような地盤上に擁壁を設置する場合には，背面盛土及び基礎地盤を含む全体としての安定性について検討を行う。検討の結果，安定性が確保できない場合には，擁壁の断面形状や寸法，もしくは構造形式や基礎形式を変更するか，あるいは，盛土荷重の軽減や必要に応じ基礎地盤の改良等の対策工を検討する。

j) 部材の安全性の照査（「5-4　部材の安全性の照査」，「5-5　耐久性の検討」，「5-6　鉄筋コンクリート部材の構造細目」，「5-7　各種構造形式のコンクリート擁壁の設計」，「5-8　コンクリート擁壁における基礎の部材の設計」を参照）

　c)で設定した設計荷重に対して，コンクリート擁壁を構成する部材の安全性を照査する。

k) 排水工の検討（「5-9　排水工」を参照）

　排水工の検討では，裏込め土への水の浸入の防止・排除のための排水対策を検討する。

l) 付帯工の検討（「5-10　付帯工」を参照）

　付帯工の検討に当たっては，個々の部位に働く作用等を考慮して構造を決定

していく方法と，計算によらず仕様を指定して決定する方法がある。
　ここで検討する構造には，遮音壁等が含まれるが，h），i），j）の際に考慮する風荷重等の大きさに影響を与える場合があるので，あらかじめ設計条件の整理の段階で付帯工を含めた検討を行っておく必要がある。
m）設計図書の作成
　擁壁の安定性の照査で決定した断面形状，部材の安全性の照査で決定した部材の形状・寸法，構造及び検討した構造細目をもとに施工に必要な計算書，材料表，詳細な図面を作成する。また，標準設計を利用した場合は材料数量，図面を整理する。

(2) 設計の前提条件

　上記(1)は，「5-11　施工一般」及び「第8章　維持管理」に示されている施工，施工管理，維持管理が行われることを前提とする。したがって，実際の施工，施工管理，維持管理の条件がこれらによりがたい場合には，5-11や第8章に従った場合に得られるのと同等以上の性能が確保されるよう，別途検討を行う必要がある。

5-2　設計に用いる荷重

5-2-1　一　般

> コンクリート擁壁の設計に当たって考慮する荷重は，4-2及び5-2-2～5-2-4に従うものとする。

　擁壁の設計に用いる荷重については「4-2　荷重」に示しており，コンクリート擁壁の設計においてもこれに従うものとする。
　なお，「5-7　各種構造形式のコンクリート擁壁の設計」に示される構造形式のコンクリート擁壁の設計に当たっては，これまでの知見の蓄積から，「5-2-2　擁壁の自重」から「5-2-4　土圧の算定」までに示す荷重の考え方を用いてよい。

5-2-2　擁壁の自重

> 設計に用いる擁壁の自重は，躯体重量のほか，片持ばり式擁壁等の場合には，かかと版上の裏込め土等を躯体の一部とみなし，土の重量も含めたものとする。

　設計に用いる擁壁の自重は，重力式擁壁等の場合は，**解図5-2**(a)に示すように躯体自重のみとし，片持ばり式擁壁等の場合は，**解図5-2**(b)に示すかかと版上の裏込め土（$abcd$に囲まれた土）等を躯体の一部とみなし土の重量を含めるものとする。なお，自重を算出する際の単位体積重量は，「4-2-2　自重」に示す値を用いてもよい。

　また，片持ばり式擁壁等のつま先版上の土砂は，通常の場合これを無視するが，根入れ深さが大きい場合や逆L型擁壁等の場合にはその影響を考慮する。

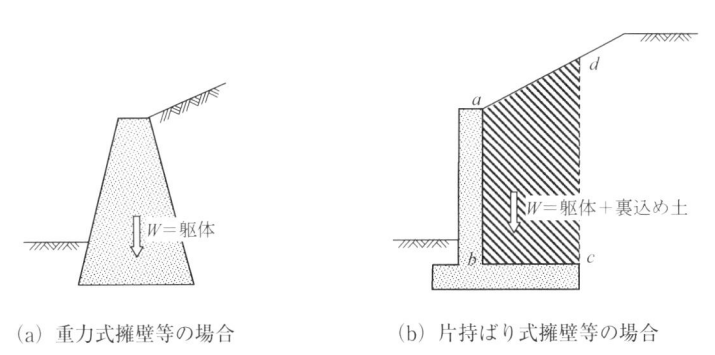

　　(a) 重力式擁壁等の場合　　　(b) 片持ばり式擁壁等の場合

解図5-2　擁壁の自重の考え方（例）

5-2-3　地震の影響

> 地震動の作用に対する照査は，震度法等の静的照査法に基づいて行ってよい。静的照査法による場合には，地震の影響として考慮する慣性力及び地震時土圧は，設計水平震度を用いて算出してよい。

　地震動の作用に対しては，震度法等の静的照査法に基づき照査を行えばよい。この際，擁壁の自重に起因する慣性力，及び地震時土圧の算定には，式（解5-1）により算出される設計水平震度を用いてよい。

— 95 —

ここに，地域別補正係数の値及び耐震設計上の地盤種別の算出方法については，「道路土工要綱 巻末資料 資料－1」によるものとする。

$$k_h = c_z \cdot k_{h0} \quad \text{(解5－1)}$$

ここに，

k_h：設計水平震度（小数点以下2けたに丸める）

k_{h0}：設計水平震度の標準値で，**解表5－1**を用いてよい

c_z：「道路土工要綱 巻末資料 資料－1」に示す地域別補正係数（ただし，擁壁の設置地点が地域の境界線上にある場合は，係数の大きい方をとるものとする。）

解表5－1 設計水平震度の標準値 k_{h0}

	地盤種別		
	Ⅰ種	Ⅱ種	Ⅲ種
レベル1地震動	0.12	0.15	0.18
レベル2地震動	0.16	0.20	0.24

解表5－1の設計水平震度の標準値は，「4－2－6 地震の影響」及び「5－2－4 土圧の算定」に示された慣性力と地震時土圧を考慮したコンクリート擁壁の安定性の照査（静的照査法）に用いることを想定して，地震動レベルに応じてコンクリート擁壁の地震被害事例の逆解析結果に基づいて設定したものである。このため，上記以外の照査法により性能照査を行う場合や，コンクリート擁壁以外の構造物を対象とした照査に**解表5－1**の設計水平震度の標準値を用いる場合は慎重な検討が必要である。なお，レベル2地震動の設計水平震度は，「4－1－2(3) 地震動の作用」に示す地震動タイプによらず一律に与えることとした。これは，既往地震の逆解析に用いたデータが限られているため，考慮すべき設計水平震度に地震動タイプによる有意な差が見られなかったためである。**解表5－1**の設定根拠の詳細については，「巻末資料 資料－3 地震動の作用に対する擁壁自体の安定性の照査に関する参考資料」を参照されたい。

なお，周辺地盤の液状化の可能性の判定については，「道路土工－軟弱地盤対策工指針」によるものとする。

5-2-4 土圧の算定

(1) 土圧の作用面は，原則として以下のとおりとする。
 1) 重力式擁壁，もたれ式擁壁等の場合は，躯体コンクリート背面とする。
 2) 片持ばり式擁壁等の場合は，たて壁の部材設計においてはたて壁の背面を，擁壁自体の安定性の照査及び底版の部材設計においてはかかと版の先端から鉛直に上方へ伸ばした面を仮想背面とする。
(2) 一般に擁壁自体の安定性の照査及び部材の安全性の照査に用いる土圧は，主働土圧を用いるものとし，試行くさび法により算定するのがよい。
(3) 土圧による水平方向の変位が生じにくい構造の擁壁では，常時の作用に対する照査に用いる土圧は，静止土圧とするのがよい。
(4) 擁壁の前面土の抵抗力を考慮する場合には，受働土圧を用いクーロンの土圧公式により算定するのがよい。
(5) 地震時土圧の算定には，試行くさび法において土くさびに水平方向の慣性力を作用させる方法を用いるのがよい。ただし，U型擁壁においては，5-7-6により算定するものとする。

　コンクリート擁壁において，擁壁自体の安定性の照査及び部材の安全性の照査を行う際に用いる土圧の算定の考え方を示したものである。土圧の算定に用いる諸定数は，「4-3 土の設計諸定数」に従うものとする。なお，コンクリート擁壁の裏込め材料として軽量材を用いる場合には，各軽量材の有する固化性や軽量性等を考慮して土圧の算定を行う。

(1) 土圧の作用面と壁面摩擦角

　土圧を算定する際の作用面のとり方を示したものである。重力式擁壁やもたれ式擁壁等において擁壁自体の安定性の照査及び躯体の部材設計を行う場合や，片持ばり式擁壁等のたて壁の部材設計を行う場合は**解図5-3**，**解図5-4**(b)に示すように土圧の作用面は躯体コンクリート背面とする。
　一方，片持ばり式擁壁等における擁壁自体の安定性の照査，及び底版の部材設計においては，**解図5-4**(a)に示すように，かかと版の先端b点から鉛直上方へ

伸ばした面を仮想背面とし，この仮想背面に土圧が作用するものとする。

なお，土圧を算定する際の仮想背面のとり方には，上記の方法や**解図5－4**(a)に示すたて壁天端の背面a点とかかと版の先端b点を結んだ面とする方法等があるが，本指針において擁壁自体の安定性の照査及び底版の部材設計を行う場合の主働土圧の算定に用いる仮想背面は，従前の「道路土工－擁壁工指針」のとおり前者の方法によるものとする。

壁面摩擦角δは，土圧作用面の状態に応じて一般に**解表5－2**のとおりとしてよい。なお，片持ばり式擁壁等でかかと版の張出しが短く，たて壁が接近している場合，仮想背面（土圧作用面）における壁面摩擦角δは，別途適切に検討する必要がある。

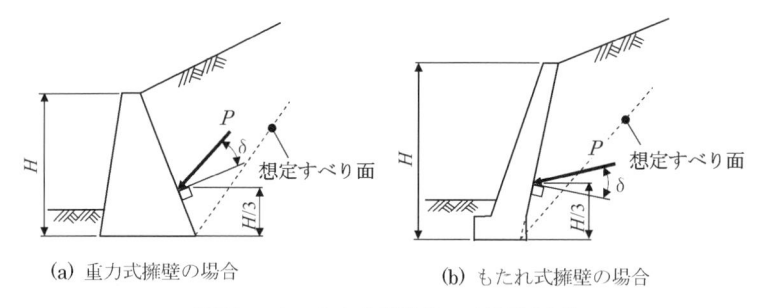

(a) 重力式擁壁の場合　　　(b) もたれ式擁壁の場合

解図5－3　重力式擁壁等の土圧作用面

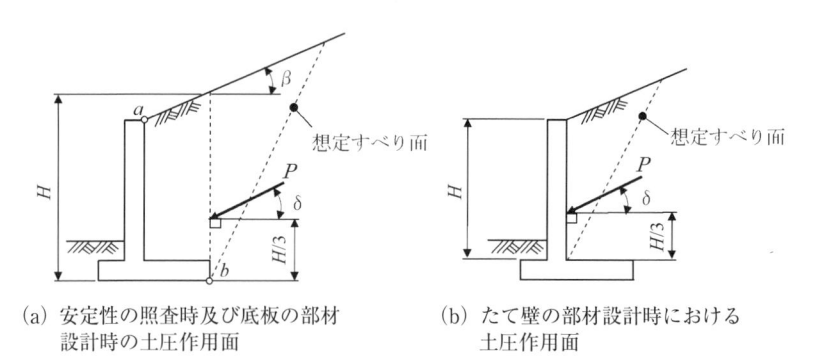

(a) 安定性の照査時及び底板の部材　　(b) たて壁の部材設計時における
　　設計時の土圧作用面　　　　　　　　　土圧作用面

解図5－4　片持ばり式擁壁等の土圧作用面

解表5－2 主働土圧の算定に用いる壁面摩擦角

擁壁の種類	検討項目	土圧作用面の状態	壁面摩擦角 常時（δ）	壁面摩擦角 地震時（δ_E）
重力式擁壁等	擁壁自体の安定性 部材の安全性	土とコンクリート	$2\phi/3$	$\phi/2$
片持ばり式擁壁等	擁壁自体の安定性	土と土	β'注)	式（解5－8）による。
	部材の安全性	土とコンクリート	$2\phi/3$	$\phi/2$

注) 土圧作用面の状態が土と土の場合は、壁面摩擦角に代って仮想のり面傾斜角β'（土圧作用方向）を用いるものとする。ただしβ'＞ϕのときは$\delta = \phi$とする。

仮想のり面傾斜角β'の設定は、次のとおりとする。

解図5－4(a)に示すように擁壁天端と試行くさび法で想定するすべり面の範囲内で背面ののり面が一様な場合は、β'をのり面傾斜角βとする。また、擁壁天端とすべり面の範囲内でのり面が変化する場合は、解図5－5(a)に示すように擁壁のたて壁天端の背面a点と、のり肩からすべり面と盛土の天端水平面の交点までの距離を二分したb点とを結んだ線の傾きβ'を用いることとする。また、仮想背面が盛土の天端水平面と交差する位置にある場合は、解図5－5(b)に示すように擁壁のたて壁天端の背面a点と、仮想背面とすべり面と天端水平面の交点までの距離を二分したb点とを結んだ線の傾きβ'とする。

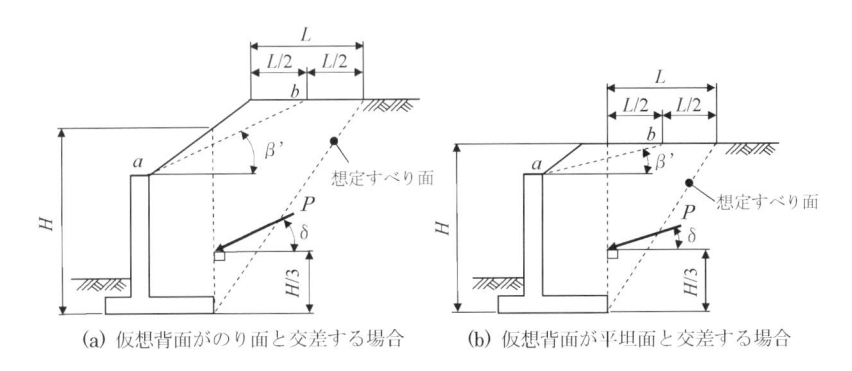

(a) 仮想背面がのり面と交差する場合　　(b) 仮想背面が平坦面と交差する場合

解図5－5　嵩上げ盛土形状が変化する場合のβ'の設定方法

(2) 主働土圧の算定方法

常時の作用において，U型擁壁を除くコンクリート擁壁自体の安定性の照査及び部材の安全性の照査に用いる土圧は，主働土圧を用いることとする。

1) 盛土部擁壁に作用する主働土圧

盛土部擁壁に作用する土圧は，現場条件に応じて背面の盛土形状が異なるので，試行くさび法により算定するのがよい。試行くさび法は**解図5-6**に示すようにクーロン土圧を図解によって求める方法の一つである。その手順を以下に示す。

① すべり面の仮定

擁壁のかかと（擁壁背面の下端）から水平面に対し角度ωで直線を伸ばしたすべり面を仮定する。

② 土くさび重量を算出し，力の釣り合いを考える

一般にはすべり面上の載荷重や雪荷重を含んだ土くさび重量W，すべり面における地盤からの反力R，擁壁に作用する土圧合力の反力Pが釣り合うという条件の下で未知のPの大きさを求める。

③ すべり面の角度ωを変化させてPの最大値を求める

力の釣り合い条件より，Pはすべり面が水平面に対してなす角度ωの関数として与えられる。**解図5-6**(a)に示すように角度ωを変化させたときに最大となるPが，設計時に考慮すべき主働土圧合力P_Aである。

主働土圧合力P_Aの作用位置は，土圧分布の重心位置とする。一般的に，土圧分布は三角形分布と仮定することができ，この場合の作用位置は擁壁下端から土圧作用高Hの1/3としてよい。

(a) 試行くさび

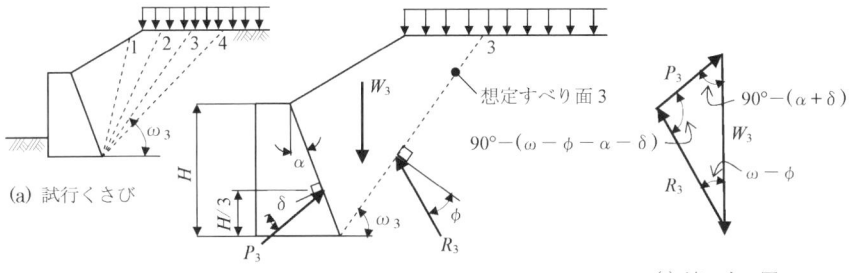

(b) 仮定された土くさび（すべり面位置3）

(c) 連 力 図

$$P_3 = \frac{W_3 \cdot \sin(\omega - \phi)}{\cos(\omega - \phi - \alpha - \delta)}$$

W_3：大きさと方向既知
P_3, R_3：方向のみ既知

ここに，
- P_3 ：主働土圧合力　（kN/m）
- R_3 ：すべり面に作用する反力（kN/m）
- ϕ ：裏込め土のせん断抵抗角（°）
- α ：壁背面と鉛直面のなす角（°）
- W_3 ：土くさびの重量（載荷重を含む）(kN/m)
- ω ：仮定したすべり面と水平面のなす角（°）
- δ ：壁面摩擦角（°）（**解表5－2**による）

解図5－6 試行くさび法

　なお，試行くさび法において，擁壁背面の盛土形状が一様で裏込め土の粘着力がない場合の壁面に作用する土圧は，式(解5-2)，(解5-3)で与えられるクーロンの主働土圧と一致する。ただし，$\phi < \beta$ の場合，この式は適用できない。

$$P_A = \frac{1}{2} K_A \cdot \gamma \cdot H^2 \quad \cdots\cdots\cdots (解5-2)$$

$$K_A = \frac{\cos^2(\phi - \alpha)}{\cos^2\alpha \cdot \cos(\alpha+\delta) \cdot \left\{1 + \sqrt{\dfrac{\sin(\phi+\delta) \cdot \sin(\phi-\beta)}{\cos(\alpha+\delta) \cdot \cos(\alpha-\beta)}}\right\}^2} \quad \cdots\cdots (解5-3)$$

ここに，
- P_A：主働土圧合力（kN/m）
- K_A：主働土圧係数
- γ：裏込め土の単位体積重量（kN/m^3）
- H：土圧作用高（m）

— 101 —

ϕ：裏込め土のせん断抵抗角（°）
α：壁背面と鉛直面のなす角（°）
β：のり面傾斜角（°）
δ：壁面摩擦角（°）

ここで用いる角度α，β，δは，**解図5－7**に示す反時計回りを正とする。

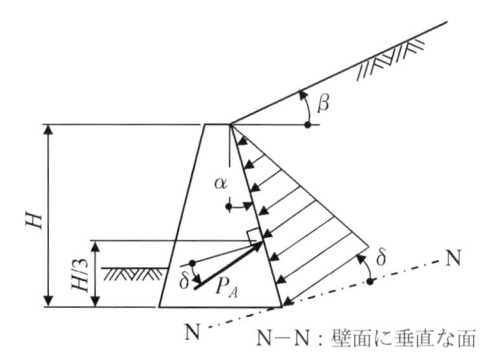

解図5－7　主働土圧の角度の取り方

2)　長大のり面を有する擁壁に作用する主働土圧

　土のせん断抵抗角ϕとのり面勾配βの値が近い場合に，擁壁に作用する主働土圧を試行くさび法によって算出すると過大な土圧が算出される場合がある。これは実際のすべり面は円弧に近い形状であるのに対して，試行くさび法による主働土圧の計算に際してはすべり面を直線で近似していることや，粘着力を無視した場合に計算上のすべり土塊が大きくなってしまうなどの理由による。

　これまでの経験によれば，**解図5－8**に示した嵩上げ盛土高比（H_1/H）が1を超える場合でも土圧は，盛土高（$H+H_1$）が15mまでは嵩上げ盛土高比を1とみなして計算してよい。なお，盛土高が15mを超える場合は，擁壁の要求性能や重要度等に応じて適宜，土質試験等を実施したうえで主働土圧を適切に算定することが望ましい。

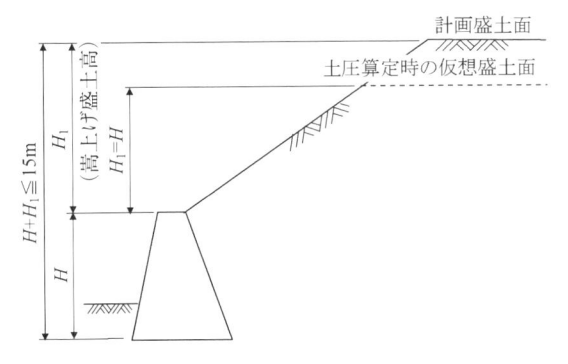

解図5-8 嵩上げ盛土高比が$H_1/H>1$の場合

3) 切土部擁壁に作用する主働土圧

擁壁の背後に切土のり面または地山斜面等が接近し，擁壁に作用する主働土圧がこれらの存在によって影響を受け，通常の盛土部擁壁に作用する主働土圧とは異なることがある。

切土のり面や地山斜面の安定については，長期的な風化や雨水，地下水位の影響を考慮して慎重に評価する必要がある。切土のり面等が安定していると判断される場合には，裏込め土のみによる主働土圧を考慮すればよいが，この場合，通常の盛土部擁壁における主働土圧と比較して，その値は切土のり面等の位置や勾配，粗度，排水条件等によって大きくなることもある。

また，切土のり面等の長期的な安定が確保できない場合は，切土のり面等を含んだ全体について主働土圧を検討する必要がある。切土のり面等が安定している場合の主働土圧は，試行くさび法を用いて以下のように算定することができる。

切土のり面等における壁面摩擦角δ'は地山の地質や表面状態によって異なるが，通常は$\delta'=2/3\phi\sim\phi$の間にあると考えられ，**解表5-3**を目安に適切な値を定めるものとする。なお，切土部土圧の大きさはδ'の値によって影響されるので，δ'の値は慎重に決定しなければならない。

解表5－3　切土のり面等における壁面摩擦角δ'

地山の地質や表面状態	壁面摩擦角δ'
軟岩以上で比較的均一な平面をなしている場合	$2\phi/3$
粗面であるか，段切り等の処理がされ粗面とみなしうる場合	ϕ

注）表中のφは裏込め土のせん断抵抗角である。

① 切土のり面等が**解図5－9**に示すように擁壁のかかとに接近して，裏込め土の形状が三角形となる場合

　bc（切土のり面等）をすべり面とした△abcによる土圧と，裏込め土中のbmをすべり面とした△abmによる土圧と比較し，大きい方を主働土圧合力P_Aとして用いる。

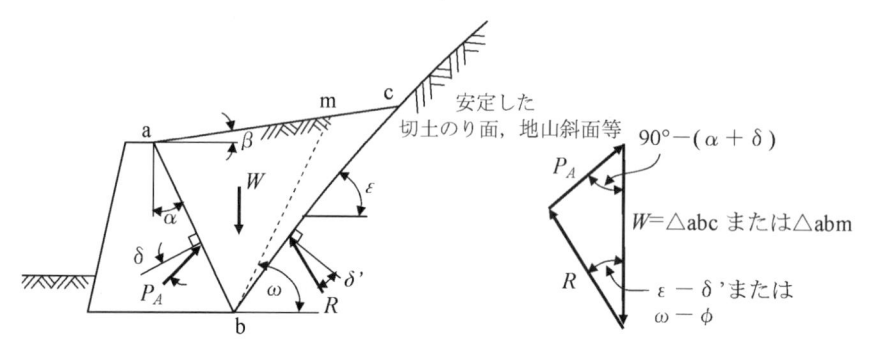

解図5－9　切土部土圧の算定 その(1)

② 仮想すべり面が**解図5－10**に示すように途中で切土のり面等と交わる場合

　擁壁のかかとから引いたすべり面が，切土のり面等と交わった点から切土のり面等に沿って折れ曲がるようなすべりが生じると考える。このとき，すべり面bmを変化させて得られた土圧の最大値が求める主働土圧合力P_Aである。なお，すべり面bmがd点より左側を通る場合は，盛土部擁壁に作用する土圧に準じて算定する。また，bc間が極端に狭い場合，試行くさび法による土圧が極値を示さない場合がある。このような場合は，bcdを直線で近似し，上記①と同じ手法にて，切土部擁壁に作用する主働土圧を求めることができる。

□abmnの土塊重量をW_1，△nmdの土塊重量をW_2とした場合の主働土圧合力P_Aは，式（解5－4）によって求められる。

$$\left.\begin{array}{l} P_A = \dfrac{\sin(\omega - \phi + \lambda)}{\cos(\omega - \phi - \delta - \alpha) \cdot \cos\lambda}(W_1 + X\sin\delta_1) \\[2mm] X = \dfrac{\sin(\varepsilon - \delta')}{\cos(\varepsilon - \delta' - \delta_1)} \cdot W_2 \\[2mm] \lambda = \tan^{-1}\left(\dfrac{X\cos\delta_1}{W_1 + X\sin\delta_1}\right) \end{array}\right\} \cdots\cdots\cdots（解5－4）$$

ここに，

　　P_A：主働土圧合力（kN/m）
　　ω：仮定したすべり面と水平線のなす角度（°）
　　ϕ：裏込め土のせん断抵抗角（°）
　　δ：擁壁背面の壁面摩擦角（°）
　　δ'：切土のり面等との境界における壁面摩擦角（°）
　　δ_1：仮想背面mnにおける壁面摩擦角（°）で，$\delta_1 = \beta$とする。
　　　　　$\beta > \phi$のときは$\delta_1 = \phi$とする。
　　α：壁背面と鉛直面のなす角度（°）
　　ε：切土のり面等（cd）の傾斜角（°）

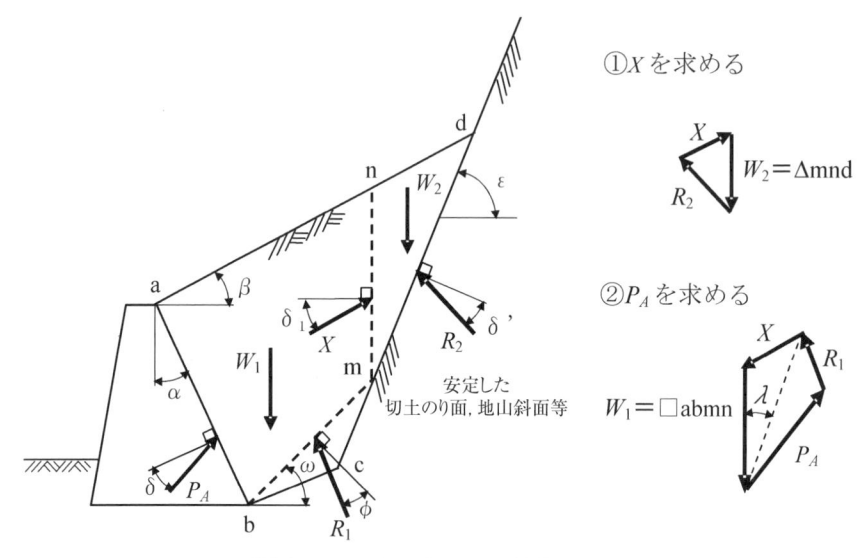

解図5-10 切土部土圧の算定 その(2)

(3) 静止土圧の算定方法

U型擁壁のように，常時の作用において，土圧による水平方向の変位がほとんど生じないと考えられる場合は，静止土圧が作用すると考える。

静止土圧合力P_0は式（解5-5）によって算定してよい。

$$P_0 = \frac{1}{2} K_0 \cdot \gamma \cdot H^2 \quad \cdots\cdots\cdots\cdots\cdots\cdots\cdots\cdots\cdots\cdots\cdots\cdots\cdots\cdots\cdots\cdots\cdots\cdots\cdots（解5-5）$$

ここに，

P_0：静止土圧合力（kN/m）

K_0：静止土圧係数で，土質や締固めの方法によって0.4～0.7の値をとるが，通常の砂質土や粘性土（$w_L < 50\%$）に対しては$K_0 = 0.5$としてよい。

γ：土の単位体積重量（kN/m^3）

H：土圧作用高（m）

静止土圧合力P_0の作用位置は土圧分布の重心位置とするが，一般的に擁壁下端から土圧作用高Hの1/3としてよい。

(4) 受働土圧の算定方法

「4-2-4(2) 受働土圧」で示したように，通常，擁壁の設計では前面埋戻し土による受働土圧を無視しているが，擁壁前面の抵抗力を考慮する場合には，クーロンの受動土圧公式を用いるのがよい。地表面が一様な場合のクーロンの受働土圧公式を式(解5-6)，式(解5-7)に示す。この土圧は受働すべり面を平面と仮定しているが，実際には一般的に曲面すべり面であることから壁面摩擦角 δ が大きい場合，受働土圧は過大に評価される。したがって，設計上受働土圧を考慮する場合には，壁面摩擦角を $\delta=0°$ として算定してよい。

$$P_P = \frac{1}{2} K_P \cdot \gamma \cdot H^2 \quad \cdots\cdots\cdots\cdots\cdots\cdots\cdots\cdots\cdots (解5-6)$$

$$K_P = \frac{\cos^2(\phi+\alpha)}{\cos(\alpha+\delta)\cdot\cos^2\alpha\left\{1-\sqrt{\dfrac{\sin(\phi-\delta)\sin(\phi+\beta)}{\cos(\alpha+\delta)\cos(\alpha-\beta)}}\right\}^2} \quad \cdots\cdots (解5-7)$$

ここに，

P_p：受働土圧合力（kN/m）

K_p：受働土圧係数

γ：前面埋戻し土の単位体積重量（kN/m³）

H：土圧作用高（m）

ϕ：前面埋戻し土のせん断抵抗角（°）

α：壁前面と鉛直面のなす角（°）

β：擁壁前面の地盤面と水平面のなす角（°）

δ：壁面摩擦角（°）で，通常 $\delta=0°$ とする。

ここで用いる角度 α，β，δ は，**解図5-11**に示す反時計回りを負とする。また，受働土圧合力 P_p の作用位置は土圧分布の重心位置とするが，一般的に擁壁下端から土圧作用高 H の1/3としてよい。

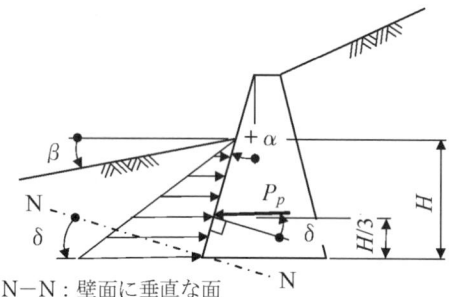

解図5-11 受働土圧の角度の取り方

(5) 地震時主働土圧の算定方法

地震時主働土圧の算定には，試行くさび法において土くさびに水平方向の慣性力を作用させる方法を用いるのがよい。

試行くさび法により地震時主働土圧を算定するには，**解図5-12**に示すように仮定された土くさびに水平方向の慣性力を作用させ，これを考慮した連力図を解けばよい。なお，すべり面amを求める時，のり肩bの前後2箇所において土圧合力P_Eの極値が存在することがあるので注意を要する。また，**解図5-12**は粘着力cを有する裏込め土の場合を示しているが，粘着力cを考慮しない場合は，図中の粘着高z及び仮定したすべり面上の抵抗力$c・l$をゼロとして求めればよい。ここに，粘着高zは自立高さとも呼び，**解図5-12**に示しているランキン式により求められる。

地震時土圧合力P_Eの作用位置は，土圧分布の重心位置とするが，一般的に擁壁下端から土圧作用高Hの1/3としてよい。壁面摩擦角δ_Eについては，**解表5-2**によるものとする。なお，片持ばり式擁壁等のように土中の鉛直の仮想背面に土圧を作用させる場合には，式（解5-8）によるものとする。

$$\tan\delta_E = \frac{\sin\phi \cdot \sin(\theta + \varDelta - \beta')}{1 - \sin\phi \cdot \cos(\theta + \varDelta - \beta')} \quad \text{（解5-8）}$$

ここに，$\sin\varDelta = \dfrac{\sin(\beta' + \theta)}{\sin\phi}$ （解5-9）

ただし，$\beta' + \theta \geq \phi$ となるときは，$\delta_E = \phi$ とする。

(a) 仮定された土くさび

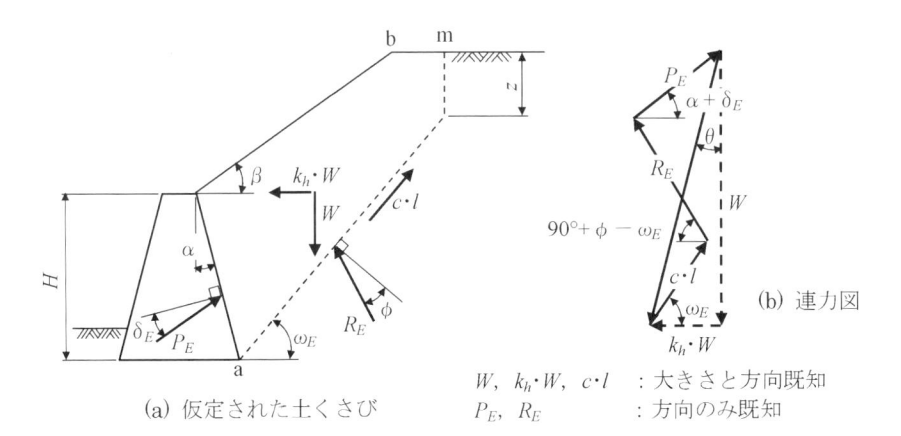

(b) 連力図

W, $k_h \cdot W$, $c \cdot l$ ：大きさと方向既知
P_E, R_E ：方向のみ既知

ここに，

- k_h ：設計水平震度
- θ ：地震合成角（°）　$\theta = \tan^{-1} k_h$
- c ：粘着力（kN/m²）
- l ：仮定したすべり面の長さ（m）
- β' ：仮想のり面傾斜角（°）で，
  解図5-4(a)，解図5-5による。
- z ：粘着高（m）で次式による。
  $$z = \frac{2c}{\gamma} \cdot \tan\left(45° + \frac{\phi}{2}\right)$$
- γ ：単位体積重量（kN/m³）
- ϕ ：せん断抵抗角（°）

解図5-12　地震時土圧の算定方法

5-3 擁壁の安定性の照査

5-3-1 一般

(1) コンクリート擁壁の安定性の照査は，(2)及び(3)によるものとする。
(2) 擁壁自体の安定性については，5-2に示す常時及び地震時の設計で考慮する荷重に対し，滑動，転倒及び支持に対して安定であるとともに，変位が許容変位以下であることを，5-3-2，5-3-3に従い照査する。このとき，許容変位は，擁壁により形成される道路及び隣接する施設から決まる変位を考慮して定める。
(3) 背面盛土及び基礎地盤を含む全体としての安定性については，5-3-4に従い検討する。

(1) コンクリート擁壁における安定性の照査の基本

　コンクリート擁壁の安定性の照査は，(2)に示す擁壁自体の安定性の照査，及び(3)に示す背面盛土及び基礎地盤を含む全体としての安定性の検討により行うことを示したものである。

(2) 擁壁自体の安定性の照査

　擁壁は，「5-2　設計に用いる荷重」に示す設計で考慮する常時及び地震時の荷重に対し，滑動，転倒及び支持に対して所定の安全率を確保するとともに，変位が許容変位以下であることを，「5-3-2　直接基礎の擁壁における擁壁自体の安定性の照査」，「5-3-3　杭基礎の擁壁における擁壁自体の安定性の照査」に従い照査する。このときの許容変位は，擁壁により形成される道路及び隣接する施設に有害な影響を及ぼさない変位としなければならない。なお，通常の地盤では，滑動，転倒，支持の安定に対する照査を行えば，一般に変位の照査は省略してもよい。

　擁壁の基礎形式は直接基礎と杭基礎に大別できるが，それぞれの抵抗機構に応じた照査の考え方を示すと次のとおりである。

　① 直接基礎

直接基礎では，擁壁からの荷重を擁壁底面より直接，基礎地盤に伝えるので，擁壁が滑動，転倒及び支持に対して所定の安全率または許容値を確保し，変位が許容変位以下でなければならない。

② 杭基礎

杭基礎では，擁壁が杭に支持されていることから，擁壁を転倒及び滑動させようとする外力を杭基礎に対する荷重項として，杭反力及び変位に対する所定の安全率または許容値を確保しなければならない。なお，杭基礎では，従来どおり転倒及び滑動に対する照査は不要である。

(3) 背面盛土及び基礎地盤を含む全体としての安定性の検討

擁壁自体は滑動，転倒及び支持に対して安定であっても，中間層に軟弱な土層あるいは液状化が懸念されるゆるい砂質土層が存在する地盤や斜面上に擁壁を設置する場合，または擁壁の上部に長大なのり面を有する場合には，擁壁の背面盛土及び基礎地盤を含む地盤全体が広い範囲にわたって沈下やすべり破壊を生じることがある。

したがって，上記のような場所に設置する擁壁の場合には，(2)に示した擁壁自体の安定性の照査に加え，背面盛土及び基礎地盤を含む全体としての安定性について「5-3-4 背面盛土及び基礎地盤を含む全体としての安定性の検討」に従い検討する。

5-3-2 直接基礎の擁壁における擁壁自体の安定性の照査

(1) 直接基礎の擁壁における擁壁自体の安定性の照査は，次によるものとする。
 1) 滑動に対する安定は，擁壁に作用する滑動力と滑動に対する抵抗力とを比べ，所定の安全率を有することを照査する。
 2) 転倒に対する安定は，擁壁底面に作用する荷重の合力の作用位置が，常時では擁壁底面の中心より擁壁底面幅の1/6以内，地震時では擁壁底面幅の1/3以内にあることを照査する。

ただし，もたれ式擁壁，ブロック積擁壁，井げた組擁壁の転倒に対する安定の照査は，それぞれ5－7－3，5－7－4，5－7－7による。
3) 支持に対する安定は，擁壁底面における鉛直地盤反力度が，基礎地盤の許容鉛直支持力度を超えないことを照査する。
4) 変位は，5－3－1で定める許容変位以下とする。
(2) 擁壁の直接基礎の根入れ深さは，将来予想される地盤の洗掘や掘削の影響を考慮し，適切な根入れ深さを確保する。
(3) 傾斜している支持層等で置換えコンクリート基礎等を設ける場合には，基礎地盤が安定であることを照査する。
(4) 改良地盤上に直接基礎を設ける場合には，改良地盤の抵抗機構やその評価を十分に検討しなければならない。

基礎形式が直接基礎の場合の擁壁自体の安定性の照査についての基本事項を示した。

擁壁は，土圧，載荷重等の外部からの荷重と擁壁の自重を基礎地盤に伝えることにより安定を保つ構造物であるため，直接基礎では，基礎地盤が擁壁の安定性の確保に重要な役割を果たす。したがって，直接基礎の擁壁は，一般に**解図5－13**に示すように，良質な支持層に支持させることを基本とする。

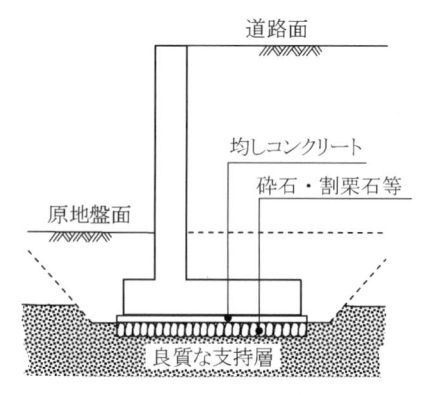

解図5－13　一般的な擁壁の直接基礎

(1) 擁壁自体の安定性の照査

擁壁自体の安定性に対する照査の方法について示したものである。

1) 滑動に対する安定の照査

擁壁には，擁壁を前面側に押し出そうとする滑動力と，これに対して擁壁底面と地盤との間に生じる滑動抵抗力が作用する。滑動抵抗力が不足すると擁壁は前方に押し出されるように滑動する。

滑動力は，主として土圧，慣性力等の荷重の水平成分であり，滑動抵抗力は主として擁壁底面と地盤との間に生じるせん断抵抗力である。

滑動に対する安定の照査では，式（解5－10）により求まる安全率が常時では1.5，地震時では1.2を下回ってはならない。

$$F_s = \frac{\text{滑動に対する抵抗力}}{\text{滑動力}} = \frac{V_o \cdot \mu + c_B \cdot B'}{H_o} \quad \cdots\cdots\cdots\cdots\text{（解5－10）}$$

ここに，

V_o：擁壁底面における全鉛直荷重（kN/m）で擁壁に作用する各荷重の鉛直成分の合計値。

H_o：擁壁底面における全水平荷重（kN/m）で擁壁に作用する各荷重の水平成分の合計値。

μ：擁壁底面と地盤との間の摩擦係数で $\mu = \tan\phi_B$ または**解表4－9**の値とする。

ϕ_B：擁壁底面と地盤との間の摩擦角（°）

c_B：擁壁底面と地盤との間の付着力（kN/m²）

B'：荷重の偏心を考慮した擁壁底面の有効載荷幅（m）で，$B' = B - 2e$ とする。

B：擁壁底面幅（m）

e：擁壁底面の中央から荷重の合力の作用位置までの偏心距離(m)で，**解図5－14**を参照。

滑動に対する安全率の値が所定の安全率を満足できない場合は，擁壁底面幅を変化させるなどにより安定させるものとする。ただし，地形条件等の制約によりやむをえない場合は，基礎の根入れを深くし前面地盤の受働土圧を考慮し

たり，あるいは突起を設けるなどの対処方法を検討しなければならないことがある。

[参考5－1] 前面地盤の受働土圧を考慮する場合

通常の設計で擁壁の前面地盤による滑動抵抗力を無視するのは，前面地盤は埋め戻された部分であり，ある程度変位が大きくならないと確実な受働抵抗の発揮が期待できないこと，洪水時や豪雨時の洗掘や人為的な掘り返し（例えば埋設管補修，路盤復旧工）により前面地盤が取り除かれるおそれがあること，凍結や融解によって受働土圧が十分に発揮されないおそれがあることなどによる。したがって，滑動に対する抵抗力として擁壁の前面地盤の受働土圧を考慮する場合には，これらの事項を踏まえたうえで，受働土圧が考慮できる範囲を設定する必要がある。

一般に受働土圧を考慮できる仮想地盤面は，**参図5－1**に示すように原地盤面または計画地盤面より1m以上深い位置に設定するのが望ましい。また，洗掘等の可能性の高い場合は河川状況等の条件を十分に考慮して仮想地盤面を設定し，考慮する受働土圧の大きさが過大にならないように安全側の設計をすることが望ましい。なお，前面地盤の埋戻しに当たっては，十分な締固めが行われることが不可欠である。

また，受働土圧が発揮される地盤変位は主働土圧に比べて大きいので，算出した受働土圧におおむね0.5を乗じた値を前面地盤の抵抗力としている。

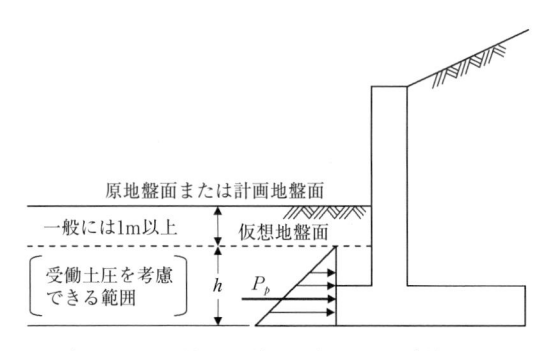

参図5－1 擁壁の前面地盤による受働土圧

[参考5-2] 突起を設ける場合

突起は，堅固な地盤や岩盤の場合に採用され，これらの地盤を乱さないように周辺地盤との密着性を確保できるように施工されてはじめてその効果が期待できるものである。

突起を設けた場合，**参図5-2**に示すようにせん断抵抗力H_kは，突起の先端面と平行な面を仮想の擁壁底面とみなし，この仮想擁壁底面に沿うせん断抵抗力から算出するものとする。

突起を設けた場合のせん断抵抗力H_kは式（参5-1）より求め，滑動に対する安全率F_sは式（参5-2）より求める。

$$H_k = c \cdot b_1 + v_1 \cdot \tan\phi + (v_2 + v_3) \cdot \tan\phi_B \quad \cdots\cdots\cdots\text{（参5-1）}$$

$$F_s = \frac{H_k}{H_o} \quad \cdots\cdots\cdots\text{（参5-2）}$$

ここに，

H_k：擁壁底面と地盤との間に働くせん断抵抗力（kN/m）

H_o：擁壁底面における全水平荷重（kN/m）で擁壁に作用する各荷重の水平成分の合計値。

B'：有効載荷幅（m）。ただし，荷重の偏心量は実際の擁壁底面位置で算出する。

b_1：有効載荷幅内の擁壁底面の前端から突起前面までの距離（m）

b_2：有効載荷幅内の突起幅（m）

b_3：突起背面から有効載荷幅の後方までの距離（m）

$v_1 \sim v_3$：$b_1 \sim b_3$に作用する鉛直荷重（kN）で，$v_i = \dfrac{b_i}{B'} \cdot V_o$で求める。

V_o：擁壁底面における全鉛直荷重（kN/m）

ϕ：基礎地盤のせん断抵抗角（°）

ϕ_B：擁壁底面と地盤との間の摩擦角（°）

c：基礎地盤の粘着力（kN/m^2）

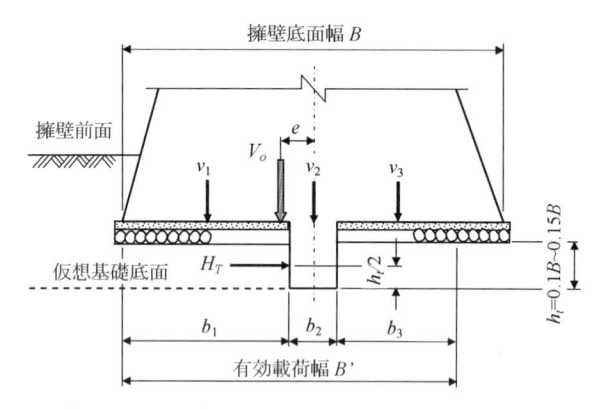

参図5-2　突起を設けた場合の滑動に対する安定

突起は，せん断力を基礎地盤に伝えるよう十分貫入させなければならない。したがって，一般に突起は擁壁底面の中央付近に設置し，基礎地盤に貫入する突起の高さh_tは，擁壁底面幅Bの10～15%の範囲にするのが望ましい。

なお，岩盤の場合はcのみを評価し，ϕを無視する方法があるが，これらの値は岩盤の種類及び岩盤内の亀裂の状態等により大きく異なるので，その決定に際しては注意が必要である。

突起の部材の照査は，突起に加わる水平力H_Tを式（参5-3）により求め，作用位置を基礎地盤に貫入する突起の高さh_tの1/2の点とし，擁壁底面との結合部を固定端とする片持ばりとして設計してよい。

$$H_T = \{c \cdot b_1 + v_1 \cdot (\tan\phi - \tan\phi_B) + v_2 \cdot \tan\phi_B\}\frac{H_o}{H_k} \quad \cdots\cdots\cdots\cdots \text{（参5-3）}$$

ここに，

　　　H_T：突起に加わる水平力（kN/m）

2) 転倒に対する安定の照査

擁壁には，つま先を支点として擁壁を転倒させようとする転倒モーメントと，擁壁の転倒を抑止しようとする抵抗モーメントが作用し，転倒モーメントが過大となると擁壁は前面側に転倒を起こす。転倒に対する安定については，擁壁のつ

ま先回りの転倒に対する安全率（抵抗モーメント／転倒モーメント）により照査する方法もあるが，本指針では，擁壁底面における荷重の合力の作用位置で照査するものとし，常時及び地震時において，荷重の合力の作用位置が擁壁底面の中央からの偏心距離の許容範囲内であれば，通常の擁壁では転倒に対して安定であるものとする。なお，後述する（解5－13）を満足することによって，常時においては地盤反力度の分布形状が台形となり，地盤への偏荷重を少なくすることで不同沈下等の発生も避けることができる。

解図5－14における擁壁底面のつま先（o点）から荷重の合力Rの作用位置までの距離dは，式（解5－11）で表される。

$$d = \frac{M_r - M_o}{V_o} = \frac{\sum V_i \cdot a_i - \sum H_i \cdot b_i}{\sum V_i} \quad \text{(解5－11)}$$

ここに，

M_r：擁壁底面のつま先（o点）回りの抵抗モーメント（kN·m/m）で各荷重の鉛直成分によるモーメント$V_i \cdot a_i$の合計値。

M_o：擁壁底面のつま先（o点）回りの転倒モーメント（kN·m/m）で各荷重の水平成分によるモーメント$H_i \cdot b_i$の合計値。

V_o：擁壁底面における全鉛直荷重（kN/m）で各荷重の鉛直成分V_iの合計値。

V_i：擁壁に作用する各荷重の鉛直成分（kN/m）

a_i：擁壁底面のつま先（o点）から各荷重の鉛直成分V_iの作用位置までの水平距離（m）

H_i：擁壁に作用する各荷重の水平成分（kN/m）

b_i：擁壁底面のつま先（o点）から各荷重の水平成分H_iの作用位置までの鉛直距離（m）

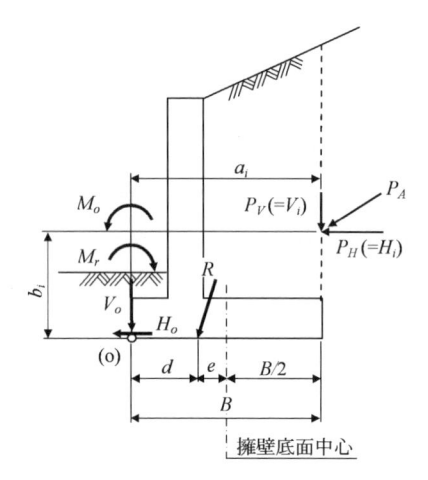

解図5-14 合力作用位置の求め方

また，擁壁底面の中央から荷重の合力Rの作用位置までの偏心距離eは式（解5-12）で表される。

$$e = \frac{B}{2} - d \quad \text{(解5-12)}$$

転倒に対する安定条件は，荷重の合力Rの作用位置が常時では擁壁底面幅中央の$B/3$の範囲内，地震時では擁壁底面幅中央の$2B/3$の範囲内になければならない。式で表せば式（解5-13）のとおりである。

$$|e| \leq \frac{B}{6} \text{（常時）}, \quad |e| \leq \frac{B}{3} \text{（地震時）} \quad \text{(解5-13)}$$

なお，もたれ式擁壁，ブロック積擁壁，井げた組擁壁等の切土または盛土にもたれた状態で躯体自重のみで土圧に抵抗する形式の擁壁は，それぞれ「5-7-3 もたれ式擁壁」，「5-7-4 ブロック積（石積）擁壁」，「5-7-7 井げた組擁壁」によるものとする。

3) 支持に対する安定の照査

擁壁に作用する荷重は，基礎地盤によって支持されるが，抵抗モーメント及び転倒モーメントと鉛直荷重の関係から求まる荷重の合力の作用位置によって，擁壁底面での地盤反力及び地盤反力分布が異なり，基礎地盤の鉛直支持力が不足す

ると擁壁底面の前面側または背面側が地盤にめり込むような変状を起こす。支持に対する安定の照査は，許容鉛直支持力度を「4-3(3) 基礎地盤の諸定数」に示すように，「道路橋示方書・同解説 Ⅳ下部構造編」の「10.3 地盤の許容支持力」による極限支持力Q_uから求めた許容支持力度を用いる場合と**解表4-8**の値等を用いる場合があり，それぞれ以下のように照査を行う。

　前者の許容鉛直支持力度q_aを静力学公式で求められる荷重の偏心傾斜及び支持力係数の寸法効果を考慮した極限支持力度q_uから求めた場合には，単位奥行き幅当たりの全鉛直荷重V_oを有効載荷幅B'で除して得られる鉛直地盤反力度が式（解5-14）を満足しなければならない。また，後者の許容鉛直支持力度q_{a0}に**解表4-8**の値等を用いる場合は，式（解5-17）～式（解5-19）で求まる擁壁底面端部における鉛直地盤反力度q_1，q_2が式（解5-15）を満足しなければならない。

　なお，常時において支持力による擁壁の沈下が問題となる場合には，q_1，q_2が式（解5-16）を満足しなければならない。この際，q_{max}は**解表4-8**に示す許容鉛直支持力度を用いてよい。

$$\frac{V_o}{B'} \leq q_a = \frac{q_u}{n} \quad \cdots\cdots\cdots\cdots\cdots\cdots\cdots\cdots\cdots\cdots\cdots\cdots（解5-14）$$

$$q_1,\ q_2 \leq q_{a0} \quad \cdots\cdots\cdots\cdots\cdots\cdots\cdots\cdots\cdots\cdots\cdots\cdots\cdots\cdots\cdots（解5-15）$$

$$q_1,\ q_2 \leq q_{max} \quad \cdots\cdots\cdots\cdots\cdots\cdots\cdots\cdots\cdots\cdots\cdots\cdots\cdots\cdots（解5-16）$$

ここに，

　　q_a：静力学公式による基礎地盤の許容鉛直支持力度（kN/m²）

　　q_u：静力学公式による基礎地盤の極限支持力度（kN/m²）

　　n：安全率で**解表4-7**による。

　　q_{a0}：基礎地盤の許容鉛直支持力度（kN/m²）

　　q_{max}：常時における基礎地盤の最大地盤反力度の上限値（kN/m²）

　　q_1，q_2：擁壁底面端部における鉛直地盤反力度（kN/m²）

　　V_o：擁壁底面における全鉛直荷重（kN/m）で擁壁に作用する各荷重の鉛直成分の合計値

　　B'：荷重の偏心を考慮した擁壁底面の有効載荷幅（m）で，$B' = B - 2e$とする。

解図5－15に示す擁壁底面における地盤反力度は，式（解5－17）～式（解5－19）により求める．

① 荷重の合力作用位置が擁壁底面幅中央の$B/3$の範囲にある場合

$$q_1 = \frac{V_o}{B} \cdot \left(1 + \frac{6e}{B}\right) \quad \cdots\cdots\cdots\cdots\cdots\cdots\cdots\cdots\cdots\cdots\cdots\cdots\cdots\cdots (\text{解}5-17)$$

$$q_2 = \frac{V_o}{B} \cdot \left(1 - \frac{6e}{B}\right) \quad \cdots\cdots\cdots\cdots\cdots\cdots\cdots\cdots\cdots\cdots\cdots\cdots\cdots\cdots (\text{解}5-18)$$

② 荷重の合力作用位置が擁壁底面幅中央の$B/3$から$2B/3$の範囲にある場合

$$q_1 = \frac{2V_o}{3d} \quad \cdots\cdots\cdots\cdots\cdots\cdots\cdots\cdots\cdots\cdots\cdots\cdots\cdots\cdots\cdots\cdots\cdots\cdots\cdots\cdots (\text{解}5-19)$$

ここに，

V_o：擁壁底面における全鉛直荷重（kN/m）で，擁壁に作用する各荷重の鉛直成分の合計値

q_1, q_2：擁壁底面端部における地盤反力度（kN/m^2）

e：擁壁底面の中央から荷重の合力作用位置までの偏心距離（m）

d：擁壁底面のつま先（o点）から荷重の合力作用位置までの距離（m）

B：擁壁底面幅（m）

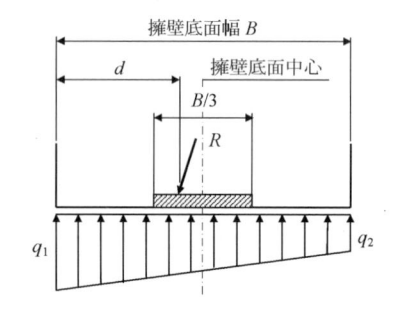

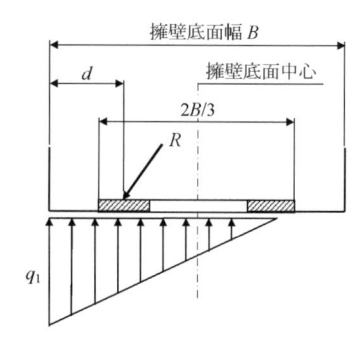

① 荷重の合力Rの作用位置が擁壁底面幅中央の$B/3$の範囲にある場合（台形分布）

② 荷重の合力Rの作用位置が擁壁底面幅中央の$B/3$から$2B/3$の範囲にある場合（三角形分布）

解図5－15 合力作用位置と地盤反力度の関係

基礎地盤の許容鉛直支持力度は、「4-3(3)　基礎地盤の諸定数」によるものとするが、斜面上の直接基礎となる場合には、背面盛土及び基礎地盤を含む全体としての安定について検討するとともに、地盤条件を踏まえて、斜面の影響を考慮した許容鉛直支持力度についても検討するのがよい。斜面上の直接基礎の静力学公式による極限支持力については、［参考5-3］において算出方法[1]を示しているので参考にするとよい。

[参考5-3]　斜面上の基礎地盤の極限支持力の算出方法
　斜面上の基礎地盤の極限支持力は、斜面上の前面余裕幅と斜面傾斜角の影響を考慮した式（参5-4）により算出することができる。

$$R_u = A' \cdot q_f \quad \cdots\cdots\cdots\cdots\cdots\cdots (参5-4)$$

ここに、
　R_u：基礎地盤の極限支持力（kN）
　A'：有効載荷面積（m^2）
　q_f：荷重の偏心傾斜及び斜面上の擁壁で前面余裕幅を考慮した基礎地盤の極限支持力度（kN/m^2）で、式（参5-5）より算出する。

$$q_f = \frac{q_d - q_{b0}}{R} \cdot \frac{b}{B'} + q_{b0} \quad \cdots\cdots\cdots\cdots (参5-5)$$

　q_d：水平地盤における荷重の偏心傾斜を考慮した基礎地盤の極限支持力度（kN/m^2）で、「道路橋示方書・同解説　Ⅳ下部構造編」の式(10.3.1)により算出した極限支持力Q_uを有効載荷面積A'で除した値である。

　q_{b0}：斜面上の擁壁において荷重端がのり肩にある状態（$b=0$）での極限支持力度（kN/m^2）で、式（参5-6）より算出する。

$$q_{b0} = \alpha \cdot c \cdot N_c \cdot (c^*)^\lambda + \frac{1}{2} \cdot \beta \cdot \gamma \cdot B' \cdot N_\gamma \cdot (B^*)^\mu \quad \cdots\cdots (参5-6)$$

　R：参図5-3に示すように、水平地盤におけるすべり面縁端と荷重端との距離r'と載荷幅B'との比（$R=r'/B'$）で、式（参5-7）より算出する。

$$R = \tan\left(45° + \frac{\phi}{2}\right) \cdot \exp\left(\frac{\pi}{2}\tan\phi\right) \quad \cdots\cdots\cdots\cdots\cdots\cdots\cdots\cdots\cdots (参5-7)$$

b：斜面上の擁壁における前面余裕幅（m）（**参図5-4**参照）

B'：擁壁底面の有効載荷幅で，$B' = B - 2e$（m）

B：擁壁底面幅（m）

e：荷重の偏心距離（m）

β'：斜面傾斜角（°）で，地震時の場合は次のように震度を考慮した角度（β_e）とする。

$$\beta_e = \beta' + \tan^{-1}k_h$$

k_h：設計水平震度

c：基礎地盤の粘着力（kN/m^2）

γ：基礎地盤の単位体積重量（kN/m^3）

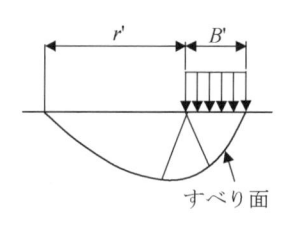

参図5-3 B'とr'の関係　　**参図5-4** 斜面上の前面余裕幅と有効載荷幅

$N_c,\ N_\gamma$：**参図5-5**及び**参図5-6**に示す荷重傾斜を考慮した支持力係数で基礎地盤のせん断抵抗角（ϕ），荷重の傾斜角（θ），斜面傾斜角（β'）より求める。

$\alpha,\ \beta$：基礎の形状係数で，「道路橋示方書・同解説　Ⅳ下部構造編」の「10.3.1　基礎底面地盤の許容鉛直支持力」による。

$\lambda,\ \mu$：寸法効果の程度を表す係数で，「道路橋示方書・同解説　Ⅳ下部構造編」の「10.3.1　基礎底面地盤の許容鉛直支持力」に準じ，$\lambda = \mu = -1/3$としてよい。

c^* : $c^* = c/c_0$, ただし，$1 \leq c^* \leq 10$ （kN/m²）

c_0 : $c_0 = 10$ （kN/m²）

B^* : $B^* = B'/B_0$

B_0 : $B_0 = 1.0$ （m）

ただし，せん断抵抗角 ϕ を「道路橋示方書・同解説 Ⅳ下部構造編」等に準拠して推定した場合には $c^* = B^* = 1$ とする。

(a) 斜面傾斜角 $\beta' = 10°$

(b) 斜面傾斜角 $\beta' = 20°$

(c) 斜面傾斜角 $\beta' = 30°$

(d) 斜面傾斜角 $\beta' = 40°$

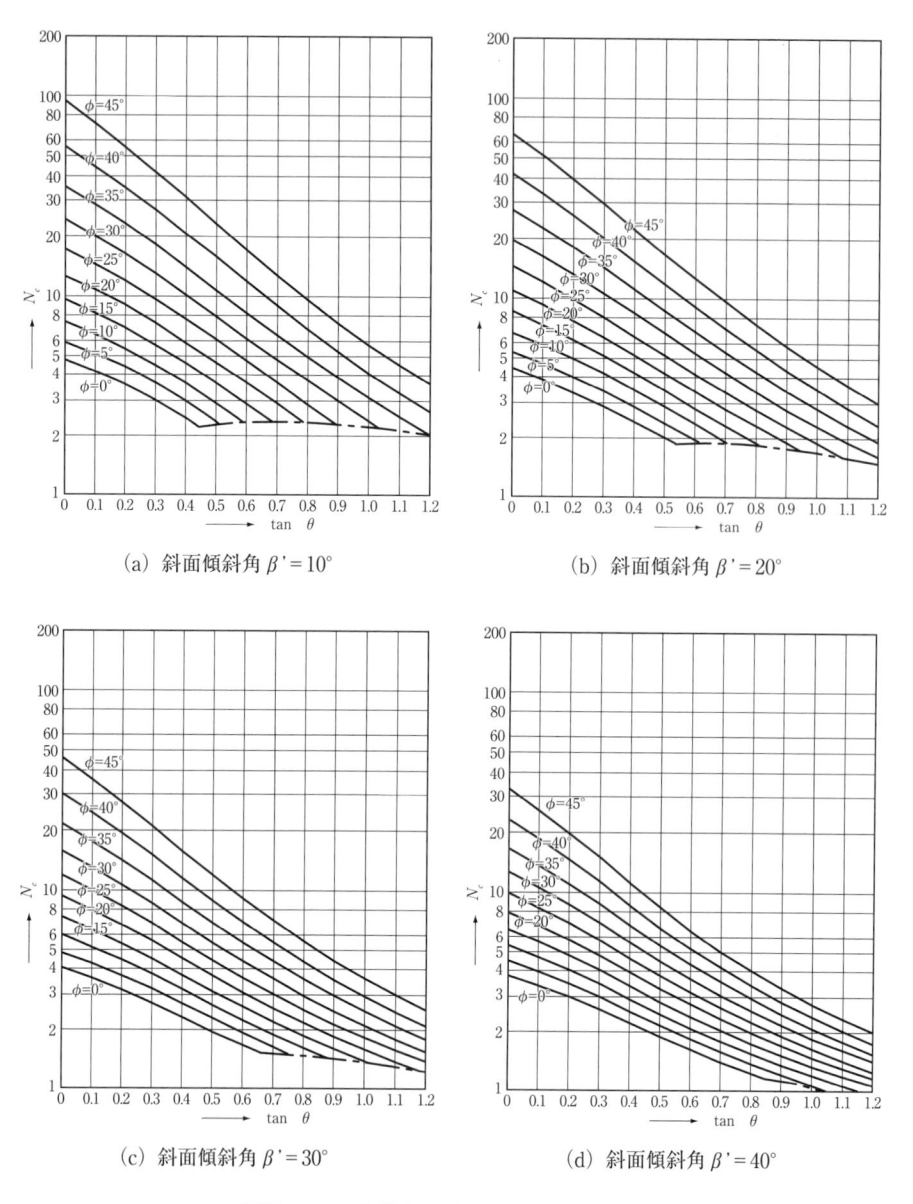

参図5－5 支持力係数 N_c を求める図表 (1)

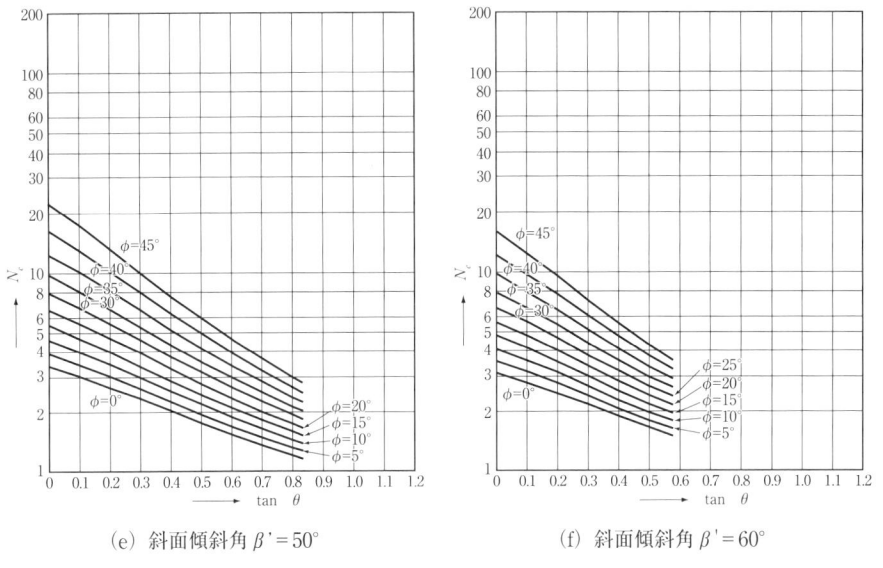

(e) 斜面傾斜角 $\beta'=50°$　　　　　　　　(f) 斜面傾斜角 $\beta'=60°$

参図5-5 支持力係数 N_c を求める図表(2)

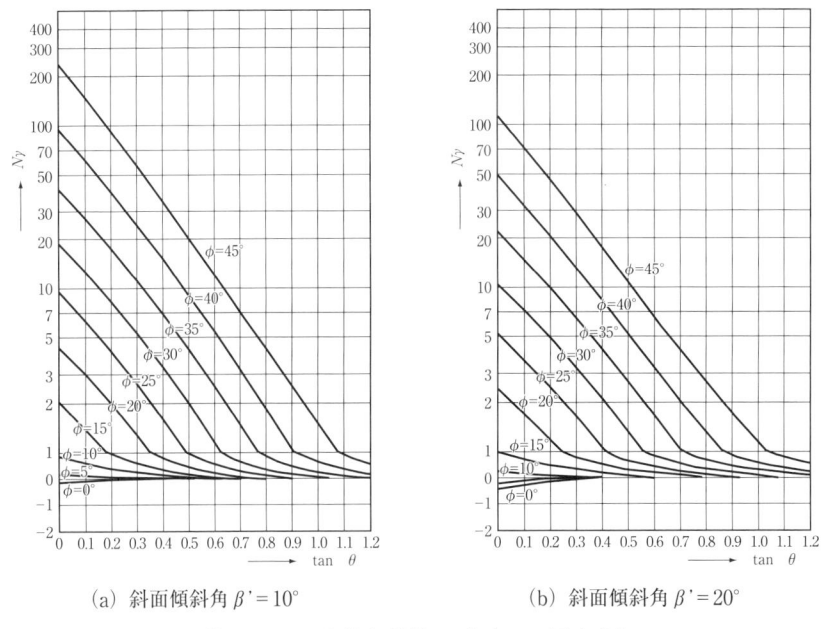

(a) 斜面傾斜角 $\beta'=10°$　　　　　　　　(b) 斜面傾斜角 $\beta'=20°$

参図5-6 支持力係数 N_γ を求める図表(1)

(c) 斜面傾斜角 $\beta'=30°$

(d) 斜面傾斜角 $\beta'=40°$

(e) 斜面傾斜角 $\beta'=50°$

(f) 斜面傾斜角 $\beta'=60°$

参図5－6 支持力係数 N_γ を求める図表(2)

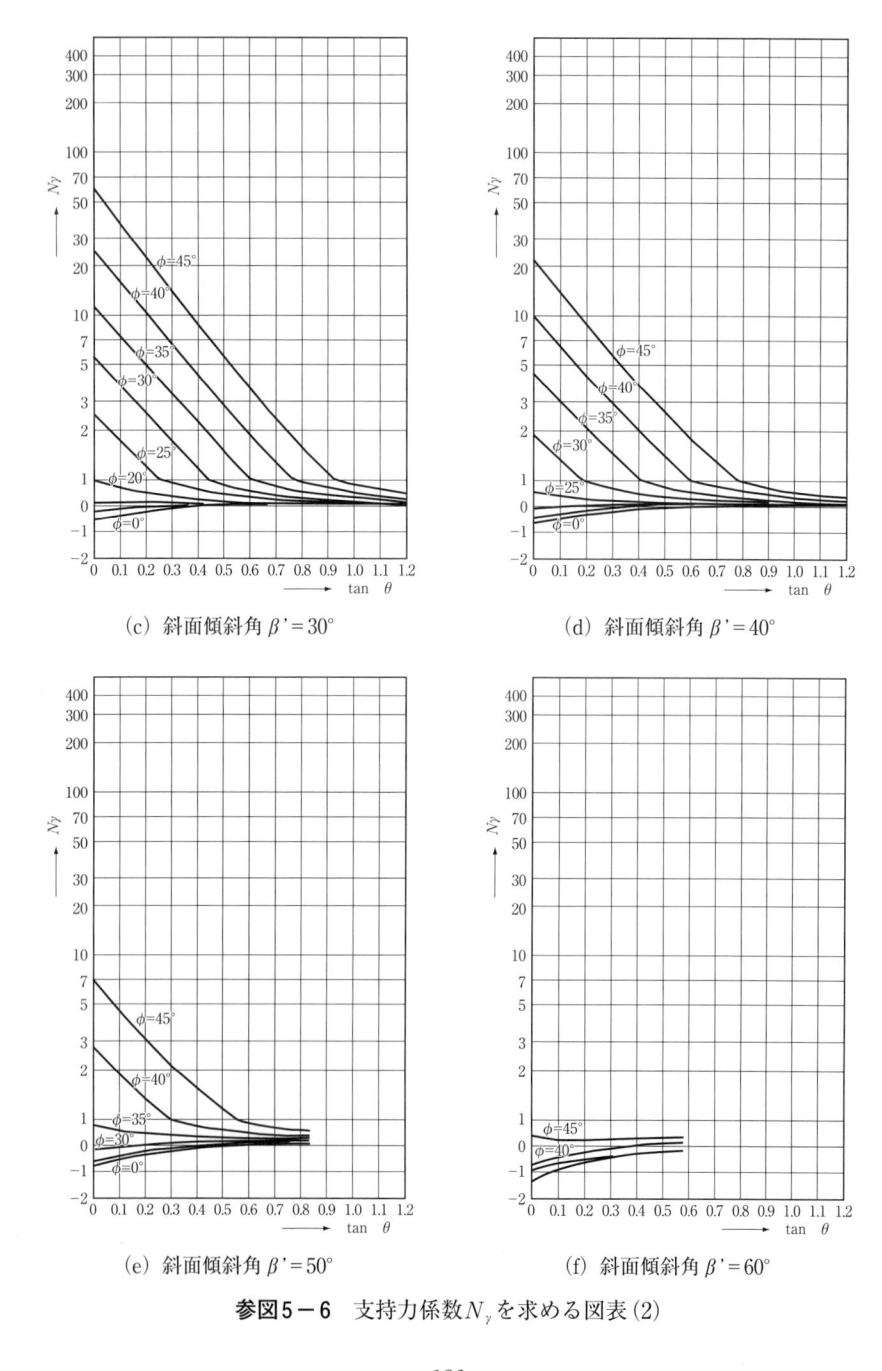

4) 変位に対する照査

変位は，「5-3-1 一般」で定める許容変位以下とする。なお，直接基礎に生じる水平変位は，擁壁に滑動が生じ始めるまでは，擁壁から伝達される水平力によって生じるせん断変形が主であり，この値は非常に小さいため，擁壁に悪影響を及ぼす可能性はほとんどない。したがって，一般に直接基礎の水平変位の照査は省略してよい。また，鉛直変位については，支持に関する照査においては通常の擁壁では考慮することはないが，特に，変位を制限された場合には，常時の最大地盤反力度を**解表4-8**に示す値程度にすればよい。

基礎地盤の内部の軟弱な土層における圧密に伴う沈下については，「5-3-4 背面盛土及び基礎地盤を含む全体としての安定性の検討」に従い照査すればよい。このほか地震時の作用による変位の照査については，［参考5-4］を参照されたい。

［**参考5-4**］ 変位に対する限界状態が明示されている場合の照査法

極めて重大な二次的被害のおそれがある擁壁であって，地震時残留変位に対する制限が厳しい場合には，残留変位に着目した照査が必要な場合がある。そのような場合には，震度法による静的照査法ではなく，地震時の構造物の動的挙動を解析する動的照査法を用いることが必要となる。動的照査法には簡易解析法と詳細解析法とがある。簡易解析法として，斜面の地震時永久変位予測法としてよく用いられるニューマークの剛体すべり法を応用した方法が開発されており，比較的容易に擁壁の動的解析を実施することが可能となってきている。また，詳細解析法としては，有限要素法を用いた弾塑性地震応答解析法がある。いずれの手法を用いる場合にも，地震動の時刻歴波形や強度定数を適切に設定する必要がある。これらについては，「巻末資料　資料-3　地震動の作用に対する擁壁自体の安定性の照査に関する参考資料」を参考にするとよい。

(2) 根入れ深さ

擁壁の直接基礎の根入れ深さ D_f は，原地盤面あるいは計画地盤面から擁壁底面までの深さとし，原則として50cm以上は確保するものとする。

直接基礎の根入れ深さは，風化作用による地盤の劣化や将来予想される地盤の洗掘や掘削（既設構造物の維持補修や改築，新規構造物の施工等）の影響を考慮する必要があり，特に，河川や海岸等の浸水域内に直接基礎を設ける場合には，河床低下や洗掘について十分検討したうえで根入れ深さを決めなければならない。

　なお，片持ばり式擁壁等のように底版を有する形式の擁壁においては，**解図5－16**(a)に示すように原則として底版厚さに50cm以上を加えた根入れ深さを確保するのものとする。また，重力式擁壁の場合には，**解図5－16**(b)に示すように50cm以上の根入れ深さを確保し，中位な砂質土地盤において高さ2.5m以上の重力式擁壁を設ける場合には，擁壁高の0.2倍以上の十分な根入れ深さを確保することが望ましい。通常のブロック積擁壁においては，**解図5－16**(c)に示すように積みブロック1個以上が土中に没する程度の根入れを確保すればよい。大型ブロック積擁壁や井げた組擁壁の根入れ深さは，原則として基礎コンクリート天端までの深さを50cm以上確保するものとする。また，**解図5－16**(d)に示すように，擁壁に接して河床低下や洗掘のおそれのないコンクリート水路を設ける場合の根入れ深さは，原則として水路底面より30cm以上確保するものとする。

　直接基礎の根入れ深さは，基礎地盤の支持力と密接な関係にあることを踏まえつつ，擁壁の規模や支持層までの深さとの関係等から，経済性，施工性等の観点より不合理とならないように留意して決定する必要がある。

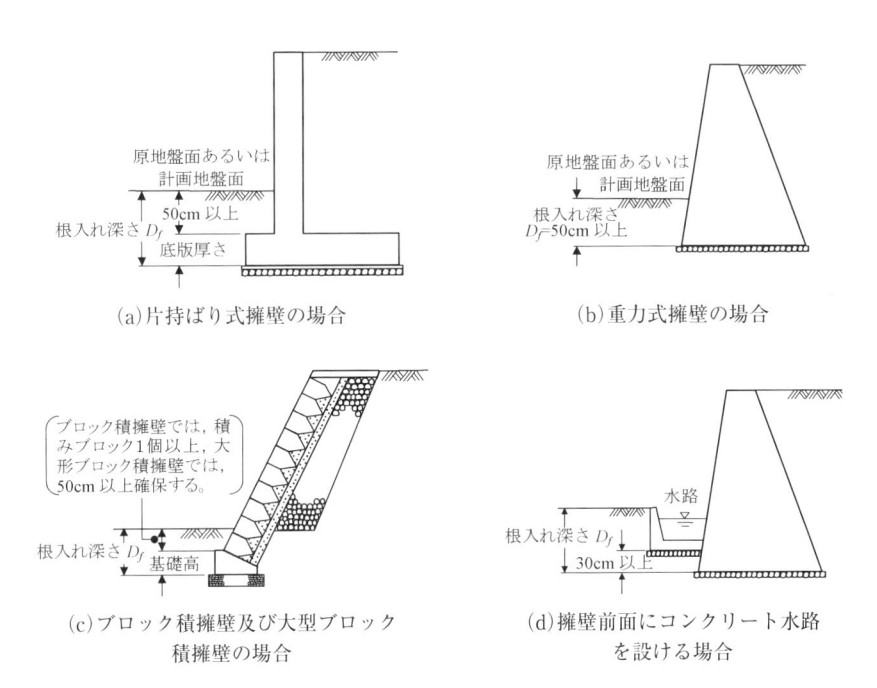

(a)片持ばり式擁壁の場合

(b)重力式擁壁の場合

(c)ブロック積擁壁及び大型ブロック積擁壁の場合

(d)擁壁前面にコンクリート水路を設ける場合

解図5－16　擁壁の直接基礎の根入れ深さ

(3) 置換えコンクリート基礎等

　斜面上や傾斜した支持層等に直接基礎を設ける場合は，**解図5－17**に示すように，基礎地盤として不適な地盤を掘削しコンクリートで置き換える場合や掘削土量を削減するために置換えコンクリート基礎や擁壁の底版に段差を設ける場合がある。

　置換えコンクリート基礎については，置換えコンクリートの強度を基礎地盤の強度と同程度以上とする必要がある。また，置換えコンクリートが擁壁底面に占める割合が比較的大きい場合や，底版下をすべてコンクリートで置き換えてしまうことは，構造的，経済的に好ましくない場合があるため，置換えコンクリート基礎の範囲をある程度制限することが望ましい。なお，一般的には置換え面積と擁壁底面積の比を，1/3～1/4以下に制限している例が多い。

　置換えコンクリート基礎や段差式底版基礎に関する設計については，［参考5－5］において，置換えコンクリート基礎の安定性に対する照査方法[1]の概要を

示しているので参考とするとよい。

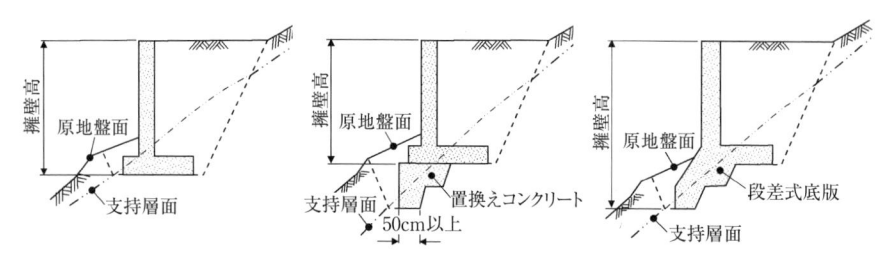

解図5－17 斜面上や傾斜した支持層での直接基礎の例

[**参考5－5**] 置換えコンクリート基礎の安定性に対する照査

　置換えコンクリート基礎と擁壁底面とは構造的に分離していると考えてよいことから，擁壁自体の安定性に対する照査は**参図5－7**に示すⅠ－Ⅰ断面で行うものとする。この場合の擁壁底面と置換えコンクリート基礎との間の摩擦角は，原地盤と同じ値を「4－3(3)　基礎地盤の諸定数」により設定してよい。

　参図5－7に示すように，置換えコンクリート基礎の安定性についても照査する必要がある。なお，置換えコンクリート基礎の安定性に対する照査は，置換えコンクリート基礎の奥行き幅で行うとよい。

（ⅰ）滑動に対する安定の照査

　滑動に対する安定の照査は，(1)1)に従って行えばよい。置換えコンクリート基礎に作用する水平荷重は，次式のとおりである。

$$H_o = \frac{N'}{N} \cdot H \quad \cdots\cdots\cdots\cdots\cdots\cdots\cdots\cdots\cdots\cdots\cdots\cdots\cdots\cdots (参5-8)$$

$$H_o' = H_o + W_H \quad \cdots\cdots\cdots\cdots\cdots\cdots\cdots\cdots\cdots\cdots\cdots\cdots\cdots (参5-9)$$

$$N' = \frac{q_1 + q_3}{2} \cdot B_1 \cdot L \quad \cdots\cdots\cdots\cdots\cdots\cdots\cdots\cdots\cdots\cdots (参5-10)$$

$$V' = W_V + N' \quad \cdots\cdots\cdots\cdots\cdots\cdots\cdots\cdots\cdots\cdots\cdots\cdots\cdots (参5-11)$$

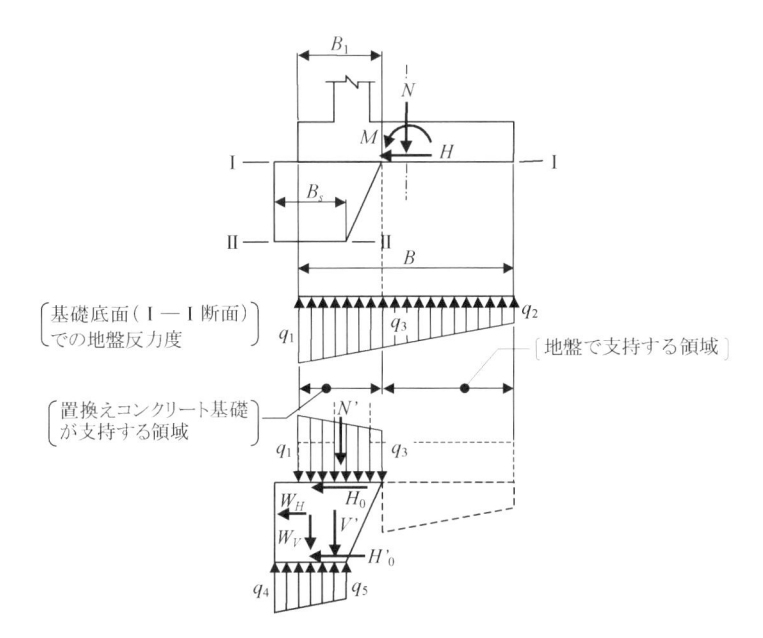

参図5－7 置換えコンクリート基礎の安定性に対する照査

ここに，

H_o：置換えコンクリート基礎天端に作用する擁壁底面からの水平荷重（kN）

H_o'：置換えコンクリート擁壁底面に作用する水平荷重（kN）

N, H：擁壁底面における鉛直荷重及び水平荷重（kN）

N'：置換えコンクリート基礎天端に作用する擁壁底面からの鉛直荷重（kN）

W_H：地震の影響を考慮する場合に作用させる置換えコンクリート基礎の自重による慣性力（kN）

V'：置換えコンクリート基礎底面に作用する全鉛直荷重（kN）

q_1：置換えコンクリート基礎の前面側での擁壁底面における鉛直地盤反力度（kN/m^2）

q_3：置換えコンクリート基礎の背面側での擁壁底面における鉛直地盤反力度（kN/m^2）

B_1：置換えコンクリート基礎に接している擁壁底面幅（m）
L：置換えコンクリート基礎の奥行き幅（m）
W_V：置換えコンクリート基礎の自重（kN）

滑動に対する安定の照査の安全率F_sは，式（参5-9）の水平荷重と式（参5-11）の鉛直荷重を用いて，式（解5-10）より求めればよい。

（ⅱ）転倒に対する安定の照査

転倒に対する安定の照査は，置換えコンクリート基礎天端に作用する擁壁底面からの荷重と置換えコンクリート基礎の自重を考慮し，これらの荷重による置換えコンクリート基礎のつま先回りの抵抗モーメントと転倒モーメントを用いて，式（解5-11）より合力の作用位置を求め，(1)2)に従って行えばよい。

（ⅲ）支持に対する安定の照査

支持に対する安定の照査は，置換えコンクリート基礎の自重及び擁壁底面からの作用荷重に対する鉛直地盤反力度を求め，(1)3)に従って行えばよい。

置換えコンクリート基礎底面の端部の鉛直地盤反力度q_4，q_5は，式（解5-17）～式（解5-19）に従って求めればよい。また，許容鉛直支持力度を求める際の有効載荷幅は，置換えコンクリート基礎の基礎幅B_sとする。

置換えコンクリート基礎を設ける場合は，擁壁底面とある程度の一体性を持たせるために，結合鉄筋を配置するのがよい。また，基礎地盤が急傾斜で，置換えコンクリート基礎の厚さまたは幅が大きくなる場合は，**解図5-17**に示すように，置換えコンクリート基礎に1段の幅が50cm程度以上の小段を設けるとよいが，掘削面が階段状になるため，特に地山のゆるみがないことを確認する必要がある。

(4) 改良地盤（安定処理，置換え）上の直接基礎

解図5-18に示すように，表層は軟弱であるが，比較的浅い位置に良質な支持層がある場合には，安定処理や良質土による置換えを行い，改良地盤を形成してこれを基礎地盤とし，その上に擁壁を設けることもある。しかし，この場合の安

定性の照査は，良質な支持層に直接的に擁壁を支持させる場合に比べて，地盤の抵抗機構やその評価は明らかではなく，採用に当たっては十分な検討を行わなければならない。

また，軟弱地盤上で地下水位が高い場合には，置換え砂や埋戻し土の安定処理を行う，砕石等の透水性の高い材料を用いる，十分な締固めを行うなどの液状化が生じないような処理を施すことを原則とする。

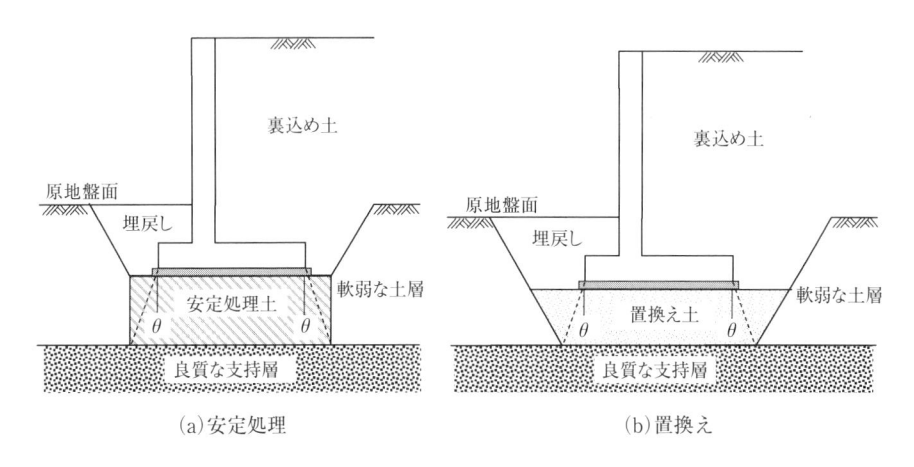

解図5－18 改良地盤上の直接基礎

(a)安定処理　　　(b)置換え

改良地盤上の直接基礎の適用範囲や安定性に対する検討方法等は，[参考5－6]を参考に検討するとよい。

[**参考5－6**]　改良地盤上の直接基礎の適用範囲と安定性に対する検討

改良地盤のうち**解図5－18**(b)に示す良質土による置換えは，基礎地盤の状態を実際に観察しながら行えることや，良質な材料で入念な施工を行えば確実な改良効果が得られるため，従来から広く用いられてきた。しかし，置換えでは流用が容易でない軟弱な掘削土が発生するため，建設副産物の発生を抑制するという観点から，**解図5－18**(a)に示す安定処理を採用することがある。

（ⅰ）適用範囲

改良地盤上の直接基礎は，もたれ式擁壁等の堅固な基礎地盤を前提とした構

造形式の擁壁には用いないことを原則とする。また，構造物として重要度の高い擁壁に用いる場合には，改良地盤（改良体）の安定性や改良地盤を含む全体の安定性等について慎重な検討が必要である。

直接基礎の基礎地盤として改良する場合は，大きく以下の3つの場合がある。
① 表層に軟弱な土層があり，かつ良好な支持層が比較的浅い位置（2～3m程度以下）にあり，軟弱な土層の全層を改良する場合。
② 軟弱な土層が厚く，良好な支持層が深い位置にあり，軟弱な土層の厚さの一部を改良する場合（擁壁等の荷重による地中応力度が地盤の許容応力度以下となる深さまで軟弱な土層を改良する場合）。
③ 軟弱な土層が厚く，良好な支持層が深い位置にあり，深層混合処理工法等により良好な支持層まで軟弱な土層の全層を改良する場合。

ここでは，①及び②の場合について検討方法を示す。③については，周辺の軟弱地盤も含めた地盤全体の変形等について「道路土工－軟弱地盤対策工指針」等を参考にして検討を行う必要がある。

改良地盤上の直接基礎の採用に当たっては，地盤改良の範囲や改良条件について検討するとともに，置換え材料または安定処理土について十分な土質試験と施工管理を行う必要がある。さらに，擁壁の施工に先だって支持力の確認を行うことが望ましい。

(ⅱ) 改良仕様の検討
① 改良強度

改良地盤に必要な強度は，擁壁底面での最大鉛直地盤反力度から決定する。このとき，改良強度を部分的に変化させることは行わず，改良が必要な範囲を一様な強度に改良することを原則とする。

② 改良深さ

支持層が浅い場合は，軟弱な土層の全層を改良する。支持層が深い場合は，地盤内の荷重分散を考慮して求めた改良地盤の鉛直地盤反力度が，改良地盤下の地盤の許容鉛直支持力度以下となる深さまで改良する。

地盤の任意深さにおける許容鉛直支持力度は，「道路橋示方書・同解説Ⅳ下部構造編」の「10.3.1　基礎底面地盤の許容鉛直支持力」に準じて求める。

③　改良幅

　改良幅は，擁壁底面から荷重の分散を考慮し，荷重が及ぶ範囲以上の幅（$B + 2z \cdot \tan \theta$）を確保することを基本とする。

(ⅲ) 安定性に対する検討

　改良地盤上の直接基礎の安定性に関する検討は，「5－3－2 (1)　擁壁自体の安定性の照査」によるほか以下の検討を行う。

①　改良地盤の強度定数c，ϕは，原則として土質試験を実施し，その値が設計値以上であることを確認する。

②　滑動の照査に用いる擁壁底面と地盤との間の摩擦係数は，改良地盤の値を用いるものとし，設計強度定数c，ϕから擁壁底面と改良地盤との間の付着力c_B，摩擦角ϕ_Bを算定する。算定方法は，「4－3　土の設計諸定数」に従ってよい。

③　地盤の鉛直支持力度については，擁壁底面では，「5－3－2　直接基礎における擁壁自体の安定性の照査」の(1) 3)で求めた鉛直地盤反力度が，一軸圧縮強度等から設定する改良地盤の許容鉛直支持力度以下であることを照査し，また，改良地盤下端では式（参5－12）より求めた鉛直地盤反力度が改良地盤下の地盤の許容鉛直支持力度以下であることを照査する。

④　地中での鉛直地盤反力度は，直線的な分散を仮定した慣用計算法（式（参5－12））によって求めてもよい。擁壁底面での鉛直地盤反力度pは，式（参5－13）より求め有効載荷幅$B-2e$に均等に分布させる。一般に，**参図5－8**に示す荷重の分散角θは，改良地盤に使用する材料から判断し，30～35°とみなしてよい。

$$\sigma_z = \frac{p}{1 + 2\left(\dfrac{z}{B-2e}\right) \cdot \tan \theta} + \gamma \cdot z \quad \cdots\cdots\cdots\cdots\cdots\cdots\cdots (参5-12)$$

$$p = \frac{V}{B-2e} \quad \cdots\cdots\cdots\cdots\cdots\cdots\cdots\cdots\cdots\cdots\cdots\cdots\cdots\cdots (参5-13)$$

ここに，

　　　　σ_z：深さzにおける地中での鉛直地盤反力度（kN/m²）

p：擁壁底面の有効載荷幅における鉛直地盤反力度（kN/m²）
z：擁壁底面からの深さ（m）
B：擁壁底面幅（m）
θ：荷重の分散角（°）
V：擁壁底面に作用する全鉛直荷重（kN）
e：擁壁底面の中央から荷重の合力作用位置までの偏心距離（m）
γ：地盤の単位体積重量（kN/m³）

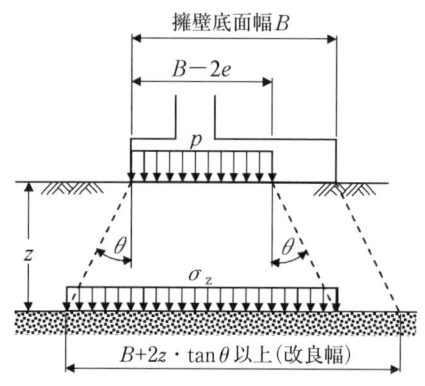

参図5－8　地中での地盤反力度と改良幅

5－3－3　杭基礎の擁壁における擁壁自体の安定性の照査

(1) 杭基礎の擁壁における擁壁自体の安定性の照査は，次によるものとする。
　1) 鉛直方向の安定性については，各杭頭部の軸方向反力が杭の許容支持力以下であることを照査する。
　2) 水平方向の安定性については，杭基礎の変位が，5－3－1に示す許容変位以下であることを照査する。
(2) 杭の許容支持力は，杭の極限支持力及び沈下量を考慮して求めるものとする。

杭基礎の擁壁における擁壁自体の安定性の照査は，「道路橋示方書・同解説

Ⅳ下部構造編」の橋台の場合に準じるものとする。

(1) 杭基礎の安定性の照査

杭基礎の擁壁における擁壁自体の安定性の照査は，次によるものとする。

1) 鉛直方向の安定性の照査

杭基礎の鉛直方向の安定性は，杭頭部の軸方向反力により照査するものとする。なお，設計条件によっては，負の周面摩擦力や側方移動による偏荷重のように，杭体に直接作用する力に対しても所要の安全性が確保されることを照査する必要がある。また，杭は原則として，常時において引抜き力が生じないように杭を配列するのが望ましい。

2) 水平方向の安定性の照査

杭基礎の水平方向の安定性は，水平変位により照査するものとする。

弾性体基礎の場合，基礎の過大な水平変位は有害な残留変位の原因となる。このため，基礎の安定性を確保する意味から，一般的な弾性体基礎においては基礎の残留変位が大きくならない範囲に基礎の水平変位を抑えるのが望ましい。したがって，杭基礎の許容変位は，「5－3－1　一般」によるとともに，基礎の水平変位は残留変位が大きくなく，工学的に弾性挙動として評価できる範囲を超えないものとし，その値は，「道路橋示方書・同解説　Ⅳ下部構造編」の「9.2　設計の基本」に準じ，杭径が1.5m以下の杭基礎においては過去の実績を考慮して15mmとする。なお，許容変位は，常時及び地震時とも同じとし，設計上の地盤面で照査することを原則とする。

(2) 杭の許容支持力

杭の許容支持力は，杭の極限支持力及び沈下量を考慮して求めるものとする。

杭の許容支持力は，「道路橋示方書・同解説　Ⅳ下部構造編」の「12.4　杭の許容支持力」に準じて算出してよい。

道路橋示方書に示される支持力推定式により推定した極限支持力に安全率を適用し許容支持力を設定する場合，その沈下量は極めて限定的である。したがって，道路橋示方書により求めた安全率を適用した許容支持力を用いて鉛直方向の安定性の照査を行った場合は，同時に沈下量の照査を行ったと考えてよい。

5-3-4 背面盛土及び基礎地盤を含む全体としての安定性の検討

> (1) 基礎地盤の内部に軟弱な土層や飽和したゆるい砂質土層が存在する場合は，地盤内でのすべり破壊や圧密沈下，地盤の液状化に対しての安定性を検討する。
>
> (2) 斜面上に擁壁を設置する場合や擁壁の上部に長大なのり面を有する場合には，背面盛土及び基礎地盤を含む斜面全体としての安定性について検討する。

擁壁は，滑動，転倒，支持に対して擁壁自体が安定であっても，中間層に軟弱な土層や飽和したゆるい砂質土層が存在する地盤や斜面上に擁壁を設置する場合，擁壁の上部に長大なのり面を有する場合には背面盛土及び基礎地盤を含む全体が広い範囲にわたって沈下やすべり破壊，地盤の液状化を生じることがある。また，軟弱地盤上の杭基礎の場合には，常時偏荷重を受けると地盤の側方移動が生じることがある。このような地盤上に擁壁を設置する場合には，背面盛土及び基礎地盤を含む全体としての安定性について検討を行うものとする。

なお，標準設計を利用する場合でも，背面盛土及び基礎地盤を含む全体としての安定性について，個々の設置場所に応じて別途検討する必要がある。

(1) 基礎地盤の内部に軟弱な土層や飽和したゆるい砂質土層が存在する場合

軟弱な土層を含む基礎地盤上に擁壁が設置されると，擁壁背面の盛土の重量によって地盤に**解図5-19**，**解図5-20**に示すような地盤の圧密沈下や地盤内でのすべり破壊が生じることがある。飽和したゆるい砂質土層が存在する場合には，地震時に地盤が液状化し，多大な被害が生じることがある。また，**解図5-21**に示すように軟弱地盤上の擁壁が杭基礎で支持されている場合には，基礎が背面盛土による偏荷重を受け，地盤の側方移動により擁壁が変位し，杭体に過大な変形や応力が生じることがある。したがって，このような場合には，地盤内でのすべり破壊や圧密沈下，地盤の液状化に対しての安定性を検討する。

　① すべり破壊の検討

軟弱な土層を含んだ地盤のすべり破壊に対する安定性を検討する場合は，一

般に円弧すべり法により計算を行う。円弧すべり法は「道路土工－盛土工指針」及び「道路土工－軟弱地盤対策工指針」によるものとする。なお，地震時の地盤の液状化による影響についても，「道路土工－盛土工指針」及び「道路土工－軟弱地盤対策工指針」を参考として検討するものとする。

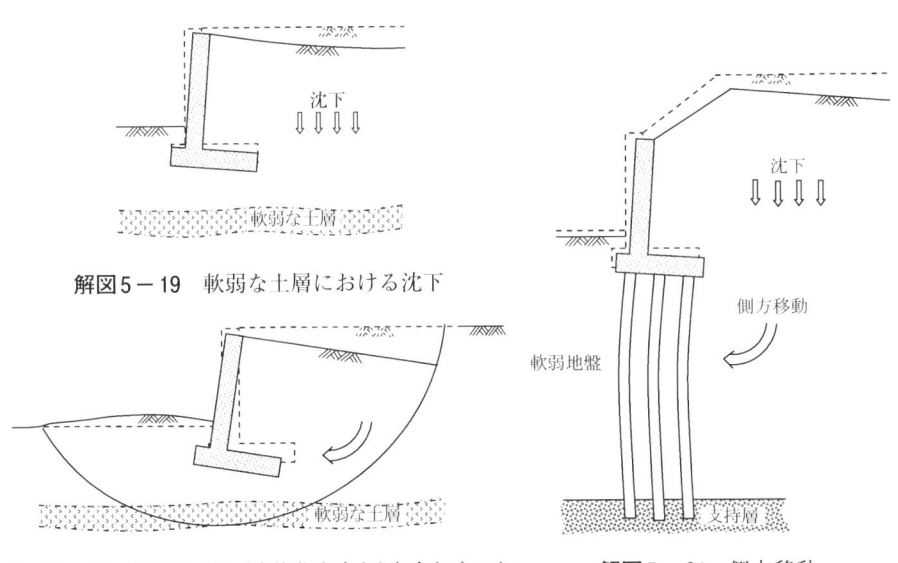

解図5－19 軟弱な土層における沈下

解図5－20 軟弱な土層(液状化を含む)を含むすべり

解図5－21 側方移動

② 圧密沈下の検討

中間層に軟弱な土層が存在する地盤の場合には，圧密沈下にともなう不同沈下が生じることがある。不同沈下が生じると目地の開きなど様々な問題が生じるので，過大な圧密沈下が生じないような対応を検討する必要がある。圧密沈下量は，圧密試験結果の荷重と間隙比の関係$e - \log p$曲線（**解図5－22**）により式（解5－20）を用いて計算される。

― 139 ―

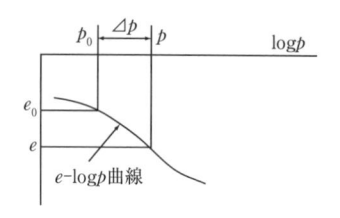

解図5－22　$e - \log p$ 曲線

$$S = \frac{e_0 - e}{1 + e_0} \cdot H_o \quad \cdots\cdots\cdots\cdots\cdots\cdots\cdots\cdots\cdots\cdots\cdots\cdots\cdots\cdots\cdots (解5-20)$$

ここに，

　　　S：圧密沈下量（m）

　　　e_0：圧密層の初期間隙比，$e - \log p$ 曲線上で載荷重を加える前の土かぶり圧 p_0 に対する間隙比

　　　e：載荷重 Δp で圧密後の間隙比，すなわち $e - \log p$ 曲線で載荷重を加えた後の土かぶり圧 $p = p_0 + \Delta p$ に対する間隙比

　　　H_o：圧密層の層厚（m）

　なお，圧密沈下の検討方法は，「道路土工－軟弱地盤対策工指針」を参考にするとよい。

③　地盤の液状化

　基礎地盤に飽和したゆるい砂質土層が存在すると，地震時において液状化により強度及び支持力が低下する可能性がある。したがって，このような地盤上に擁壁を適用する場合には，設計において土質定数の低減や必要に応じ地盤改良等による基礎地盤の対策を検討する。なお，周辺地盤の液状化の判定については，「道路土工－軟弱地盤対策工指針」を参考にするとよい。

④　側方移動の検討

　側方移動を起こす原因は，土質，背面盛土の形状や寸法，地盤と基礎との相互作用，盛土の施工条件等の多くの因子があると考えられる。したがって，側方移動により擁壁が変位するとともに擁壁を支持する杭体に過大な変形や応力

が生じるおそれのある場合には，「道路土工－軟弱地盤対策工指針」及び「道路橋示方書・同解説　Ⅳ下部構造編」に従ってその影響を検討しなければならない。なお，側方移動に対処するには，地盤改良や基礎構造物の剛性を高めるなど抵抗力を増加する方法や盛土荷重を軽減する方法が考えられる。

　また，杭と地盤の沈下量の相対的な差に起因する負の周面摩擦力（ネガティブフリクション）が作用することもあるので，同様に「道路橋示方書・同解説　Ⅳ下部構造編」に従って検討しなければならない。

(2) 斜面上に擁壁を設置する場合や擁壁上部に長大なのり面を有する場合

　斜面上に擁壁を設ける場合には，**解図5－23**に示すような斜面全体を含むすべり破壊が生じる場合があるので，背面盛土及び基礎地盤を含む斜面全体としての安定性について検討しなければならない。また，擁壁の上部に長大なのり面を有する場合には，擁壁自体の安定性に加えてのり面全体の安定性も確認しておく必要がある。さらに，地すべり地において擁壁をともなう盛土を行う場合も注意する必要がある。これらの場合は，「道路土工－盛土工指針」及び「道路土工－切土工・斜面安定工指針」を参考にその安定性を検討するのがよい。

　なお，擁壁が斜面上に多段に配置される場合があるが，このような場合には，個々の擁壁自体の安定性を検討するとともに，斜面全体としての安定性及び基礎端部を通るすべりの安定性についても検討する必要がある。

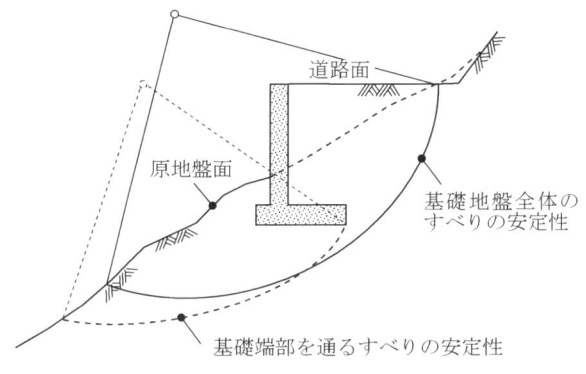

解図5－23　擁壁を含む斜面のすべり

5-4 部材の安全性の照査

5-4-1 一般

> (1) コンクリート擁壁を構成する部材は，5-2に示す荷重に対し，(2)，(3)，(4)により許容応力度設計法を用いて設計することを原則とする。
> (2) 許容応力度設計法における部材の照査に当たっては，部材に生じる断面力は，弾性理論により算出するものとする。
> (3) 曲げモーメントまたは軸方向力が作用する鉄筋コンクリート部材及び無筋コンクリート部材の照査は，5-4-2により行うものとする。
> (4) せん断力が作用する鉄筋コンクリート部材の照査は，5-4-3により行うものとする。

(1) 部材の安全性の照査方法

コンクリート擁壁を構成する部材の安全性の照査方法について示したものである。ここで，コンクリート擁壁を構成する部材とは，躯体，底版及び杭等をいう。

(2) 断面力の算出方法

許容応力度設計法により部材断面を決定する場合には，その部材に生じる軸方向力，せん断力，曲げモーメントは弾性理論によって求めるものとした。なお，コンクリート部材の曲げ剛性，せん断剛性及びねじり剛性は，計算を簡略化するため鋼材を無視し，コンクリートの全断面を有効として算定した値を用いてよい。

5-4-2 曲げモーメント及び軸方向力が作用するコンクリート部材

> (1) 鉄筋コンクリート部材断面に生じるコンクリート及び鉄筋の応力度については，軸ひずみは中立軸からの距離に比例し，鉄筋とコンクリートのヤング係数比は15，さらにコンクリートの引張応力度は無視できるものと仮定して算出するものとする。また，それぞれの応力度は，4-5に示す許容応力度を超えてはならない。
> (2) 無筋コンクリート部材断面に生じるコンクリートの応力度は，コンクリート断面の縁応力度を算出し，それぞれの応力度が表4-6に示す許容応力度を超えてはならない。

(1) 鉄筋コンクリート部材

許容応力度設計法による鉄筋コンクリート部材の曲げモーメントに対する照査の基本的な考え方について示したものである。曲げモーメントまたは曲げモーメントと軸方向力を受ける鉄筋コンクリート部材の応力度を計算するための仮定については，従来から一般的に行われている仮定を適用するものとした。

(2) 無筋コンクリート部材

無筋コンクリート部材断面に生じるコンクリートの応力度は，式（解5-21）により算出してよい。

$$\sigma_c = \frac{N}{A} \pm \frac{N \cdot e}{W} \quad \cdots\cdots\cdots\cdots\cdots\cdots\cdots\cdots\cdots\cdots\cdots\cdots\cdots（解5-21）$$

ここに，

σ_c：コンクリート断面の縁応力度（N/mm^2）
N：軸方向力（N）
A：コンクリート全断面積（mm^2）
e：コンクリート断面の図心軸から軸方向力の作用点までの距離（mm）
W：コンクリート断面の図心軸に関する断面係数（mm^3）

軸方向偏心荷重を受ける無筋コンクリートの躯体は，その作用点が核の中に作用するように，すなわち断面に引張が生じないように設計するのが望ましい。

最大縁圧縮応力度の計算は，原則としてコンクリートの引張応力を無視して行い，その応力度は許容曲げ圧縮応力度を超えてはならない。また，式（解5－21）によって求めた縁引張応力度は許容曲げ引張応力度を超えてはならない。

　式（解5－21）で求めた縁引張応力度の絶対値が，断面において同時に起こる縁圧縮応力度の1/10よりも小さい場合には，式（解5－21）で求めた縁圧縮応力度の値と，コンクリートの引張応力を無視して計算した値との差が小さいので，式（解5－21）を使用して縁圧縮応力度を求めてよい。

5－4－3　せん断力が作用するコンクリート部材

> 　コンクリート部材のせん断力に対する照査は，平均せん断応力度が許容せん断応力度以下であることを照査するものとし，以下のとおりに行ってよい。
> (1) コンクリートのみでせん断力を負担する場合，平均せん断応力度が4－5－2に示す許容せん断応力度 τ_{a1} 以下であることを照査する。
> (2) 斜引張鉄筋と共同してせん断力を負担する場合，平均せん断応力度が4－5－2に示す斜引張鉄筋と共同してせん断力を負担する場合の許容せん断応力度 τ_{a2} 以下であることを照査する。

　許容応力度設計法におけるせん断力に対する照査は，平均せん断応力度が許容せん断応力以下であることを照査する。

　コンクリートのみでせん断力を負担する場合の許容せん断応力度 τ_{a1} は，表4－2及び「4－5－2(1)　鉄筋コンクリート部材」によって補正した値を用いてよい。平均せん断応力度が τ_{a1} を超える場合には，式（解5－24）により算出される鉄筋量以上の斜引張鉄筋を配置するものとする。ただし，平均せん断応力度が斜引張鉄筋と共同して負担する場合の許容せん断応力度 τ_{a2} を超える場合には，コンクリート断面を大きくするなどの適切な配慮が必要である。

(1) 平均せん断応力度

　鉄筋コンクリート部材断面に生じるコンクリートの平均せん断応力度は，式（解5－22）により算出するものとする。

$$\tau_m = \frac{S_h}{bd} \quad \cdots\cdots\cdots\cdots\cdots\cdots\cdots\cdots\cdots\cdots\cdots\cdots\cdots\cdots\cdots\cdots\cdots (解5-22)$$

ここに，

τ_m：部材断面に生じるコンクリートの平均せん断応力度（N/mm^2）

S_h：部材の有効高の変化の影響を考慮したせん断力（N）で，式（解5－23）により算出する。ただし，せん断スパン比により許容せん断応力度の割増しを行う場合は，部材の有効高の変化の影響を考慮してはならない。

$$S_h = S - \frac{M}{d}(\tan\beta + \tan\gamma) \quad \cdots\cdots\cdots\cdots\cdots\cdots\cdots\cdots\cdots (解5-23)$$

S：部材断面に作用するせん断力（N）

M：部材断面に作用する曲げモーメント（N・mm）

b：部材断面幅（mm）

d：部材断面の有効高（mm）（**解図5－24参照**）

β：部材圧縮縁が部材軸方向となす角度（°）（**解図5－24参照**）

γ：引張鋼材が部材軸方向となす角度（°）（**解図5－24参照**）

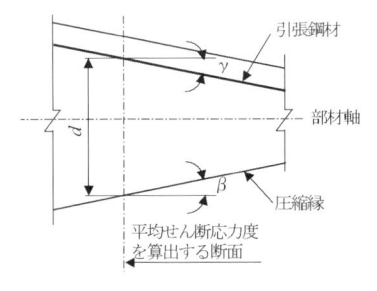

（注）β及びγは，曲げモーメントの絶対値が増すに従って有効高が増す場合には正，減じる場合には負とする。

解図5－24 β，γ及びdの取り方

なお，無筋コンクリート部材断面に生じるコンクリートの平均せん断応力度は，式（解5－22）の部材断面の有効高dの替わりに部材高hを用いて算出すればよい。

τ_mは部材の有効高の変化の影響を考慮して算出する。ただし，底版等のようにせん断スパン比が小さい部材において，せん断スパン比の影響を考慮して「5－7－5（3）4）　底板のせん断力に対する照査」により許容せん断応力度を割増

す場合には，部材の有効高の変化の影響を考慮してはならない．

(2) 斜引張鉄筋の算出方法

鉄筋コンクリート部材断面に生じるコンクリートの平均せん断応力度が4－5－2に示す許容せん断応力度 τ_{a1} を超える場合には，式（解5－24）により算出される断面積以上の斜引張鉄筋を配置するものとする．

$$\left. \begin{aligned} A_w &= \frac{1.15 S_h' s}{\sigma_{sa} d (\sin\theta + \cos\theta)} \\ \sum S_h' &= S_h - S_{ca} \end{aligned} \right\} \quad \cdots\cdots\cdots\cdots\cdots\cdots\cdots\cdots\cdots (解5-24)$$

ここに，

A_w：間隔 s 及び角度 θ で配筋される斜引張鉄筋の断面積（mm²）

S_h'：間隔 s 及び角度 θ で配筋される斜引張鉄筋が負担するせん断力（N）

$\varSigma S_h'$：角度 θ が異なる斜引張鉄筋が負担するせん断力 $S_h'_i$ の合計（N）

S_h：部材の有効高の変化の影響を考慮したせん断力（N）で，式（解5－23）による．ただし，せん断スパン比により許容せん断応力度の割増しを行う場合には，部材の有効高の変化の影響を考慮してはならない．

S_{ca}：コンクリートが負担するせん断力（N）で，式（解5－25）により算出する．

$$S_{ca} = \tau_{a1} \cdot b \cdot d \quad \cdots\cdots\cdots\cdots\cdots\cdots\cdots\cdots\cdots\cdots (解5-25)$$

τ_{a1}：コンクリートのみでせん断力を負担する場合の許容せん断応力度（N/mm²）

b：部材断面幅（mm）

d：部材断面の有効高（mm）

s：斜引張鉄筋の部材軸方向の間隔（mm）

θ：斜引張鉄筋が部材軸方向となす角度（°）

σ_{sa}：斜引張鉄筋の許容引張応力度（N/mm²）

なお，コンクリートが負担するせん断力 S_{ca} を算定する際の τ_{a1} は，**表4－3**の

値を表4－2により補正した値を用いてよい。

5－5　耐久性の検討

5－5－1　一般

> コンクリート擁壁の設計に当たっては，経年劣化に対して十分な耐久性が保持できるように配慮しなければならない。

　コンクリート擁壁の設計に当たっては，経年的な劣化による影響を考慮するものとする。特に，鉄筋コンクリート部材におけるコンクリートの劣化，鉄筋の腐食等に伴う損傷により，所要の性能が損なわれないように耐久性の検討を行うものとする。

　コンクリートは，劣化因子に対してコンクリート自体が所要の耐久性を有するとともに，コンクリート内部にある鉄筋を保護する性能を有していなければならない。一般に，鉄筋コンクリート部材が所要の耐久性を確保するためには，中性化に対する抵抗性，塩害に対する抵抗性，凍結融解に対する抵抗性，化学的腐食に対する抵抗性等を考慮する必要があるが，塩害に対する抵抗性以外については，これまでの損傷実態を踏まえると，一般的な環境条件では十分な施工の品質が確保される場合には，特に問題となることはないと考えられる。しかし，環境条件が特に厳しい場合等には，「コンクリート標準示方書」（土木学会）等を参考に検討することが望ましい。

　塩害による鉄筋の腐食によって，かぶりコンクリートの剥落等が生じ，第三者に危害が及ぶことも考えられる。特に，海岸部に近く塩分の影響を受けやすい地域に建設する場合には，鉄筋コンクリートの設計・施工に十分留意しなければならない。塩害に対する耐久性の検討に当たっては，「5－5－2　塩害に対する検討」によるものとする。

　塩害のほかに，コンクリートの中性化によって鉄筋が腐食し，鉄筋コンクリート部材に損傷が生じる場合があることが指摘されている。現在のところ，擁壁においては顕著な被害事例は確認されていないが，大気中の炭酸ガス濃度が高いな

どの厳しい環境下においては，防食・防錆された鉄筋の使用やコンクリート表面の防護等を検討するのが望ましい。

　また，設置地点が温泉地域等に近接する場合には，化学的腐食に対する対策が必要となることがある。このような地域では，コンクリートの腐食の程度は，土中と気中との境界付近が最も大きく，次に地中部が大きい。また，気中部は一般に小さいことが知られている。コンクリートの化学的腐食は極めて過酷な環境条件で生じるものであるが，コンクリートが腐食し断面が減少しても必要な断面が確保できるように腐食しろを見込んでかぶりを増やしたり，コンクリート表面の防護等を行うことが望ましい。

　河川，港湾等のような流水中に設置されるコンクリート擁壁においては，砂粒を含む流水，砂礫を含む波浪等による磨耗等の作用を受けることがある。そのような現象が危惧される場合には，流水の速度，基礎地盤の状況等の周辺環境を十分に把握したうえで，鉄筋のかぶりを増やしたり，コンクリート表面の防護等を行うことが望ましい。

5−5−2 塩害に対する検討

(1) コンクリート擁壁の鉄筋コンクリート部材は，塩害により所要の耐久性が損なわれてはならない。

(2) 表5−1に示す地域における擁壁の鉄筋コンクリート部材においては，十分なかぶりを確保するなどの対策を行うことにより，(1)を満足するとみなしてよい。

表5−1 塩害の影響地域

地域区分	地域	海岸線からの距離	対策区分	影響度合い
A	沖縄県	海上部及び海岸線から100mまで	S	影響が激しい
		100mをこえて300mまで	I	影響を受ける
		上記以外の範囲	II	
B	図5−1及び表5−2に示す地域	海上部及び海岸線から100mまで	S	影響が激しい
		100mをこえて300mまで	I	影響を受ける
		300mをこえて500mまで	II	
		500mをこえて700mまで	III	
C	上記以外の地域	海上部及び海岸線から20mまで	S	影響が激しい
		20mをこえて50mまで	I	影響を受ける
		50mをこえて100mまで	II	
		100mをこえて200mまで	III	

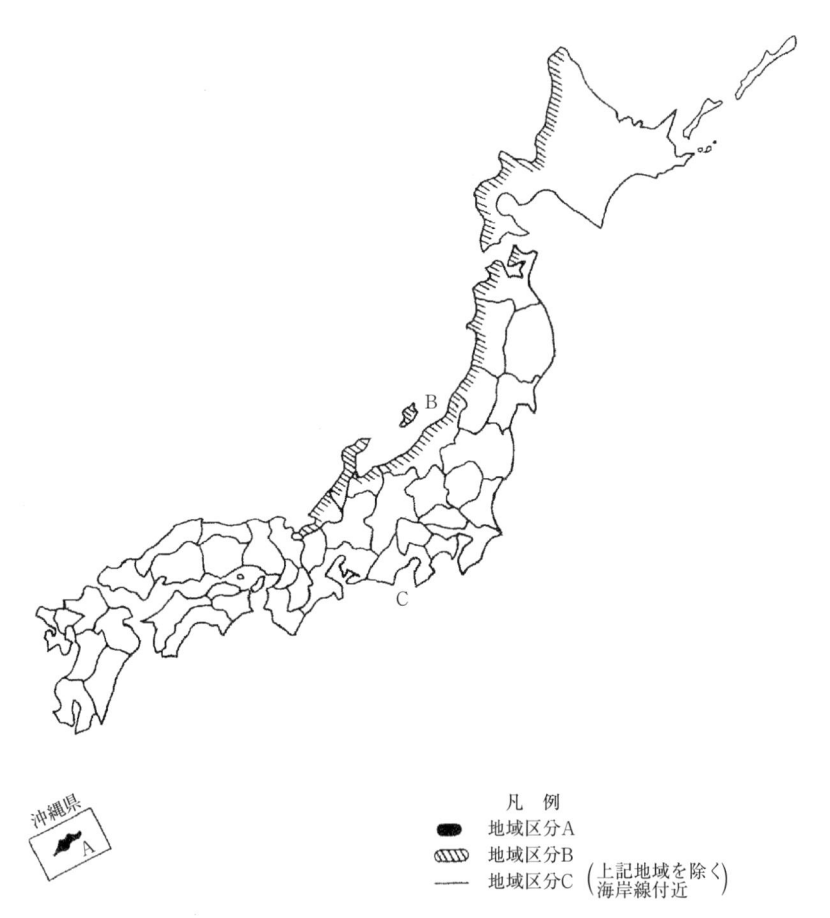

図5−1 塩害の影響の度合いの地域区分

表5−2 地域区分Bとする地域

北海道のうち，宗谷総合振興局の稚内市・猿払村・豊富町・礼文町・利尻町・利尻富士町・幌延町，留萌振興局，石狩振興局，後志総合振興局，檜山振興局，渡島総合振興局の松前町・八雲町（旧熊石町の地区に限る。） 　青森県のうち，今別町，外ヶ浜町（東津軽郡），北津軽郡，西津軽郡，五所川原市（旧市浦村の地区に限る。），むつ市（旧脇野沢村の地区に限る。），つがる市，大間町，佐井村 　秋田県，山形県，新潟県，富山県，石川県，福井県

(1) 塩害に対する耐久性

　塩害の影響が懸念される地域に建設される擁壁の鉄筋コンクリート部材は，その地域の環境，飛来する塩分量，コンクリート中への塩分の浸透性，コンクリートの品質，部材の形状等を考慮し，設計上の目標期間において，鉄筋位置における塩化物イオン濃度が鋼材腐食発生限界濃度以下となることを照査することにより，塩害に対する耐久性の検討を行うことができる。このとき，建設地点における飛来塩分量，コンクリートの塩分浸透係数を精度よく把握することが重要である。なお，ここに示す塩害とは，波しぶきや潮風によってコンクリート表面に塩分が付着し，これが浸透して内部の鉄筋が腐食する現象を対象とするものである。

　塩害に対する鉄筋コンクリート部材の耐久性を確保するためには，建設地点の地形及び海岸線からの距離，気象・海象等の環境状況を把握したうえで，十分な鉄筋のかぶりを確保することを基本とし，コンクリートのひび割れ幅の制御，コンクリートの材料，配合及び施工における十分な配慮が必要である。

(2) 塩害の影響を考慮したかぶりの確保

　塩害の影響が懸念される地域に建設される擁壁の鉄筋コンクリート部材では，十分なかぶりを確保するなどの対策を行う。その考え方は，「道路橋示方書・同解説　Ⅲコンクリート橋編」の「5.2　塩害に対する検討」に準じてよい。

　片持ばり式擁壁等におけるたて壁等の直接外気に接する鉄筋コンクリート部材は，表5－1に示す塩害の影響地域に基づき，十分なかぶりを確保したり，塗装鉄筋，コンクリート塗装，埋設型枠等を併用することにより，(1)を満足するとみなしてよいものとした。ただし，建設地点の地形，気象・海象条件，近傍の鉄筋コンクリート構造物の損傷実態等を十分検討し，対策区分を一段階上下に変更してもよい。なお，常に水中または土中にある部材は，気中にある部材に比べ酸素の供給が少ないため，塩分の影響は小さいと考えられることから，従来と同様に「5－6－4　鉄筋のかぶり」に示すかぶりを確保すればよいものとした。

　鉄筋コンクリート部材表面に供給される塩分には，海洋から飛来する塩分のほかに，路面凍結防止剤（融雪剤）として散布されるものがある。路面凍結防止剤の影響を受けることが予想される擁壁については，同等の条件下における既設擁

壁の損傷状況等を十分に把握し，適切な対策区分を想定して十分なかぶりを確保する必要がある。一般には，対策区分Ⅰ相当を想定した十分なかぶりを確保するのが望ましい。

5-6 鉄筋コンクリート部材の構造細目

5-6-1 一般

> 鉄筋コンクリート部材の設計に当たっては，構造物に損傷が生じないための措置，構造上の弱点を作らない配慮，弱点と考えられる部分の補強方法，施工方法等を考慮し，設計に反映させるものとする。

　鉄筋コンクリート部材の設計は，設計計算のみに基づいて行うものではなく，設計計算上の仮定が成り立つための前提条件を満足させること，設計計算では着目していない二次応力，局部応力等による部材の損傷を生じさせないようにすること，構造上の弱点部を作らないように配慮すること，またはその部分の補強となること等を考慮して行う必要がある。

　また，鉄筋の配置に当たっては，施工性等を検討することが必要である。これらについて，ある程度標準化したものが構造細目であり，設計に当たっては，本節の意図するところを十分に反映する必要がある。

　なお，5-6-2から5-6-10に示されていない具体的な寸法，数量，方法は，「道路橋示方書・同解説　Ⅳ下部構造編」の「7章　鉄筋コンクリート部材の構造細目」に準じてよい。

5－6－2 最小鉄筋量

> (1) 曲げを受ける部材では，コンクリートのひび割れとともに耐力が減じて急激に破壊することのないように，軸方向引張鉄筋を配置するものとする。
> (2) コンクリートに局部的な弱点があっても，その部分の応力を分散できるように，必要な量の軸方向鉄筋を配置するものとする。
> (3) 乾燥収縮や温度勾配等による有害なひび割れが発生しないように，鉄筋を配置するものとする。

　コンクリートの引張強度は小さく，曲げに対する鉄筋コンクリート部材の耐力は，その引張側に配置される軸方向引張鉄筋により大きく支配される。したがって，コンクリート断面に比較して軸方向引張鉄筋量が極端に少ない部材は，設計で想定していない大きな曲げを受けると，コンクリートのひび割れとともに耐力を減じ急激に破壊するおそれがあるので，必要な量の鉄筋を配置する。

5－6－3 最大鉄筋量

> 　曲げを受ける部材では，鉄筋の降伏よりもコンクリートの破壊が先行するぜい性的な破壊が生じないように，軸方向引張鉄筋を配置するものとする。

　軸方向引張鉄筋量が多くなると鉄筋の降伏よりもコンクリートの破壊が先行し，ぜい性的な破壊が生じるおそれがある。したがって，軸方向引張鉄筋は，その鉄筋量が釣合鉄筋量以下となるように配置するものとする。

5-6-4　鉄筋のかぶり

> (1) コンクリートと鉄筋との付着を確保し，鉄筋の腐食を防ぎ，水流や火災に対して鉄筋を保護する等のために必要なかぶりを確保するものとする。
> (2) 水中または土中にある部材については，維持管理の困難さも考慮し，必要なかぶりを確保するものとする。
> (3) 水中で施工する鉄筋コンクリート部材については，コンクリートの品質，締固めの困難さ，施工精度等も考慮し，必要なかぶりを確保するものとする。
> (4) 塩害の影響を受ける地域においては，その影響度を考慮して必要なかぶりを確保するものとする。

　コンクリートと鉄筋との付着を確保し，鉄筋の腐食を防ぎ，水流や火災に対して鉄筋を保護するためには，鉄筋をコンクリートで十分に覆う必要がある。このため，コンクリート中に配置されている鉄筋の最外面からコンクリートの表面までの距離，すなわち，かぶりを規定したものである。なお，現場打ち鉄筋コンクリート部材の鉄筋のかぶりは，一般には40mm以上とし，底版のように土中及び地下水位以下に設ける部材については70mm以上を確保すれば，(1)及び(2)を満足するとみなしてよい。また，塩害の影響を受ける地域においては，その影響度を考慮して「5-5-2　塩害に対する検討」に示された必要なかぶりを確保するものとする。

　プレキャスト鉄筋コンクリート部材の鉄筋のかぶりについては，「5-7-8　プレキャストコンクリート擁壁」に従うものとする。

5-6-5　鉄筋のあき

> (1) 鉄筋の周囲にコンクリートが十分に行きわたり，かつ，確実にコンクリートを締め固められるように鉄筋のあきを設けるものとする。
> (2) コンクリートと鉄筋とが十分に付着し，両者が一体となって働くために必要な鉄筋のあきを確保するものとする。

5-6-6 鉄筋の定着

> 鉄筋の端部は，鉄筋とコンクリートが一体となって働くように，確実に定着するものとする。

　鉄筋の定着は，次の1)～3)のいずれかの方法によるものとし，鉄筋の端部の状況に応じた定着方法を適切に採用するものとする。
1)　コンクリート中に埋め込み，鉄筋とコンクリートとの付着により定着する。
2)　コンクリート中に埋め込み，フックを付けて定着する。
3)　コンクリート中に埋め込み，鉄筋に定着板等を取付け機械的に定着する。

5-6-7 鉄筋のフック及び曲げ形状

> (1)　鉄筋の曲げ形状は，加工が容易にでき，かつ，鉄筋の材質が傷まないような形状とするものとする。
> (2)　鉄筋の曲げ形状は，コンクリートに大きな支圧応力を発生させないような形状とするものとする。

　鉄筋のフックは，鉄筋の種類に応じて半円形フック，鋭角フック，直角フックを採用するものとする。

5-6-8 鉄筋の継手

> 鉄筋を継ぐ場合は，部材の弱点とならないようにするものとする。

　鉄筋の継手が一断面に集中すると，その位置の部材の強度が低下するおそれがある。特に，重ね継手が一断面に集中すると，この部分のコンクリートの行きわたりが悪くなり，さらに部材の強度の低下が予想される。したがって，鉄筋の継手はお互いにずらして設け，一断面に集中させないようにしなければならない。また，応力が大きい位置では，鉄筋の継手を設けないのが望ましい。
　製品化された格子状のユニット鉄筋等を用いる場合には，継手位置に注意する必要があり，継手が同一断面に集中する場合の重ね継手長は，「道路橋示方書・

同解説　Ⅳ下部構造編」の「7.8　鉄筋の継手」で算出される重ね継手長の1.3倍以上とする。

5－6－9　せん断補強鉄筋

> せん断補強を目的としてせん断補強鉄筋を配置する場合には，有効に働くように配置するものとする。

　せん断補強鉄筋は，軸方向鉄筋に対して直角または直角に近い角度に配置する鉄筋で，有効に働くよう配置する。

5－6－10　配力鉄筋及び圧縮鉄筋

> (1) 擁壁は縦断方向に連続した構造物であり，縦断方向に断面や地盤等が変化することから，各部材に十分な量の配力鉄筋を配置するものとする。
> (2) 各部材において圧縮側となる軸方向鉄筋は，引張側の軸方向鉄筋量に応じ，十分な量の圧縮鉄筋を配置するものとする。

　一般には，配力鉄筋（縦断方向鉄筋）の配筋量は，軸方向鉄筋量の1/6以上を配置するものとする。ただし，断面形状，作用荷重，地盤等の変化を考慮した縦断方向の検討をする場合には，この限りではない。

　また，圧縮側となる軸方向鉄筋（圧縮鉄筋）の配筋量は，引張側の軸方向鉄筋量（主鉄筋）の1/6以上を配置するものとする。

5-7　各種構造形式のコンクリート擁壁の設計

5-7-1　一般

> 各種構造形式のコンクリート擁壁の設計に当たっては，5-1～5-6によるほか本節で示す事項に従うものとする。

　本節は，各種構造形式のコンクリート擁壁の設計に関する特有の事項について示している。したがって，各種構造形式のコンクリート擁壁の設計は，5-1～5-6によるほか本節で示す特有の事項に従って，擁壁の安定性及び部材の安全性を照査しなければならない。

5-7-2　重力式擁壁

> (1) 重力式擁壁の形状・寸法は，擁壁の安定性，部材の安全性，設置場所の状況や施工性等を考慮して決定しなければならない。
> (2) 擁壁自体の安定性の照査は，5-3-1(2)によるものとする。
> (3) 部材の安全性の照査は，次によるものとする。
>   1) 躯体は，形状変化位置及びつま先版上面を固定端とする片持ばりとして設計してよい。
>   2) つま先版は，躯体との接合部を固定端とする片持ばりとして設計してよい。

　重力式擁壁は，解図5-25に示すように，自重によって土圧に抵抗する形式の擁壁である。また，重力式擁壁と同様な形式の半重力式擁壁は，設置場所や地形条件等により，躯体幅を重力式擁壁より薄くする必要がある場合に用いられる。設計の考え方は，重力式擁壁と同様であるが，躯体幅を薄くすることにより躯体断面に引張応力が生じるため，必要量の鉄筋を配置する必要がある。

解図5－25　重力式擁壁の構造と名称

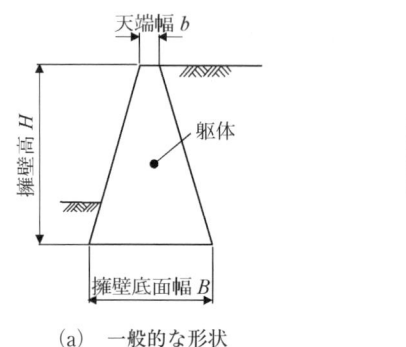

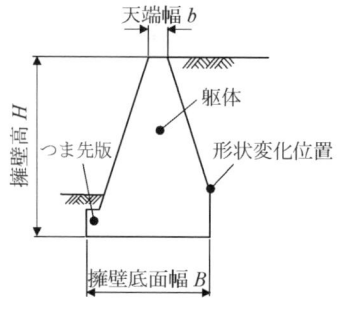

(a) 一般的な形状　　　(b) つま先版を設けた形状

(1) 形状・寸法

重力式擁壁の形状・寸法は，(2)，(3)によるが，一般には次の項目を参考にするとよい。

① 重力式擁壁は，一般に無筋コンクリートとして設計されるため，躯体断面に引張応力が生じないように，擁壁底面幅Bを擁壁高Hに対し0.5～0.7倍程度を目安にするのがよい。

② 天端幅bは，擁壁の規模，天端に防護柵等の設置の有無，施工性等を考慮して設定し，一般に15～40cm程度を目安にするのがよい。

(2) 擁壁自体の安定性の照査

重力式擁壁の擁壁自体の安定性の照査は，「5-3-1(2)　擁壁自体の安定性の照査」によるものとする。

(3) 部材の安全性の照査

1) 躯体の設計

重力式擁壁の形状が**解図5－25**(a)のような場合は，通常躯体の設計を省略してもよい。**解図5－25**(b)のような場合は，躯体の設計を行い，その方法は形状変化位置及びつま先版上面を固定端とする片持ばりとして設計してよい。躯体の

断面計算に用いる荷重を，**解図5－26**に示す。

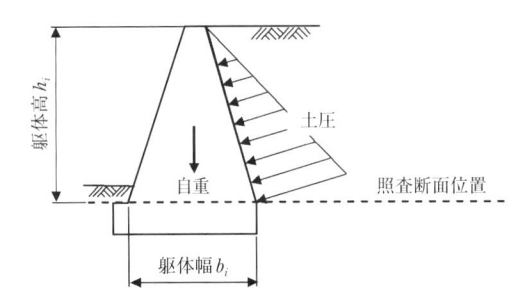

解図5－26 躯体の断面計算に用いる荷重

2) つま先版の設計

つま先版の設計は，躯体との接合部を固定端とする片持ばりとして行い，つま先版の張出し長がつま先版の厚さの1/2に満たない場合は照査を省略してもよい。つま先版の断面計算に用いる荷重を，**解図5－27**に示す。

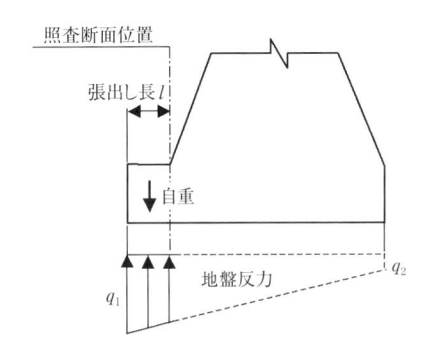

解図5－27 つま先版の断面計算に用いる荷重

5－7－3　もたれ式擁壁

(1) もたれ式擁壁は，基礎地盤が良好で，擁壁背面が比較的安定した地山や切土部に適用できる。
(2) もたれ式擁壁の形状・寸法は，擁壁の安定性，部材の安全性，設置場所の状況や施工性等を考慮して決定しなければならない。
(3) もたれ式擁壁は，基礎地盤と背面地盤に支持された構造体として，擁壁自体の安定性の照査を行うものとする。
(4) 部材の安全性の照査は，次によるものとする。
　1)　躯体は，照査断面位置を固定端とする片持ばりとして設計してよい。
　2)　つま先版は，躯体との接合部を固定端とする片持ばりとして設計してよい。
(5) 裏込め材は，ブロック積擁壁に準じて設計するものとする。

　もたれ式擁壁は，地山または切土部にもたれた状態で本体自重のみで土圧に抵抗する形式の擁壁であり，**解図5－28**のように，山岳道路等で道路面を片切り片盛りする場合や道路拡幅の際の腹付け擁壁として用いられることが多い。また，一般的な構造と名称は**解図5－29**のとおりである。
　もたれ式擁壁は，山岳地の斜面等に設置される場合が多いので，特に滑動と背面地盤及び基礎地盤を含む全体としての安定性が確保されるよう注意する必要がある。

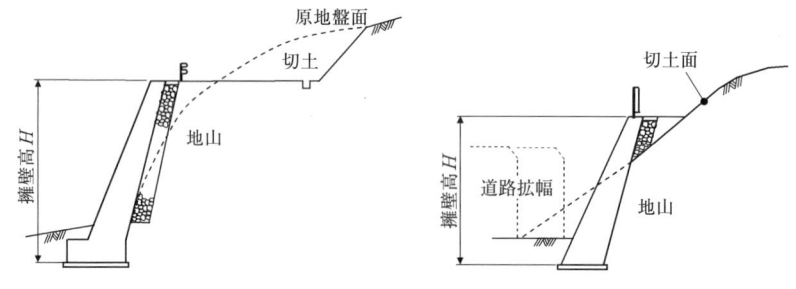

(a) 地山に用いた場合（道路面を片切り片盛り）　(b) 切土部に用いた場合（道路拡幅）

解図5－28　もたれ式擁壁の適用例

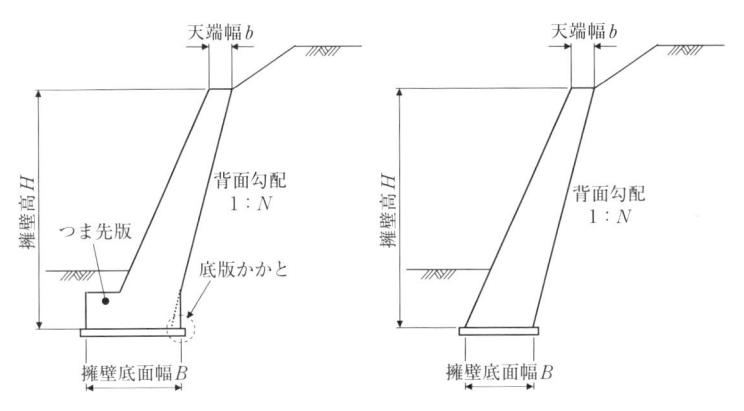

解図5－29　もたれ式擁壁の構造と名称

(1) 適用条件

　もたれ式擁壁は，地山または切土部にもたれた状態で土圧に抵抗する構造形式であり，擁壁自体の安定性の照査も背面地盤に支持された設計方法を採用していることから，基礎地盤及び背面地盤の適用条件を示した。なお，盛土部に適用する場合には，擁壁背面の裏込め土の土質条件や施工条件等を綿密に検討する必要がある。

(2) 形状・寸法

　もたれ式擁壁の形状・寸法は，(3)，(4)によるが，一般には次の項目を参考にするとよい。

① 背面勾配は，擁壁高に応じて**解表5－4**を目安にするとよい。

解表5－4　もたれ式擁壁の背面勾配の目安

擁壁高 H	～5m	5～7m	7m～
背面勾配	1：0.3	1：0.4	1：0.5

② もたれ式擁壁は，通常無筋コンクリートとして設計されるため，特に制約条件等がない場合は，躯体断面に引張応力が生じないようにするのが望ましい。

③ 天端幅bは，擁壁の規模，天端への防護柵等の設置の有無，施工性等を考慮し決定する。

(3) 擁壁自体の安定性の照査

もたれ式擁壁の擁壁自体の安定性の照査は，以下に示す方法で行えばよい。

1) 滑動に対する安定の照査

滑動に対する安定の照査では，土圧，慣性力等の荷重の水平成分の合力を滑動力として，「5-3-2(1)1) 滑動に対する安定の照査」に従うものとする。

解図5-30に示すように，擁壁底面に傾斜を設けることは滑動に対する安定を高めるのに有効である。ただし，この場合基礎地盤が岩盤等堅固な地盤でなければならず，採用に当たっては，綿密な調査を実施し地盤の状態を十分に把握する必要がある。

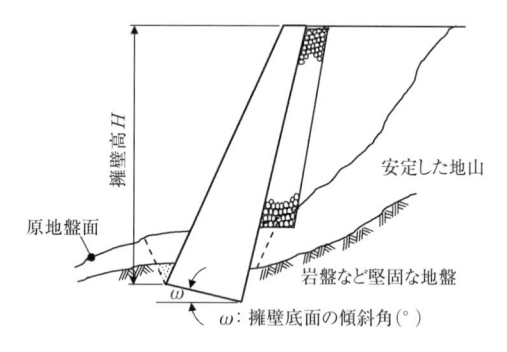

解図5-30 擁壁底面に傾斜を設ける場合

2) 転倒に対する安定の照査

転倒に対する安定の照査では，擁壁底面のつま先（o点）から荷重の合力Rの作用位置までの距離d（以下，「荷重の合力の作用位置d」という）を式（解5-11）より求め，この荷重の合力の作用位置dが常時ではつま先から擁壁底面幅Bの1/2より後方（$d > B/2$）に，地震時ではつま先から擁壁底面幅Bの1/3より後方（$d \geq B/3$）になければならない。

3) 支持に対する安定の照査

支持に対する安定の照査は,「5-3-2(1)3) 支持に対する安定の照査」に従うものとする。なお,背面地盤の勾配や土質条件等から主働土圧状態が生起しない場合についても,以下②に示すように適切に考慮する必要がある。

擁壁底面の鉛直地盤反力度は,荷重の合力の作用位置 d の範囲に応じて,次に示す方法で算出する。

① 荷重の合力の作用位置 d がつま先から擁壁底面幅 B の1/3～1/2の範囲($B/3 \leq d \leq B/2$)にある場合は,式(解5-17),式(解5-18)による。

② 荷重の合力の作用位置 d がつま先から擁壁底面幅 B の1/2より後方($d \geq B/2$)にある場合には,**解図5-31**に示す変位と壁面に作用する土圧及び地盤反力度との関係から以下に示す計算法によるものとする。なお,壁面に作用する土圧は,**解図5-31**(b)に示すように壁面の変位に応じた土圧の状態となるが,本指針では,便宜的に**解図5-31**(c)に示すような土圧として壁面地盤反力が作用するものとした。

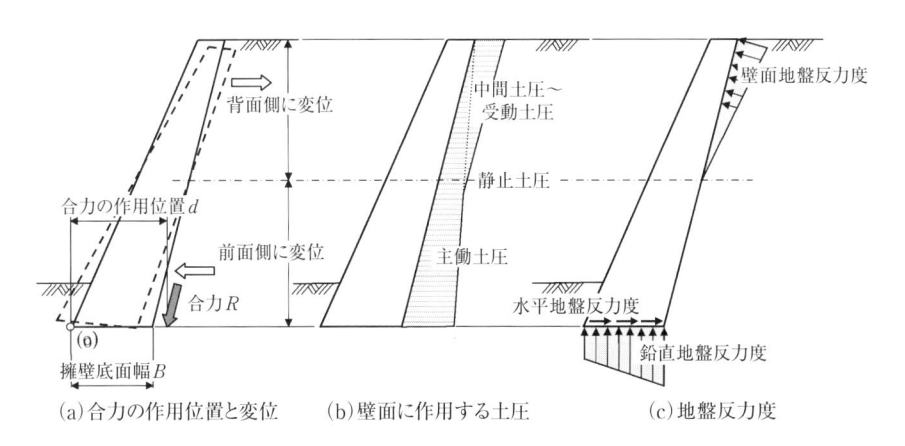

解図5-31 もたれ式擁壁の変位,壁面に作用する土圧,地盤反力度の関係
(荷重の合力の作用位置 d が $d > B/2$ となる場合)

擁壁底面の鉛直地盤反力度は,もたれ式擁壁を基礎地盤と背面地盤に支持された構造体と考え,**解図5-32**に示すように擁壁本体を剛部材と仮定し,底面の地盤バネと背面の地盤バネを考慮した弾性支承上の剛体モデル(以下,「地

盤バネモデルによる計算法」という）として求めることができる。しかし，擁壁背面の施工状態等より背面地盤の地盤バネの設定に不確実な面があり，特に，盛土の地盤バネの推定が困難と考えられる。そこで，予め基礎地盤及び背面地盤の種々の地盤バネを仮定し，土圧の大きさ，様々な形状及び規模のもたれ式擁壁について，「地盤バネモデルによる計算法」による試算を行った。この結果を**解図5－33**に示す壁面地盤反力度が発生する区間長l_2と壁面長lとの比をκ_l，鉛直地盤反力の作用位置d_qと擁壁底面幅Bとの比をκ_dとして**解表5－5**のように整理すると，地盤反力度は式（解5－26）～式（解5－29）で近似することができる。以下，この計算法を「簡便法」と呼ぶ。

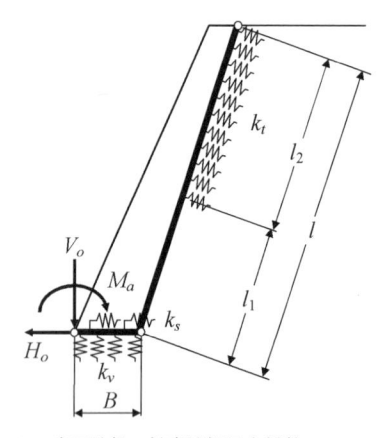

k_v：底面地盤の鉛直地盤反力係数
k_s：底面地盤のせん断地盤反力係数
k_t：背面地盤の壁面垂直地盤反力係数

解図5－32　地盤バネモデルによる計算方法　　解図5－33　簡便法による計算方法

$$Q_t = \frac{M_a - \kappa_d \cdot B \cdot V_o}{B\sin\theta\,(1-\kappa_d) + l(1-\frac{\kappa_l}{3})} \quad\cdots\cdots\cdots\cdots\cdots\cdots\cdots\cdots\cdots\cdots\cdots\text{（解5－26）}$$

$$Q_v = V_o - Q_t\sin\theta,\quad Q_H = H_o + Q_t\cos\theta \quad\cdots\cdots\cdots\cdots\cdots\cdots\text{（解5－27）}$$

$$q_{v1}=\frac{2Q_v(2-3\kappa_d)}{B} \ , \ q_{v2}=\frac{2Q_v(3\kappa_d-1)}{B} \quad \cdots\cdots\cdots\cdots\cdots\cdots (解5-28)$$

$$q_t=\frac{2Q_t}{\kappa_l \cdot l} \quad \cdots\cdots\cdots\cdots\cdots\cdots\cdots\cdots\cdots\cdots\cdots\cdots\cdots\cdots\cdots\cdots (解5-29)$$

ここに，

V_o：擁壁底面における全鉛直荷重（kN/m）

H_o：擁壁底面における全水平荷重（kN/m）

M_a：擁壁底面のつま先回りの作用モーメント（kN·m/m）で式（解5-30）により算出する。

$$M_a = M_r - M_o \quad \cdots\cdots\cdots\cdots\cdots\cdots\cdots\cdots\cdots\cdots\cdots\cdots\cdots (解5-30)$$

M_r：擁壁底面のつま先回りの抵抗モーメント（kN·m/m）

M_o：擁壁底面のつま先回りの転倒モーメント（kN·m/m）

H：擁壁高（m）

B：擁壁底面幅（m）

l：壁面長（m）

θ：壁面傾斜角（°）

d：擁壁底面のつま先から合力Rの作用位置までの距離（m）で次式により算出する。

$$d=\frac{M_a}{V_o} \quad \cdots\cdots\cdots\cdots\cdots\cdots\cdots\cdots\cdots\cdots\cdots\cdots\cdots\cdots\cdots\cdots (解5-31)$$

Q_V：擁壁底面に発生する鉛直地盤反力（kN/m）

Q_H：擁壁底面に発生する水平地盤反力（kN/m）

Q_t：擁壁背面に発生する壁面地盤反力（kN/m）で，$d \leq \kappa_d \cdot B$ のときは $Q_t = 0$ とする。

q_{v1}：擁壁底面の前方に発生する鉛直地盤反力度（kN/m^2）

q_{v2}：擁壁底面の後方に発生する鉛直地盤反力度（kN/m^2）

q_t：擁壁背面に発生する最大壁面地盤反力度（kN/m^2）

d_q：擁壁底面のつま先からの鉛直地盤反力の作用位置（m）

l_1：擁壁底面から壁面地盤反力度が発生する位置までの区間長（m）

l_2：壁面地盤反力度が発生する区間長（m）

κ_l：壁面地盤反力度が発生する区間長l_2と擁壁壁面長lとの比
（$\kappa_l = l_2/l$）で，**解表5-5**による。

κ_d：擁壁底面のつま先からの鉛直地盤反力の作用位置d_qと擁壁底面幅Bとの比（$\kappa_d = d_q/B$）で，**解表5-5**による。

解表5-5　「簡便法」に用いる係数κ_l，κ_dの値

荷重状態＼係数	自重のみの場合	荷重組合せに土圧や地震時慣性力などを考慮する場合		
背面勾配	—	1:0.3	1:0.4	1:0.5
$\kappa_l = l_2/l$	1.00	0.50	0.60	0.70
$\kappa_d = d_q/B$	0.58	0.56		

(4) 部材の安全性の照査

1) 躯体の設計

もたれ式擁壁の躯体は，**解図5-34**に示す荷重等を考慮して，照査断面位置を固定端とする片持ばりとして設計してよい。

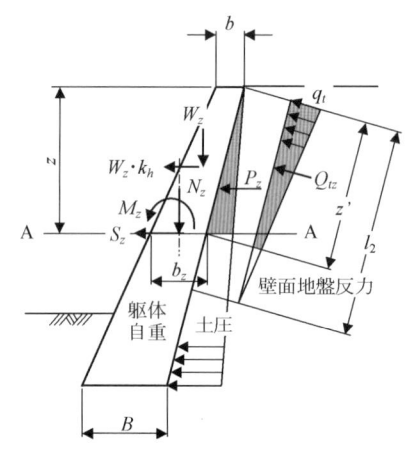

解図5-34　躯体に作用する荷重と断面力の考え方

ここに，
- A-A ：躯体の照査断面位置
- z ：擁壁天端から照査断面位置までの高さ（m）
- W_z ：高さzの位置における躯体自重（kN/m）
- $W_z \cdot k_h$ ：高さzの位置における躯体自重による慣性力（kN/m）
- P_z ：高さzの位置における土圧（kN/m）
- Q_{tz} ：高さzの位置における壁面地盤反力（kN/m）
- z' ：高さzの位置における壁面長（m）
- b_z ：高さzの位置における躯体幅（m）
- N_z ：高さzの位置における軸力（kN/m）
- M ：高さzの位置における躯体中心での曲げモーメント（kN・m/m）
- S ：高さzの位置におけるせん断力（kN/m）

2) つま先版の設計

もたれ式擁壁につま先版を設ける場合は，「5-7-2 重力式擁壁」のつま先版と同様に躯体との接合部を固定端とする片持ばりとして設計を行えばよい。

(5) 裏込め材の設計

裏込め材は，「5-7-4 ブロック積（石積）擁壁」の裏込め材に準じて設計するものとする。

5-7-4 ブロック積（石積）擁壁

(1) 通常のブロック積（石積）擁壁は，背面の地山が締まっている切土部や比較的良質な裏込め材料で十分な締固めがされる盛土部等，背面地盤からの土圧が小さい場合に適用できる。

(2) 通常のブロック積（石積）擁壁は，以下の「経験に基づく設計法」により行うものとする。

　1) 積みブロックは，擁壁の要求性能を満足するための強度，施工性，耐久性等を有していなければならない。

　2) 背面勾配は，直高に応じて表5-3により定めるものとする。

表5-3　直高と背面勾配の関係（控長35cm以上）

直　　高　（m）	～1.5	1.5～3.0	3.0～5.0	5.0～7.0
背面勾配　盛　土	1:0.3	1:0.4	1:0.5	—
背面勾配　切　土	1:0.3	1:0.3	1:0.4	1:0.5
裏込めコンクリート厚（cm）	5	10	15	20

　3) 擁壁背面には裏込めコンクリートを設けるものとし，その厚さは表5-3の値を基本とし，原則として等厚とする。

　4) 積みブロックの積み方は，原則として練積で谷積にするものとする。

　5) 裏込め材は，透水性の良い材料を使用するものとする。

　6) 基礎には，砕石等を敷き均した上に基礎コンクリートを設置するものとする。

　7) 擁壁天端には，原則として天端コンクリートを設けるものとする。

　8) 積みブロックを除く各箇所に使用するコンクリートの設計基準強度は，$18N/mm^2$程度以上とする。

(3) 大型ブロック積擁壁は，ブロック間の結合構造等に応じて，通常のブロック積擁壁に準じた構造と考えられる場合には，通常のブロック積擁壁と同様に設計を行い，もたれ式擁壁に準じた構造と考えられる場合には，もたれ式擁壁に準じて擁壁自体の安定性及び部材の安全性の照査を行ってよい。また，次の1)，2)，3)によるものとする。

1) 大型積みブロックは，擁壁の要求性能を満足するための強度，施工性，耐久性等を有していなければならない。
2) 大型ブロック積擁壁は，その構造に応じて控長，高さ，背面勾配を適切に設定するものとする。
3) 大型ブロック積擁壁の背面には裏込め材を設置するものとし，その設計は通常のブロック積擁壁に準じてよい。
(4) 二段以上の多段ブロック積（石積）擁壁は，原則として用いてはならない。ただし，やむを得ず用いる場合には，十分な検討及び対策を行わなければならない。
(5) 混合擁壁は，ブロック積部分と基礎部分に分け，それぞれ通常のブロック積（石積）擁壁と重力式擁壁の設計に準じて行わなければならない。ただし，基礎部分の設計においては，ブロック積部分を介して作用する荷重も考慮しなければならない。

通常のブロック積(石積)擁壁の一般的な形状は，**解図5－35**に示すとおりである。ブロック積（石積）擁壁では**解図5－35**に示すように，擁壁高とは別に積みブロック部分の鉛直高さを直高として，直高に応じた設計の考え方を示している。

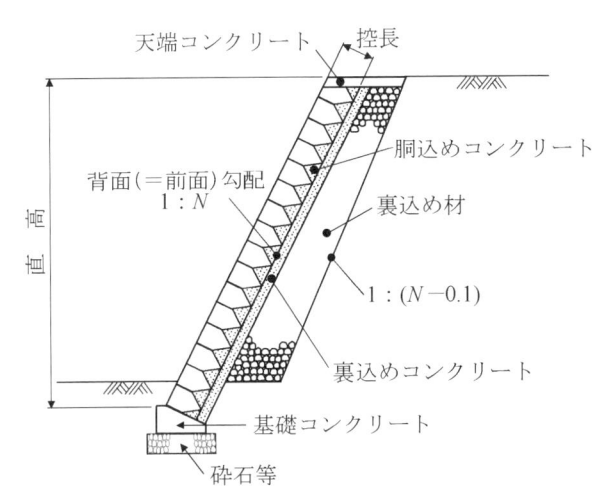

解図5－35 標準的なブロック積擁壁の構造と名称

ブロック積（石積）擁壁は，使用する材料，製品寸法，結合構造等によって，**解表5-6**のように分類できる。また，ブロック積（石積）擁壁を用いた特殊な構造形式として，多段ブロック積（石積）擁壁や混合擁壁がある。

解表5-6 ブロック積擁壁の分類と設計方法

形式 \ 項目	ブロック間の結合構造や製品寸法によるブロック積擁壁の分類	構造特性	設計方法
通常のブロック積擁壁	通常のブロック積（石積）擁壁	・原則として胴込めコンクリートを設ける練積で，水平方向の目地が直線とならない谷積等で積み上げる形式	・**表5-3**を用いた「経験に基づく設計法」による。
	積みブロックの控長を35cmのまま大型化したブロック積擁壁		
大型ブロック積擁壁	通常のブロック積（石積）擁壁に準じた構造の大型ブロック積擁壁	・控長の大きい大型積みブロックで，ブロック間の結合に，かみ合わせ構造や突起等を用いたり，胴込めコンクリートで練積にした形式	・**解表5-7**を用いる。 ・直高が5m以上は支持に対する安定の照査を行う。
	もたれ式擁壁に準じた構造の大型ブロック積擁壁	・控長の大きい大型積みブロックで，鉄筋コンクリートや中詰めコンクリート等を用いてブロック間の結合を強固にした形式	・**解表5-8**を用いて，もたれ式擁壁に準じて擁壁の安定性及び部材の安全性を照査する。

通常のブロック積（石積）擁壁は，積みブロックまたは積み石を積み重ねた，背面勾配が1：1より急な（一般には1：0.3～1：0.6程度の勾配が用いられている）簡易な擁壁である。このため，施工が容易で不整形な地形条件に適用しやすいこと等から，歴史も古く施工実績も非常に多い。

「経験に基づく設計法」により建設された通常のブロック積（石積）擁壁は，他の構造形式の擁壁に比べ耐震性に劣るが，一方で迅速な修復が可能である。

通常のブロック積（石積）擁壁及び通常のブロック積（石積）擁壁に準じた構造の大型ブロック積擁壁の適用に当たっては，上記に示した特徴を考慮する必要がある。なお，レベル2地震動においては，過去の被災事例等から積みブロックの抜出しや部分的な倒壊が見られることから，隣接する施設への被害の可能性が

考えられる場所への適用は避けることが望ましい。

(1) ブロック積（石積）擁壁の適用条件

　通常のブロック積（石積）擁壁は，主としてのり面保護を目的に用いられる。このため，背面の地山が締まっている切土，比較的良質な裏込め材料で十分な締固めがされる盛土等，土圧が小さい場合に適用できるものとした。また，重要な場所への適用に当たっては，現況を十分把握し，裏込め土の土質条件や施工条件等を綿密に検討したうえで採用する必要がある。

　もたれ式擁壁に準じた構造の大型ブロック積擁壁の背面地盤の適用条件は，「5－7－3(1)　適用条件」によるものとする。

(2) 通常のブロック積（石積）擁壁の設計

　通常のブロック積（石積）擁壁の設計は，従来から用いている「経験に基づく設計法」によるものする。

　これまで，支持に対する安定については，所定の根入れ深さを確保し，基礎地盤の状態等を経験的に把握することで対応されてきた。しかし，一部で支持力不足による変状事例が見受けられたことから，基礎地盤が通常の地盤であれば省略してもよいが，斜面上に設ける場合やゆるい砂質土地盤あるいは軟らかい粘性土地盤上に設ける場合等は，支持に対する安定の照査を行うものとする。

　なお，支持に対する安定の照査に用いる基礎コンクリート底面の鉛直地盤反力度は，擁壁底面幅を基礎コンクリート幅として，式（解5－32）により求めてよい。

$$q_{v2} = \frac{1.2\sum V}{B} \leq q_a \quad \cdots\cdots\cdots\cdots\cdots\cdots\cdots\cdots\cdots\cdots\cdots\cdots\cdots\cdots\cdots\cdots （解5－32）$$

ここに，
　　q_{v2}：基礎コンクリート底面の後方に発生する鉛直地盤反力度（kN/m²）
　　q_a：基礎地盤の許容鉛直支持力度（kN/m²）
　　V：基礎コンクリート底面における全鉛直荷重（kN/m）
　　B：基礎コンクリート幅（m）

全鉛直荷重 V は，積みブロック（積石），裏込めコンクリート，胴込めコンクリー

ト，基礎コンクリートの自重の合計で，算出に当たっては，基礎コンクリート下面から天端コンクリートまで，控長と裏込めコンクリート厚さを合わせた厚さと等厚なコンクリート断面として計算してよい。

1) 積みブロックは，擁壁の要求性能を満足するための強度，施工性，耐久性等を有していなければならない。このため，積みブロックの材料及び品質規格については，「4－4－2(2)　積みブロックの材料及び製品規格」に示す事項に従うものとする。

2) 通常のブロック積擁壁及び積みブロックの控長を35cmのまま大型化したブロック積擁壁は，直高に応じて背面勾配を経験に基づき定めた**表5－3**に従ってよい。

3) 擁壁背面には裏込めコンクリートを設け，その厚さは**表5－3**の値を基本とし，等厚とすることを原則とした。

4) 通常のブロック積（石積）擁壁は，原則として胴込めコンクリートを設ける練積で，水平方向の目地が直線とならない谷積で積み上げることとした。

5) 裏込め材は，擁壁背面の水を外側に排出し，ブロック積（石積）擁壁にかかる水圧を減じ，擁壁背面の沈下を防ぐとともに，湿潤化に伴う土のせん断抵抗力の低下により土圧が増大するのを防ぐために設けるものである。したがって，裏込め材は砕石等の透水性の良い材料を用いなければならない。

盛土部におけるブロック積（石積）擁壁の裏込め材は，擁壁の背面勾配を$1:N$とした場合に，地山と接する面の傾斜が$1:(N-0.1)$となるように設置する。また，上端における裏込め材の厚さは30cmを基本とし，背面の地山が良質な場合には20cm程度としてよい。切土部におけるブロック積（石積）擁壁の裏込め材は，等厚に設置してよい。

裏込め材は，**解図5－36**(a)のように基礎周辺部に背面地盤からの水の浸透による悪影響が及ばないよう，擁壁前面の地山線程度まで設置することを原則とし，裏込め材の直下から基礎コンクリート底面までの間には不透水層等を設置することが望ましい。また，**解図5－36**(b)のように前面に水位がある場合には，裏込め材は基礎地盤程度まで設置する。

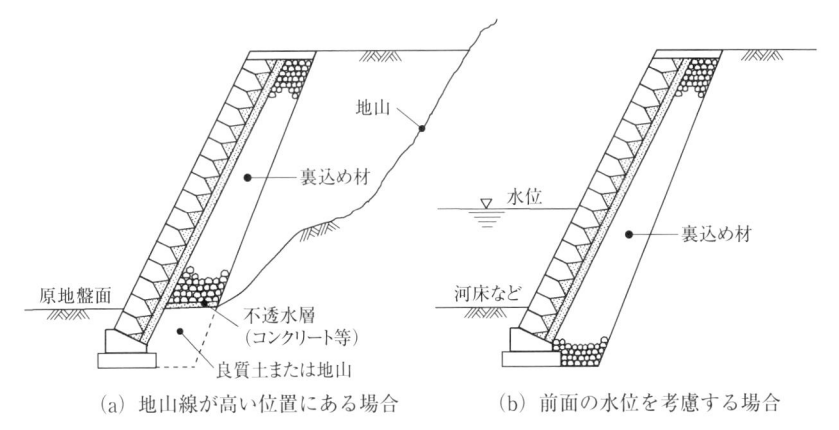

(a) 地山線が高い位置にある場合　　(b) 前面の水位を考慮する場合

解図5－36　裏込め材の設置例

6) 通常のブロック積（石積）擁壁の基礎は，砕石等を10～20cm程度に敷き均した上に，基礎コンクリートを設置するものとする。

7) 擁壁天端には天端コンクリートを設け，その厚さは5～10cm程度としてよい。

8) 積みブロックを除く，天端コンクリート，胴込めコンクリート，裏込めコンクリート，基礎コンクリートに使用するコンクリートの設計基準強度を示したものである。

(3) 大型ブロック積擁壁の設計

大型ブロック積擁壁とは，主に省力化を目的として通常の積みブロックよりも大型の積みブロックを積み上げた擁壁である。

大型ブロック積擁壁には，大型積みブロックの寸法，控長，ブロック間の結合構造等が異なる様々な形式のものがあり，擁壁の全体剛性も様々である。

ブロック間の結合に，かみ合わせ構造や突起等を用いたり，胴込めコンクリートで練積にした形式等は，通常の練積に相当するブロック間の摩擦が確保されていれば，5－7－4(3)の通常のブロック積擁壁に準じた構造の大型ブロック積擁壁と考えてよい。また，控長の大きい大型積みブロックで鉄筋コンクリートや中詰めコンクリート等を用いてブロック間の結合を強固にした形式のものは，ブロック

― 173 ―

が一体となって土圧に抵抗するために，もたれ式擁壁に準じた構造と考えてよい。

なお，ブロック間のかみ合わせ抵抗のない空積による大型ブロック積擁壁の構築は行ってはならない。

大型ブロック積擁壁は，良質な基礎地盤上に設置し，擁壁高を8m以下にすることを原則とするが，8mを超える場合には地震時の安定性を含めて綿密な検討をする必要がある。

通常のブロック積擁壁に準じた構造の大型ブロック積擁壁では，直高が5m以上となる場合は支持力の照査を行わなければならない。なお，擁壁底面の鉛直地盤反力度は，式（解5－32）により求めてよい。

もたれ式擁壁に準じた構造の大型ブロック積擁壁では，控長を**解表5－8**より定め，擁壁自体の安定性及び部材の安全性の照査を「5－7－3　もたれ式擁壁」に準じて行うものとする。

1) 大型積みブロックは，擁壁の要求性能を満足するための強度，施工性，耐久性等の性能を有していなければならない。このため，大型積みブロックの材料及び品質規格については，「4－4－2(2)　積みブロックの材料及び製品規格」に示す事項に従うものとする。また，大型ブロック積擁壁の設計に際しては，事前に大型積みブロックの強度及びブロック間の結合部強度等を検討しておく必要がある。

2) 通常のブロック積擁壁に準じた構造の大型ブロック積擁壁では，控長に応じた背面勾配と直高について**解表5－7**を参考に定めるのがよい。なお，控長は直高に対し等厚でなければならない。

解表5－7　控長に応じた背面勾配と直高の関係（m）

背面勾配		1 : 0.3	1 : 0.4	1 : 0.5
控長	50cm以上	—	〜3.0	〜5.0
	75cm以上	〜4.0	〜5.0	〜7.0
	100cm以上	〜5.0	〜7.0	〜8.0

注）上表は，嵩上げ盛土高が直高の1/2程度以下まで適用できる。

3) もたれ式擁壁に準じた構造の大型ブロック積擁壁では，背面勾配と直高に応じて最小控長を**解表5－8**より定めるのがよい。

解表5－8　背面勾配に応じた直高と最小控長の関係

背面勾配	1：0.3	1：0.4	1：0.5
直　高　H（m）	～5.0	～7.0	～8.0
最小控長　b（m）	$0.15H$以上	$0.12H$以上	$0.1H$以上

注1）最小控長は50cm以上とする。
注2）岩盤等の切土部にのり面保護工として用いる場合は，上表によらなくてもよい。

(4) 多段ブロック積（石積）擁壁の設計

　二段以上の多段ブロック積（石積）擁壁は，背面盛土及び基礎地盤を含む全体としての安定に問題があるので，原則として避けなければならない。その理由としては，上段積擁壁の重量が下段積擁壁に対して載荷重として作用すること，上段積擁壁の排水が下段積擁壁の特定の部分に集中すること等があげられる。しかし，種々の理由によりやむを得ず用いる場合には以下のことに留意し，上述の悪影響が下段積擁壁に及ばないように対策を講じる必要がある。

① 　上段積擁壁の基礎地盤は，在来地山等で長期にわたって沈下のおそれのない堅固な地盤とする。

② 　上段積擁壁の基礎コンクリートは，通常の場合よりも形を大きくし，基礎根入れ深さは十分に確保する。

③ 　下段積擁壁と上段積擁壁の間に2m以上の小段を設け，この小段には防水処置を行うものとする。

　やむを得ず下段積擁壁に上段積擁壁からの荷重の影響が考えられるときは，下段積擁壁の設計時にその影響を考慮する。また，上記の各段における擁壁自体の安定性の照査に加えて，斜面全体としての安定性の検討を行う。

(5) 混合擁壁の設計

　ブロック積（石積）擁壁の高さが連続的に変化する場合，部分的にブロック積擁壁の適用高さを超えてしまうことがある。このような場合には，**解図5－37**のように適用高さを超える部分の基礎コンクリートを大きくした重力式基礎を設け，ブロック積部分の高さを適用範囲内に収めることがある。

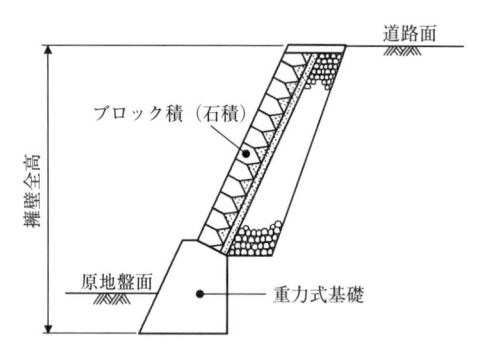

解図5－37 重力式基礎を有するブロック積（石積）擁壁

　また，**解図5－38**のように，用地制約の厳しい箇所や岩盤線に近接して擁壁の設置が必要な箇所等では，擁壁の設置箇所の制約や大規模な岩盤掘削の回避等のため，通常の形式の擁壁に代わって混合擁壁を用いる場合がある。

　混合擁壁は，重力式基礎の上部にブロック積擁壁を載せた形式が一般的である。そのため，通常のブロック積擁壁と同様に背面の地山が締まっている切土，比較的良質の裏込め材料で十分な締固めがされている盛土等，土圧が小さい場合に限って適用される。

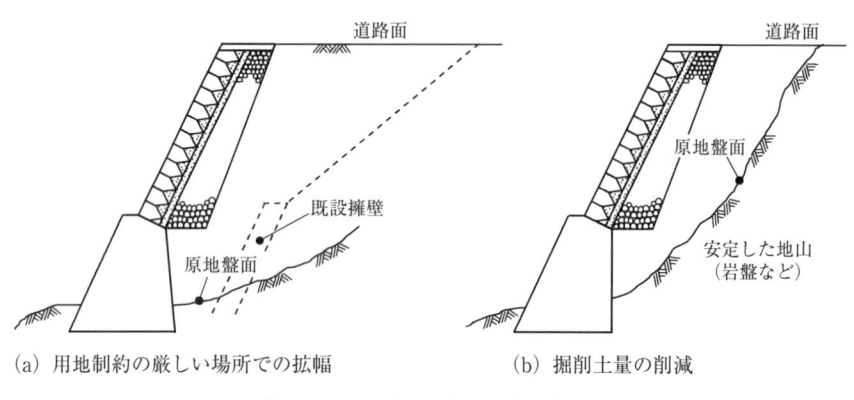

(a) 用地制約の厳しい場所での拡幅　　(b) 掘削土量の削減

解図5－38 混合擁壁の適用事例

　混合擁壁を用いる場合には，以下の点に留意する。
　① ブロック積部分と重力式基礎部分は，それぞれ，通常のブロック積（石積）

擁壁及び重力式擁壁の設計に準じて設計を行うものとする。ただし，基礎部分の重力式擁壁としての設計においては，混合擁壁としてブロック積部分を介して作用する荷重及び土圧を考慮し，滑動，転倒，支持に対する安定性の照査を行わなければならない。
② 擁壁高は，重力式基礎の底面からブロック積部分の天端までの高さとする。擁壁高が8mを超える場合には，別途地震時の安定性の照査を行わなければならない。

なお，混合擁壁は，通常のブロック積擁壁よりも規模が大きく，また，重力式基礎に変状が生じた場合には修復も困難と考えられるので，この点に十分な考慮が必要である。

5-7-5 片持ばり式擁壁

(1) 片持ばり式擁壁の形状・寸法は，擁壁の安定性，部材の安全性，設置場所の状況や施工性を考慮して決定するものとする。
(2) 擁壁自体の安定性の照査は，5-3-1(2)によるものとする。
(3) 部材の安全性の照査は，次によるものとする。
  1) たて壁は，底版との結合部を固定端とする片持ばりとして設計してよい。
  2) つま先版は，たて壁との結合部を固定端とする片持ばりとして設計してよい。
  3) かかと版は，たて壁との結合部を固定端とする片持ばりとして設計してよい。
  4) 底版のせん断力に対する照査は，せん断スパン比の影響を考慮したうえで，5-4-3によるものとする。

片持ばり式擁壁は，それを構成するたて壁と底版の各々が作用荷重に対して片持ばりとして抵抗する構造である。片持ばり式擁壁は，たて壁の位置により逆T型擁壁，L型擁壁，逆L型擁壁，逆T型擁壁のたて壁と底版を結合する控え壁や支え壁を設け全体の剛性を高めた控え壁式擁壁，支え壁式擁壁に分類される。

解図5-39に逆T型擁壁及び控え壁式擁壁の構造と名称を示す。

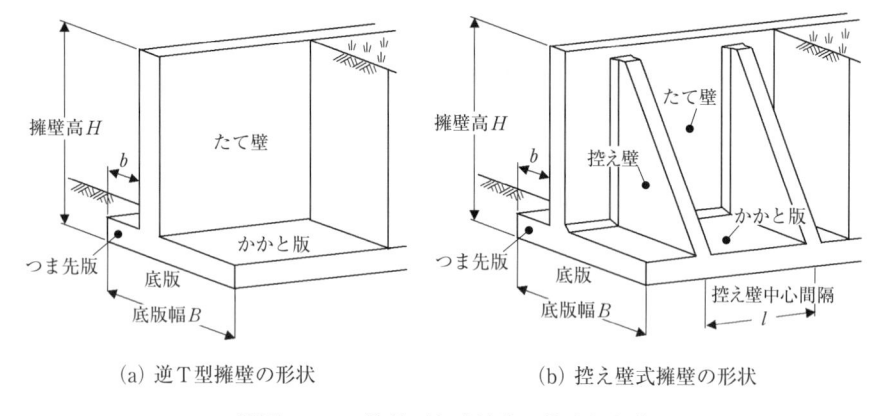

(a) 逆T型擁壁の形状　　　　　　　(b) 控え壁式擁壁の形状

解図5－39　片持ばり式擁壁の構造と名称

(1) 形状・寸法

　逆T型擁壁，L型擁壁及び逆L型擁壁は設置場所の条件で使い分けられ，通常はバランスのよい逆T型擁壁が用いられる。L型擁壁は用地境界や建築限界等に接しているなど，つま先版を設けることができないときに採用される。これらの擁壁は，鉄筋コンクリート構造であること及びかかと版上の裏込め土が自重として擁壁の安定に寄与するため，重力式擁壁に比べてコンクリートの使用量が少なくなる。また，控え壁式擁壁に比べて施工も比較的容易なので，広範囲の高さにおいて採用されている。

　逆L型擁壁は，かかと版を設けることによって背面地山の切土量が多くなる場合や，擁壁背面に近接構造物等があり，かかと版を設けることができない場合に採用される。

　控え壁式擁壁や支え壁式擁壁は，控え壁または支え壁がたて壁及び底版に固定されたT型断面の腹部として，また，たて壁及び底版は，控え壁及び支え壁で支持された連続版として，これに作用する荷重に抵抗する構造である。これらの擁壁は，その構造から逆T型擁壁等に比べてたて壁及び底版の各部材の厚さが薄くなり，使用するコンクリート量の面で有利となる場合が多く，一般的には擁壁高10m程度以上の条件で採用される。控え壁式擁壁は，逆T式擁壁等と同様にかか

と版上の裏込め土が自重として擁壁の安定に寄与するので有利であるが，形状が複雑であること及び背面側に控え壁が突出していることから，他の形式に比べて裏込め土の締固め等の施工を入念にすることが要求される。また，支え壁式擁壁は，逆Ｌ型擁壁と同様に背面に既設構造物等があり，通常の大きさのかかと版が設けられない場合に用いられるが，滑動及び転倒に対する安定において裏込め土の重量を十分に利用することができないので，特に滑動に対する安定を確保するための工夫が必要である。

　各部材の断面形状・寸法の決定に際しては，以下の事項を参考にするとよい。
① たて壁の形状は，施工性を考慮して規模の大きい擁壁を除き等厚が望ましい。ただし，歩道に面して擁壁を設置する場合は，歩行者に対してたて壁が倒れかかるような不安感を与えないよう，たて壁の前面に2％程度以上の勾配を付けるのが望ましい。
② 底版の上面は，施工性の点から水平にすることが望ましい。なお，規模の大きい場合で底版の上面に勾配を付けるときは，施工性から20％程度までが望ましい。
③ たて壁，控え壁及び底版の最小厚は，施工性を考慮して40cm以上とするのがよい。ただし，防護柵等を設ける場合のたて壁の天端幅は，その設置に必要な厚みを確保するものとする。
④ 直接基礎の条件に対するつま先版の長さbは，擁壁底面幅Bの1/5程度にすることが多い。
⑤ 控え壁の経済的な間隔は，擁壁高等によって異なるので試算によって定めるのがよいが，一般には擁壁の高さの1/3～2/3程度と考えてよい。

(2) 擁壁自体の安定性の照査

　片持ばり式擁壁の擁壁自体の安定性の照査は「5-3-1(2)　擁壁自体の安定性の照査」によるものとする。

(3) 部材の安全性の照査

1) たて壁の設計

ⅰ）逆Ｔ型擁壁等の場合

逆Ｔ型擁壁等のたて壁の断面計算に用いる荷重は，**解図5－40**に示すとおりである。なお，主働土圧の鉛直成分及びたて壁自重は，一般的に断面計算に与える影響は小さく，安全側の設計となるので無視してよい。ただし，擁壁天端に付属施設等を設置する場合には，鉛直荷重の影響を無視できない場合があるので注意しなければならない。たて壁は，このような荷重に対して，底版との結合部を固定端とする片持ばりとして設計してよい。

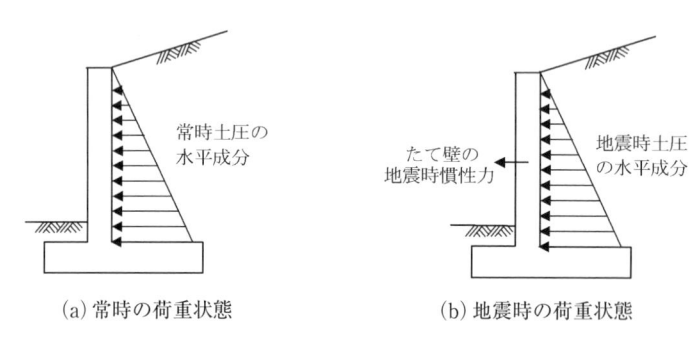

(a) 常時の荷重状態　　　　(b) 地震時の荷重状態

解図5－40　逆Ｔ型擁壁等のたて壁の断面計算における荷重状態

たて壁が高く鉄筋間隔が密になる場合には，主鉄筋を段落しする方が経済的に有利となる場合があるが，たて壁の主鉄筋を段落しする場合は，急激な応力の変化位置を避け，十分な定着長を取らなければならない。

ⅱ）控え壁式擁壁の場合

控え壁式擁壁とする場合には，その設計は以下に示すとおりに行ってよい。

控え壁式擁壁のたて壁は，3辺で支持された版として設計することを基本とするが，控え壁のみで支持された連続ばりとして設計してもよい。連続ばりとして設計する場合の曲げモーメント及びせん断力は，式（解5－33）で算出した値としてよい。

$$\left.\begin{array}{l} \text{支間曲げモーメント及び支点曲げモーメント} \quad \pm wl^2/10 \\ \text{せん断力} \quad\quad\quad\quad\quad\quad\quad\quad\quad\quad\quad\quad\quad\quad wl/2 \end{array}\right\} \cdots (\text{解}5-33)$$

ここに,
  w：たて壁に作用する単位幅当りの荷重（kN/m）
  l：控え壁の中心間隔（m）

控え壁の設計では，隣接する控え壁との中心位置までの区間でたて壁に作用する水平荷重に対して曲げモーメント及びせん断力を計算する。

曲げモーメントに対する引張鉄筋は，控え壁の背面に沿って斜めに配置する。その断面積は，はりの高さが変化するくさび形のはりとして求めるのがよいが，簡単のためT形断面におけるコンクリートの全圧縮応力度がたて壁の厚さの中心に作用するものと仮定し，式（解5－34）より求めてもよい。

$$\left. \begin{array}{l} T = \dfrac{M_x}{z} \\[6pt] A_s \geq \dfrac{T}{\sigma_{sa}} \end{array} \right\} \quad \cdots\cdots\cdots\cdots\cdots\cdots\cdots\cdots\cdots\cdots\cdots\cdots\cdots\cdots （解5－34）$$

ここに,
  T：引張鉄筋に働く全引張力（N）
  M_x：解図5－41の断面A－Aに作用する荷重による曲げモーメント（N·m）
  z：解図5－41のC点から引張鉄筋の図心までの距離（m）
  A_s：引張鉄筋の必要断面積（mm²）
  σ_{sa}：鉄筋の許容引張応力度（N/mm²）

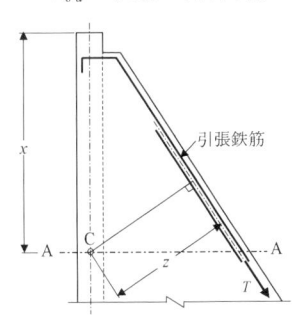

  A－A：設計断面位置
  C：設計断面位置のたて壁の中心点
  x：たて壁天端から設計断面位置までの高さ

解図5－41 控え壁の鉄筋の配置

たて壁とかかと版の結合部には，曲げモーメントによってたて壁の鉛直方向

とかかと版の水平方向に引張り力が発生するため，**解図5－42**に示す用心鉄筋を，それぞれたて壁背面及びかかと版上面近くに配置しなければならない。この鉄筋量は，たて壁及びかかと版の結合断面における配力鉄筋と同量程度としてよい。用心鉄筋の配置高さは，式（解5－35）により求めてよい。

$$l \geqq 0.25h \quad \cdots\cdots\cdots\cdots\cdots\cdots\cdots\cdots\cdots\cdots\cdots\cdots\cdots\cdots\cdots\cdots\cdots\cdots （解5-35）$$

ここに，

h：たて壁の高さ（m）

l：用心鉄筋の配置高さ(m)（**解図5－42**参照）。ただし，2.0m以下とする。

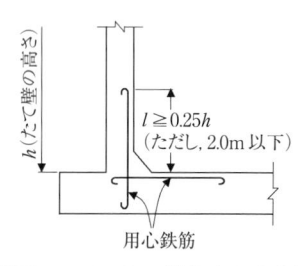

解図5－42 たて壁とかかと版の結合部の用心鉄筋

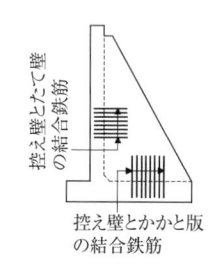

解図5－43 控え壁とたて壁及びかかと版の結合鉄筋

控え壁とたて壁及びかかと版との結合部には，**解図5－43**に示すように，式（解5－33）より算出したせん断力に対して，式（解5－36）より求まる必要断面積に見合う結合鉄筋を配置するものとする。

$$A_s = S / \sigma_{sa} \quad \cdots\cdots\cdots\cdots\cdots\cdots\cdots\cdots\cdots\cdots\cdots\cdots\cdots\cdots\cdots\cdots\cdots （解5-36）$$

ここに，

A_s：結合鉄筋の必要断面積（mm^2）

S：たて壁またはかかと版の設計せん断力（N）

σ_{sa}：鉄筋の許容引張応力度（N/mm^2）

2) つま先版の設計

逆T型擁壁や控え壁式擁壁等のつま先版の断面計算に用いる荷重は，**解図5－44**に示すとおりである。なお，つま先版上の土砂等の上載荷重が断面力に与える影響は，一般にはわずかであるので無視してよいが，根入れが深く，影響を無

視し得ないほど大きい場合は，施工時の状況，完成後の状態等を十分考慮のうえ，安全側となる荷重状態を想定して設計するのがよい．

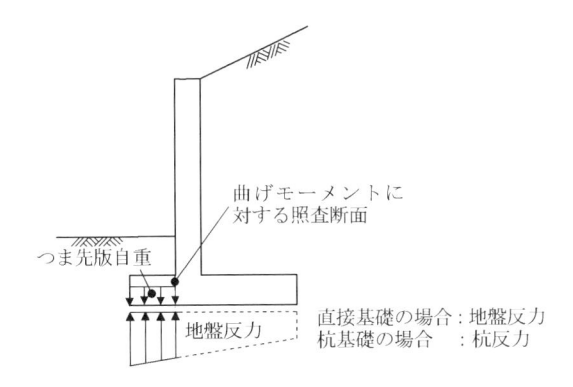

解図5－44 つま先版に作用する荷重

つま先版は，このような荷重に対して，たて壁との結合部を固定端とする片持ばりとして設計してよいものとした．

解図5－45に示すように，曲げモーメントに対する照査は，たて壁の前面位置において行うものとし，また，せん断力に対する照査は，たて壁の前面から底版厚さの1/2離れた位置（A－A断面）において行うものとする．

なお，斜引張鉄筋を用いる場合，**解図5－45**の斜線部分の斜引張鉄筋は，A－A断面について算出される鉄筋量以上を配置するものとする．

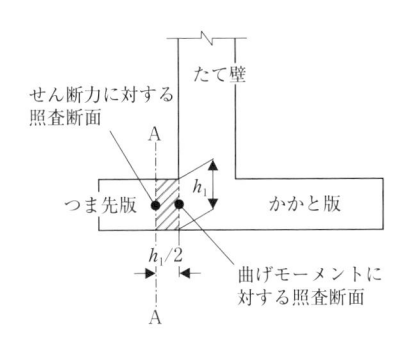

解図5－45 つま先版のせん断力を照査する断面（下面側が主鉄筋になる場合）

3) かかと版の設計
 ⅰ) 逆Ｔ型擁壁等の場合
　　逆Ｔ型擁壁等のかかと版の断面計算に用いる荷重は，**解図5－46**に示すとおりである。ここで，主働土圧の鉛直分力P_vについては，これと同値な三角形分布の土圧に置き換えるものとする。
　　逆Ｔ型擁壁等のかかと版は，たて壁との結合部を固定端とする片持ばりとして設計してよいものとした。

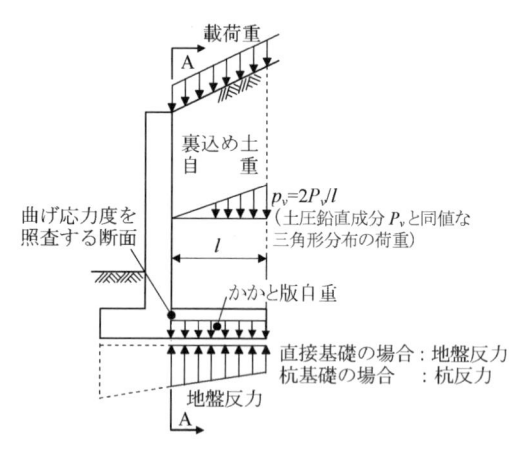

解図5－46 かかと版に作用する荷重

解図5－47に示すように，曲げモーメントに対する照査は，たて壁の背面位置において行うものとし，また，せん断力に対する照査は，たて壁の背面から底版厚さの1/2離れた位置（Ｂ－Ｂ断面）において行うものとする。

　なお，斜引張鉄筋を用いる場合，**解図5－47**のたて壁幅の斜線部分の斜引張鉄筋は，Ｂ－Ｂ断面について算出される鉄筋量以上，たて壁奥行き方向の斜線部の単位幅当りには，Ｂ－Ｂ断面について算出される単位幅当りの鉄筋量以上を配置するものとする。

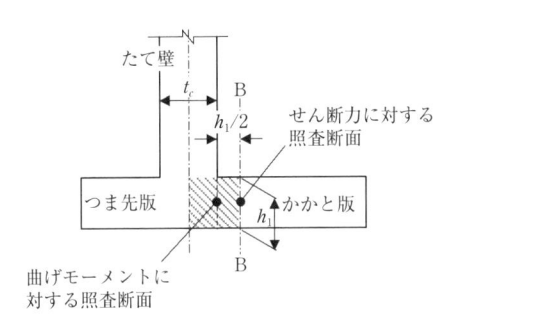

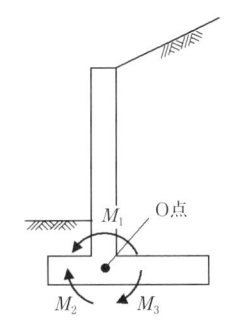

解図5－47 かかと版のせん断力を照査する断面
（上面側が主鉄筋になる場合）

解図5－48 "O"点における曲げモーメントの関係

解図5－48に示すように，たて壁と底版との結合部の中心点"O"に作用する曲げモーメントのつり合い条件より，各部材つけ根の曲げモーメントを近似的に点"O"でのモーメントに等しいと考えると，式（解5－37）の関係となる。

$$M_1 = M_2 + M_3 \quad \cdots\cdots\cdots\cdots\cdots\cdots\cdots\cdots\cdots\cdots\cdots\cdots\cdots\cdots\cdots (解5-37)$$

ここに，

M_1：たて壁つけ根の曲げモーメント

M_2：つま先版つけ根の曲げモーメント

M_3：かかと版つけ根の曲げモーメント

なお，かかと版つけ根の曲げモーメントM_3がたて壁つけ根の曲げモーメントM_1より大きくなる場合（$M_3 > M_1$），部材設計に用いるかかと版つけ根の曲げモーメントは，たて壁つけ根の曲げモーメントを用い$M_3 = M_1$とし，たて壁つけ根における曲げモーメントM_1を超えないものとする。

ⅱ）控え壁式擁壁の場合

　控え壁式擁壁のかかと版は，控え壁式擁壁のたて壁の設計と同様に控え壁のみで支持された連続ばりとして，式（解5－33）のwの値をかかと版に作用する単位幅当りの荷重として算出した値を用いて設計してもよい。

4）底版のせん断力に対する照査

　逆Ｔ型擁壁や控え壁式擁壁等のつま先版等のように，せん断スパン比が小さい

部材では，アーチ効果によりコンクリートが負担できるせん断応力度が通常のはり及び薄いスラブに比べて大きくなることから，以下に示すⅰ）によりその影響を考慮し，コンクリートの負担する許容せん断応力度 τ_{a1} を算出する。

　せん断力に対して，コンクリートのみで抵抗させようとすると底版の厚さが著しく大きくなる場合がある。このような場合は，斜引張鉄筋を配置することにより設計を行うこともできる。ただし，せん断スパン比の小さな部材においては，せん断補強筋にトラス理論で算定されるような効果が期待できない場合がある。したがって，以下に示すⅱ）のせん断スパン比による補正を行うものとした。また，施工性に配慮するとともに，過度にせん断補強筋に期待した設計とならないようにするのが望ましい。

　ⅰ）せん断スパン比によるせん断耐力の割増し係数
　　以下に示すⅲ）で算出するせん断スパン a が底版の有効高 d の2.5倍以下の場合，コンクリートの許容せん断応力度 τ_{a1} は，「4－5－2（1）」により求まる値に**解表5－9**に示す割増し係数 c_{dc} を乗じた値とする。

　　解表5－9 せん断スパン比によるコンクリートの負担する
　　　　　　　せん断耐力の割増し係数

a/d	0.5	1.0	1.5	2.0	2.5
c_{dc}	6.4	4.0	2.5	1.6	1.0

ここに，
　　c_{dc}：せん断スパン比によるコンクリートの負担するせん断耐力の割増し
　　　　係数
　　a：せん断スパン（mm）で，ⅲ）に示す。
　　d：底版の有効高（mm）で，たて壁位置で求める。

　解表5－9は，厚い部材のせん断耐荷機構をモデル化し，既往の厚いはり部材に関する実験結果を整理することで，安全側に割増し係数を設定したものである。最近の実験結果から，底版上面側が主鉄筋になる場合においても，せん断ひび割れ発生後，せん断耐力の増加が確認されたため，**解表5－9**の

割増し係数を適用することにした。なお,「5-4-3 せん断力が作用するコンクリート部材」に示したように,せん断スパン比により許容応力度の割増しを行う場合には,部材の有効高の変化に伴うせん断力の変化の影響が不明のため,これを考慮しないものとする。

ⅱ) せん断スパン比による斜引張鉄筋の負担するせん断耐力の低減係数

せん断スパンaが底版の有効高dの2.5倍以下の場合,「5-4-3(2) 斜引張鉄筋の算出方法」の式(解5-24)により斜引張鉄筋の断面積A_wを算出する場合には,式(解5-24)中のσ_{sa}に式(解5-38)により算出される低減係数c_{ds}を乗じるものとする。

$$c_{ds} = \frac{1}{2.5}(a/d) \quad \cdots\cdots\cdots\cdots\cdots\cdots\cdots\cdots\cdots\cdots\cdots\cdots\cdots\cdots\cdots\cdots (解5-38)$$

ここに,

c_{ds}:せん断スパン比による斜引張鉄筋の負担するせん断耐力の低減係数
a:せん断スパン(mm)で,ⅲ)に示す。
d:底版の有効高(mm)で,たて壁位置で求める。

上記でも示したように,せん断スパン比a/dが小さい部材では,せん断耐荷機構が通常のはりにおけるトラス的なものから,アーチ効果が卓越する耐荷機構となる。その場合,トラス理論で算定される斜引張鉄筋の効果がせん断スパン比a/dの大きな部材と同程度には期待できないと考えられる。この影響については未だ研究途上であるため,斜引張鉄筋に過度に期待した設計を行わないように,式(解5-38)に示す低減係数c_{ds}により,その影響を考慮することとした。

また,斜引張鉄筋は,施工性の観点からもその鉄筋量を吟味するのがよく,式(解5-39)により算出されるせん断補強鉄筋比ρ_wが0.3%以下となるように配置するのが望ましい。

$$\rho_w = 100 A_w/(c_1 \cdot c_2) \quad \cdots\cdots\cdots\cdots\cdots\cdots\cdots\cdots\cdots\cdots\cdots\cdots\cdots\cdots (解5-39)$$

ここに,

ρ_w：せん断補強鉄筋比（％）

A_w：斜引張鉄筋の断面積（mm²）

c_1：斜引張鉄筋の底版軸線方向の配置間隔（mm）

c_2：斜引張鉄筋の底版軸線直角方向の配置間隔（mm）

ⅲ）せん断スパン a の取り方

　上載土砂のような分布荷重や杭基礎のような複数の杭からの荷重が作用する場合のせん断スパンの設定方法はまだ不明な点が多いが，ここでは，底版上面側が主鉄筋になる場合も含めて，せん断スパン a の取り方を以下のように考えるものとした。

① 直接基礎の場合

　直接基礎のせん断スパンは，**解図5－49**(a)に示すように，底版部材の設計を合理的に行うことができるように，擁壁自体の安定性の照査において算出される擁壁底面の地盤反力度分布を考慮して設定することとした。

　したがって，底版下面側が主鉄筋になるつま先版の場合には，つま先版に作用する鉛直荷重の合力の作用位置から，たて壁前面までの距離としてよい。また，底版上面側が主鉄筋となるかかと版の場合には，式（解5－40）により算出してよい。

$$a = L + L' \quad \cdots\cdots\cdots\cdots\cdots\cdots\cdots\cdots\cdots\cdots\cdots\cdots\cdots\cdots\cdots\cdots \text{（解5－40）}$$

ここに，

　a：せん断スパン（mm）

　L：かかと版に作用する鉛直荷重の合力の作用位置から，たて壁背面までの距離（mm）

　L'：せん断スパンの補正長さで，$L' = \min(t_c/2, d)$（mm）

　t_c：たて壁の幅（mm）

　d：かかと版の有効高（mm）

② 杭基礎の場合

　杭基礎のせん断スパンは，**解図5－49**(b)に示すように，底版下面側が主

鉄筋になるつま先版の場合には，最外縁の杭中心位置から，たて壁前面までの距離としてよい。また，かかと版のように上面側が主鉄筋となる場合には，たて壁背面から最外縁の杭中心位置までの距離Lに，直接基礎と同様にせん断スパンの補正長さL'を加えた値とし，式（解5-40）により算出してよい。

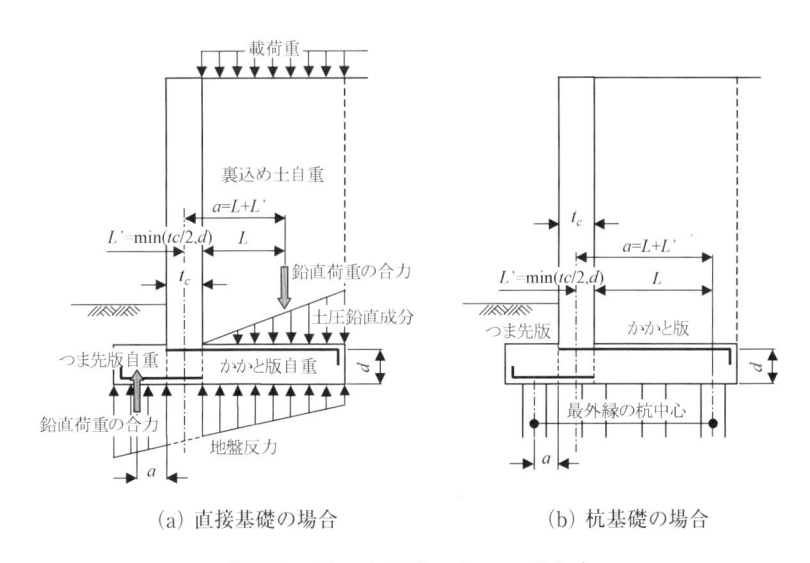

(a) 直接基礎の場合　　　　　　(b) 杭基礎の場合

解図5-49　せん断スパンaの取り方

5-7-6 U型擁壁

(1) U型擁壁の形状・寸法は，擁壁の安定性，部材の安全性，設置場所の状況や施工性を考慮して決定するものとする。

(2) U型擁壁自体の安定性の照査は，5-3-1(2)によるものとする。また，地下水位以下にU型擁壁を設置する場合は，浮上がりに対する安定を確保するものとする。

(3) 部材の安全性の照査は，次によるものとする。
 1) 側壁は，5-7-5(2) 1)の片持ばり式擁壁のたて壁に準じて設計してよい。
 2) 底版は弾性床上のはりとして設計してよい。

(1) 形式・寸法

U型擁壁は，解図5-50に示すように，側壁と底版が一体となりU字型あるいはそれに類似の形状を有する擁壁であり，その形式は掘割式と中詰め式に大別される。

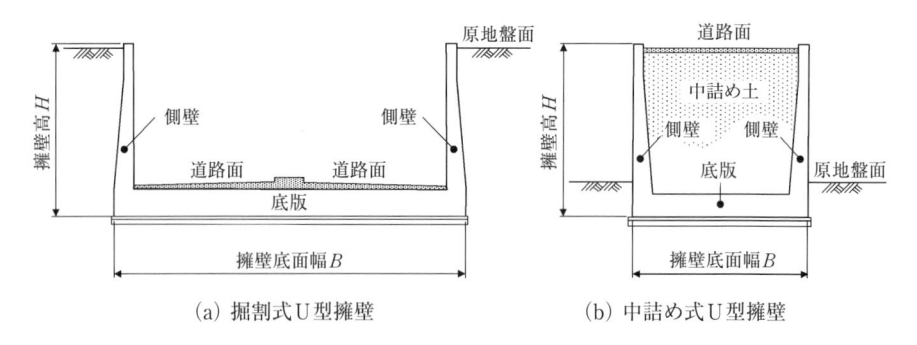

解図5-50 U型擁壁の構造と名称

(a) 掘割式U型擁壁
(b) 中詰め式U型擁壁

掘割式U型擁壁は半地下式の擁壁で，掘割道路や立体交差点の取付け部等で原地盤面以下に路面を設ける必要がある場合等に用いられる。さらにこの形式には，側壁間にストラットを設けたストラット付U型擁壁があり，側壁の高さ，地盤条件，施工条件等を考慮して適切な躯体形状を選定する必要がある。また，この形式の施工方法は一般に土留め工を用いた開削工法により築造されることが多い。

一方，中詰め式U型擁壁は底版と側壁に囲まれた内部に中詰め土を入れた擁壁で，橋梁等への取付け部で用いられる。

　U型擁壁の形状・寸法は，(2)，(3)に従いU型擁壁自体の安定性，部材の安全性のほか，設置場所の状況や施工性を考慮して決定する。

　U型擁壁自体の安定性の照査，部材の安全性の照査に当たっては，想定する作用，原地盤の土質構成やU型擁壁の施工方法等を考慮したうえで，適切に土圧の値を算定しなければならない。常時の作用に対する部材の安全性の照査に用いる土圧は，U型擁壁では一般に静止土圧を用いるのがよい。静止土圧は「5－2－4(3)　静止土圧の算定方法」により算定してよいが，ゆるい砂質土や軟弱な粘性土では静止土圧が大きくなることも考えられるため，入念な調査を行い決定するのがよい。また，側壁高さが左右で大きく異なる場合は，左右の側壁に作用する土圧が異なるため，その差異や地盤条件に応じて偏土圧の影響を考慮する必要がある。

　地下水位以下にU型擁壁を設置する場合は，一般的に水圧を考慮しなければならない。なお，中詰め式の場合は擁壁内部からの排水に対する処置を施しておく必要がある。

　地震動の作用に対する照査に用いる土圧としては地震時土圧を用いるものとし，併せて自重に起因する慣性力を考慮するものとする。また，液状化の発生が予想される場合には，液状化に伴う過剰間隙水圧を考慮しなければならない。

(2) 擁壁自体の安定性の照査

　中詰め式U型擁壁の擁壁自体の安定性照査は，「5－3　擁壁の安定性の照査」に従えばよい。

　掘割式のU型擁壁では，一般に，基礎地盤に作用する鉛直荷重が施工前の先行荷重よりも小さく基礎地盤の安定性が問題となることはないため，5－3で述べた安定性の照査を省略してよい。ただし，壁面に作用する左右の土圧差が大きい場合等については，5－3－1(2)に従い，安定性の照査を行う必要がある。また，地下水位以下に掘割式U型擁壁を設置する場合は，浮上がりに対する安定の検討を行わなければならない。この場合，事前に地下水位の位置を把握する必要

があるが，原則としてボーリング孔や周辺の井戸等における観測結果から季節変動や経年変化等を考慮して，設計に用いる地下水位を決定するものとする。また，海岸線に近い埋立地等では満潮位を基準に浮力を算出するものとし，河川等の影響で地下水位の変動が大きい場所では最高水位を把握して設計に用いる必要がある。なお，想定する地震動によってU型擁壁の建設される地盤に液状化の発生が予想される場合には，液状化に伴う過剰間隙水圧を考慮して，浮上がりに対する検討を行わなければならない。ただし，U型擁壁が地震時の浮上がりにより安全性や機能に重大な影響を及ぼす被害を受けた事例はないため，重要度2のU型擁壁，ある程度の鉛直変位が生じてもU型擁壁の機能に大きな影響を与えないあるいは機能の速やかな回復が著しく困難とならないと判断される場合，構造形式上大きな変位が生じないと判断される場合等には，地震時の浮上がりに対する検討を省略してよい。

常時及びレベル1地震動に対する浮上がりの安全率F_sは，式（解5-42）により算出するものとする。

$$F_s = \frac{W_B + W_s + Q_s}{U_s + U_D} \quad \cdots\cdots\cdots\cdots\cdots\cdots\cdots\cdots\cdots\text{（解5-42）}$$

ここに

W_B：U型擁壁の自重
　　　（舗装及び調整コンクリートの重量も含む）（kN/m）

W_S：張出し底版上の土の重量（kN/m）

Q_S：土のせん断抵抗または側壁と土の摩擦抵抗（kN/m）
　　　ただし，液状化に対する抵抗率F_Lが1.0以下の土層におけるQ_Sは考慮してはならない。

U_S：U型擁壁の底面に作用する静水圧による浮力（kN/m）

U_D：U型擁壁の底面に作用する地震時の過剰間隙水圧による浮力（kN/m）

常時の浮上がりに対する安全率は，1.1以上を確保するものとする。ただし，常時においてはQ_sを無視するものとする。

レベル1地震動に対する検討において，Q_sを計算する場合の土圧の作用面は，解図5-51に示すように張出しがない場合は，側壁とし，張出しがある場合は，底版下端を通る鉛直な仮想背面としてよい。この場合，土圧作用面の摩擦角は，張出し底版がある場合は土のせん断抵抗角ϕ，張出し底版がない場合は側壁側面の壁面摩擦角$2\phi/3$とする。なお，Q_sの算定方法の詳細及び液状化地盤において発生する過剰間隙水圧U_Dの値の算出方法については「共同溝設計指針」（日本道路協会）を参考にするとよい。レベル1地震動に対する地震時の浮上がりに対する安全率は1.0以上とする。ただし，地震動に対する浮上がり安全率の照査は，U型擁壁底面の液状化層が薄い場合には安全側の評価となるので，地盤条件が複雑な場合の適用については注意を要する。したがって，液状化層が薄い場合や地盤条件が複雑な場合には浮上がり変位の照査を行うことが望ましい。

　レベル2地震動に対する浮上がりの検討は，レベル1地震動に対して浮上がり安全率による照査を満足していれば，これを省略してよい。これは，レベル1地震動に対して安定を確保していれば，レベル2地震動に対する浮上がり変位は限定的であるためである。ただし，特に重要な擁壁の場合には，必要に応じて浮上がり変位の照査を行うことが望ましい。

　地震時の浮上がり変位の照査手法としては，実験結果に基づき液状化地盤を粘性流体と仮定した簡易手法[2]，液状化に伴う地盤の変形を液状化層の剛性低下に起因するものと仮定する有限要素法に基づく静的解析法[3]，液状化の発生から変形までを詳細に解析する有限要素法に基づく動的有効応力解析法[4]等があり，各手法の適用性やパラメータの設定に必要な地盤調査の精度等を踏まえ適切な手法を用いる必要がある。

　浮上がりに対する安定が確保できない場合は，躯体を厚くしたり底版を張り出したりして擁壁の自重を大きくするか，液状化対策工法を採用するなどの対策が必要である。なお，液状化対策工法については，「共同溝設計指針」や「道路土工－軟弱地盤対策工指針」等を参考にするとよい。

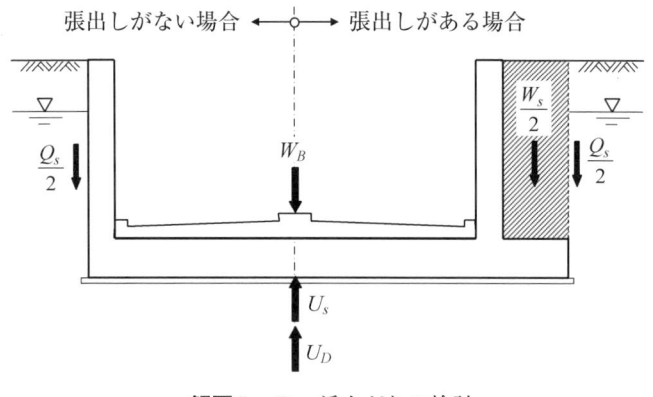

張出しがない場合 ←→ 張出しがある場合

解図5－51　浮上がりの検討

(3) 部材の安全性の照査

　側壁の設計は，「5－7－5(2)1)　たて壁の設計」に準じて行ってよいものとした。常時の作用に対する部材の安全性の照査に用いる土圧は，静止土圧を用いるのがよい。U型擁壁の底版は，他の形式の擁壁と比べて一般に擁壁底面幅が広いので弾性床上のはりとして設計してよい。

　一般に，U型擁壁は側壁と底版を一体としたフレームにモデル化し土圧や舗装を含めた擁壁の自重，水圧，中詰め土の自重等の荷重を作用させ，部材の安全性を確認することが多い。この場合，片持ばり式擁壁のたて壁に準じて，側壁の自重を無視すると底版の発生断面力が正確に求められないため注意を要する。また，底版の設計においては，掘割式の場合は軸方向圧縮力，中詰め式の場合は軸方向引張力の影響を考慮する必要がある。なお，底版中央部については側壁下端の曲げモーメントの有無により応力状態が異なることがあるので，擁壁の施工時の安全性についても必要に応じて照査する。

　地震動の作用に対する照査を行う場合は，地震時土圧と慣性力等を考慮するものとする。地震時土圧としては，「道路橋示方書・同解説　Ⅴ耐震設計編」に示される地震時土圧（修正物部・岡部式）を考慮する。地震時土圧及び慣性力を考慮する際の設計水平震度の標準値は**解表5－1**を用いてよい。なお，軟弱地盤や，軟弱地盤と硬質地盤の境界付近に位置する場合で規模の大きい場合等，地震時の

地盤変位の影響が大きい場合は，必要に応じて応答変位法や応答震度法等の地盤変位の影響を考慮できる解析手法を用いるのがよい．

また，掘割式U型擁壁の側方地盤において液状化が生じた場合には，側壁への作用土圧が増大すると考えられるので，この点についても留意する必要がある．

5－7－7　井げた組擁壁

(1) 井げた組擁壁は，基礎地盤が良好で，擁壁背面が安定した地山や切土部に適用できる．
(2) 井げた組擁壁の形状・寸法は，擁壁の安定性，部材の安全性，設置場所の状況や施工性を考慮して決定するものとする．
(3) 井げた組擁壁自体の安定性の照査は，もたれ式擁壁に準じて行うものとする．
(4) 井げた組擁壁を構成する部材は，各井げた位置における断面力に対し，部材の安全性の照査を行うものとする．
(5) 中詰め材及び裏込め材は，次によるものとする．
　1)　けたの間から漏れ出すおそれのないもので，透水性の良い材料を使用するものとする．
　2)　裏込め材の厚さは，ブロック積擁壁に準じて設計するものとする．
　3)　中詰め材の単位体積重量は，土質試験により求めるのが望ましい．

井げた組擁壁は，プレキャストコンクリート等の部材を井げた状に組んで積み上げ，その中に割栗石等の中詰め材を充填する構造の擁壁である．井げた組擁壁は，コンクリート部材と中詰め材の重量により土圧に抵抗する構造で，透水性に優れることから特に山間部等で湧水や浸透水の多い箇所に適した擁壁である．

井げた組擁壁の適用高さは，切土部や山岳部等で地形的な制約がある場合等，やむを得ない場合を除き，一般的には15m程度以下とすることが望ましい．

井げた組擁壁には，部材に切り欠きを設け切り欠き同士を組み合わせて積み上げる組合せ式や，連結用の孔に鉄筋等を通して積み上げた部材を連結する組立て式，切り欠きと連結孔の併用によって部材を連結する複合式等の形式がある．

井げた組擁壁の一般的な構造と名称は，**解図5－52**のとおりである。井げた組擁壁のコンクリート部材には様々な形状・寸法の製品があり，採用に当たっては，現場条件に適した経済的な組合せを選択する必要がある。**解図5－53**に井げた組擁壁の一般的な形式を示す。

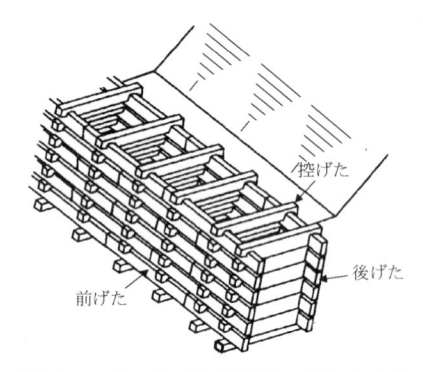

解図5－52　井げた組擁壁の構造と名称

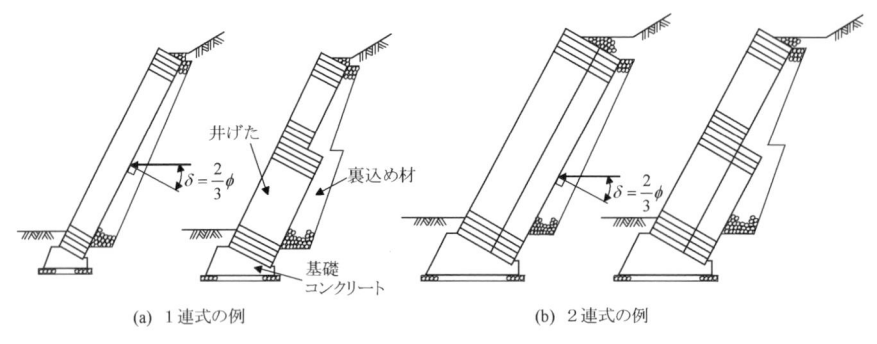

(a) 1連式の例　　(b) 2連式の例

解図5－53　井げた組擁壁の一般的な形式

(1) 適用条件

井げた組擁壁は，もたれ式擁壁と同様に背面が地山または盛土にもたれた状態で土圧に抵抗する構造形式であり，擁壁自体の安定性の照査も背面地盤に支持された設計方法を採用していることから，基礎地盤及び背面地盤の適用条件を示した。

(2) 形状・寸法

井げた組擁壁の形状・寸法は，擁壁の安定性，部材の安全性，設置場所の状況や施工性を考慮して決定するものとする。

(3) 擁壁自体の安定性の照査

井げた組擁壁は，もたれ式擁壁に比べて比較的柔軟な構造であることから，もたれ式擁壁の安定性より安全側になると考えられるので，もたれ式擁壁に準じて安定性の照査を行ってよいこととした。

擁壁底面の鉛直地盤反力度は，従来，擁壁底面は浮き上がることはなく擁壁底面全体に分布する三角形分布と仮定し算出していたが，もたれ式擁壁に準じ「簡便法」により算出するものとした。

井げた組擁壁の背面勾配は，擁壁高に応じて**解表5－10**を目安にするとよい。

解表5－10　井げた組擁壁の背面勾配の目安

擁壁高 H	～5m	5～7m	7m～
背面勾配	1：0.3	1：0.4	1：0.5

安定性の照査に当たっては，特に滑動に対する安定を確保するため，井げた組擁壁の構造は**解図5－53**に示すように，断面を1連から2連，3連へと増やすのがよい。

井げた組擁壁の土圧の算定に用いる壁面摩擦角は，**解図5－53**に示すように，**解表5－2**の土とコンクリートの場合を用いるものとするが，後げたに突起を設けるなど擁壁背面が粗面とみなせる場合には，壁面摩擦角を $\delta = \phi$ として設計してもよい。

(4) 部材の安全性の照査

井げた組擁壁のコンクリート部材は，各井げた位置における断面力に対し，構造上必要な強度を有することを照査しなければならない。

井げた組擁壁は，プレキャストコンクリート部材間に隙間を設けて，変形に対してある程度追随する構造となっているため，コンクリート部材は所定の形状・

寸法を精度よく製造する必要がある。部材の寸法誤差が大きい場合には，擁壁が変形する際にコンクリート部材が接触し，角欠けや損傷を生じる場合があるので留意する必要がある。

(5) 中詰め材及び裏込め材

　中詰め材及び裏込め材には，井げたの間から漏れ出すおそれのない割栗石や砕石等を用いる。岩砕等現地発生材を利用する場合は，発生材の強度や性質等について十分な調査をしたうえで，材料として適したものを用いなければならない。
　裏込め材の厚さは，ブロック積擁壁に準じて設計するが，擁壁が高くなると不必要に厚くなるので，最大厚さを1.2m程度とするのがよい。
　井げた組擁壁の安定性は，プレキャストコンクリート部材と中詰め材の重量によるものであり，特に中詰め材の単位体積重量は安定性を左右する。このため中詰め材の単位体積重量は，土質試験により求めるのが望ましく，その設定は慎重に行わなければならない。

5－7－8　プレキャストコンクリート擁壁

> (1) プレキャスト製品の擁壁を用いる場合には，前提となる設計条件とプレキャスト製品の設計資料が本指針に示す考え方に適合していることを確認しなければならない。
> (2) プレキャスト鉄筋コンクリート部材の鉄筋のかぶりは，鉄筋の直径以上とする。

　近年，施工の省力化や工期の短縮等を図るために，プレキャスト製品のコンクリート擁壁等が用いられることがある。プレキャスト製品のコンクリート擁壁には，構造形式がL型の製品が多く，また擁壁の規模に対応し，躯体をT型または箱型断面としたプレキャスト部材を積み上げ，鉄筋や現場打ちコンクリートと併用して構築する製品等がある。

(1) 一般事項

　プレキャスト製品の擁壁は数多くの種類の製品が開発されており，プレキャスト製品として一概に特徴を述べることは難しい。プレキャスト製品のコンクリート擁壁を用いる場合は，使用材料，盛土形状，設計に用いる荷重等の前提となる設計条件と，適用範囲，部材の規格値等のプレキャスト製品の設計資料が本指針に示す考え方に適合していることを確認するとともに，施工実施例の検討等を十分に行う必要がある。

　プレキャストのコンクリート擁壁の利用に際しては，一般的に，現場打ちコンクリート擁壁の設計に基づいて作成された上記の設計資料等より，擁壁自体の安定性及び部材の安全性に対する照査が行われている。また，斜面上等に利用する場合には，背面盛土及び基礎地盤を含む全体としての安定性も検討しなければならない。

　プレキャストのコンクリート擁壁は，そのままでは底版と杭頭との結合が困難であるため，杭基礎には適用しないことが望ましい。しかし，前後の連続性等から使用せざるを得ない場合は，**解図5－54**に示すようにプレキャスト製品の擁壁の下にコンクリートスラブを設置し，これに杭頭補強鉄筋を配筋するなど，杭頭結合が確実にできる構造とし，コンクリートスラブの設計に当たっては，杭反力が作用する版として行う。また，プレキャスト製品の擁壁は，コンクリートスラブを基礎地盤に置換え，滑動及び転倒に対する安定について照査する。

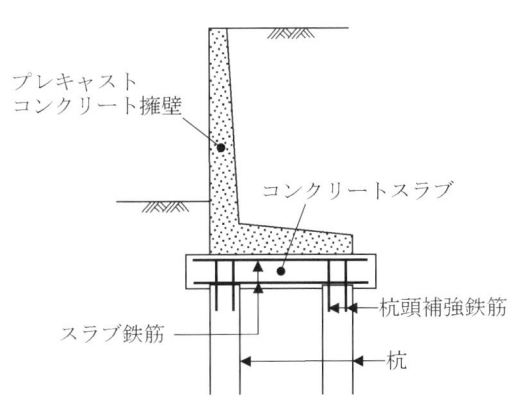

解図5－54　プレキャスト製品のコンクリート擁壁に杭基礎を用いた場合の例

(2) 鉄筋のかぶり

プレキャスト鉄筋コンクリート部材の鉄筋のかぶりは,「コンクリート標準示方書」に準じ鉄筋の直径以上とする。また,式（解5－43）による値以上を確保するのがよい。

$$c_{min} = \alpha \cdot K \cdot c_0 \qquad (解5-43)$$

ここに,

c_{min}：鉄筋の最小かぶり（mm）

α：コンクリートの設計基準強度による係数で以下による。

$30\text{N/mm}^2 \leq \sigma ck < 35\text{N/mm}^2$の場合は$\alpha = 1.0$

$35\text{N/mm}^2 \leq \sigma ck$の場合は$\alpha = 0.8$

K：工場製品に対するかぶりの低減率で$K = 0.8$とする。

c_0：基本かぶり（mm）で,現場打ち鉄筋コンクリート部材のかぶりとする。

鉄筋の最小かぶりは，プレキャスト製品の擁壁の種類，養生方法，構造物としての重要度，使用環境条件，設計耐用期間等を十分に考慮して定める必要がある。また，塩害の影響を受ける地域においては，その影響度を考慮して「5－5－2 塩害に対する検討」に示された必要なかぶりを確保するものとする。

5－8　コンクリート擁壁における基礎の部材の設計

(1)　底版は，設計上最も不利となる荷重状態を考慮して設計するものとする。
(2)　杭体各部は，軸力，曲げモーメント及びせん断力に対して安全であることを照査する。
(3)　杭と底版の結合部は，結合部に生じる応力に対して安全であることを照査する。

コンクリート擁壁における基礎の各部材の設計は，「道路橋示方書・同解説 Ⅳ下部構造編」に準じてよい。また，杭基礎の部材の設計においては，「杭基礎

設計便覧」(日本道路協会)を参考にするとよい。

(1) 底版の設計

擁壁の底版を設計する場合は，底版の自重及び底版上の裏込め土の自重，土圧の鉛直成分，浮力等を考慮するとともに，基礎形式に応じて直接基礎の場合には地盤反力，杭基礎の場合には杭反力を考慮する。なお，つま先版とかかと版では安全側となる荷重状態が異なることに留意する必要がある。底版の設計は「5-7-5 片持ばり式擁壁」に示した事項に従って行うものとする。

底版の厚さは，橋台のフーチングのように剛体として扱える厚さを有している必要はなく，応力上必要となる厚さを有していればよい。

無筋コンクリート構造の底版に杭を結合する場合には，過大なひび割れを防止する目的で，底版に補強鉄筋を配置するのが望ましい。

(2) 杭体各部の設計

杭体各部は，杭体各部に生じる軸力，曲げモーメント及びせん断力に対して安全であることを照査する。

杭頭と底版の結合方法には，剛結合とヒンジ結合があり，杭頭の結合条件をヒンジ結合として設計した場合でも，現実には理想的な結合条件を設計・施工で確保することは困難である。したがって，杭頭付近では上記による曲げモーメントへの影響が考えられるため，地中部最大曲げモーメントで決定された杭体の断面をそのまま杭頭まで延長することとし，杭頭付近での曲げモーメントの減少に合わせた杭体の断面変化を行ってはならない。

(3) 杭と底版の結合方法及び杭頭結合部の設計

杭頭と底版の結合方法は，一般に剛結合とヒンジ結合があり，擁壁への適用に当たっては，擁壁の重要度，変位に対する制約，杭体の強度，経済性等を考慮して決定しなければならない。なお，地震時の影響を考慮する場合や変位量を制限する必要がある場合，軟弱地盤上に擁壁を設置する場合等は剛結合とするのがよい。

杭と底版の結合部は，杭頭部に作用する押込み力，引抜き力，水平力及びモーメントの全ての外力に対して安全であることを照査する。なお，ヒンジ結合として設計する場合には，「道路橋示方書・同解説　Ⅳ下部構造編」の「12.9.3　杭とフーチングの結合部」に示す剛結合の方法Bの考え方を準用し，**解表5－11**のように杭頭部に作用する押込み力，引抜き力，水平力の外力に対して安全であることを照査する。

解表5－11　ヒンジ結合部に作用する外力と照査項目

鉛直力	押込み力	底版コンクリートの垂直支圧及び押抜きせん断抵抗
	引抜き力	杭頭補強鉄筋の引張り抵抗
水　平　力		底版コンクリートの水平支圧及び底版端部の水平方向の押抜きせん断抵抗

　杭と底版の結合部において，部材として必要な底版厚では杭頭補強鉄筋の定着長を鉛直に確保することが困難な場合がある。この場合は，底版厚を増加させることなく，杭頭補強鉄筋に曲げ加工を施すなど十分な定着力を発揮する構造を採用してもよい。杭頭補強鉄筋の定着長は，地震時において橋梁の下部構造のような繰返し載荷の影響が生じにくいと考えられることから，**参図5－9**に示すように，これまでと同じ35D（D：杭頭補強鉄筋径）を確保すればよい。

[参考5－7]　杭と底版をヒンジ結合した場合の杭頭結合部の配筋例

　参図5－9に杭と底版をヒンジ結合した場合の杭頭結合部の配筋例を示す。ヒンジ結合に用いる杭頭補強鉄筋は，不測の事態を考慮し，最小鉄筋量としてD16を杭径に応じて4～6本程度配置するものとする。

　また，杭頭補強鉄筋は，鉄筋かごの直径dが200mm以上の場合には，結合部において曲げ加工を施し，鉄筋かごを鉄筋径程度までしぼり込むものとする。鉄筋かごの直径が200mm未満の場合には，直筋としてよい。なお，中詰コンクリートは底版コンクリートと同等の強度のものを使用するものとする。

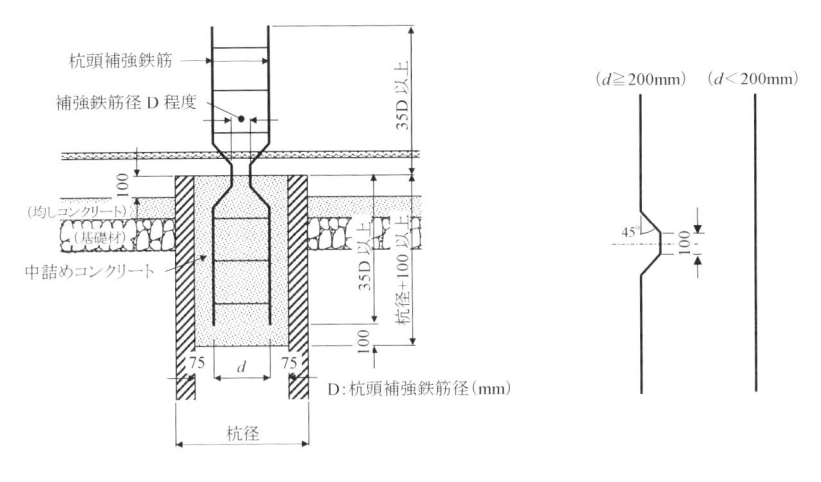

(a) 杭頭部の構造　　　　　　　　(b) 杭頭補強鉄筋の加工

参図5－9　ヒンジ結合の杭頭部構造の例

5－9　排　水　工

5－9－1　一　　般

> コンクリート擁壁には，雨水や雪解水，湧水等の裏込め土への浸入を抑制するとともに，浸透してきた水を速やかに排除するため，現地条件に応じて適切に排水工を設ける。

　擁壁背面に雨水や雪解水の表面水，湧水や浸透水の地下水が浸入し，裏込め土の含水量が増すと，土の単位体積重量の増加，有効応力の減少による土の強度低下，粘土の吸水膨張等による土圧の増加により，擁壁の安定性が損なわれることがある。過去のコンクリート擁壁の被害事例においても，その多くは水による影響が関連して発生したことが確認されている。また，過去の地震においても，表面水や地下水の処理が適切に行われていた擁壁での被災事例は少なく，被災した擁壁の多くは，不十分な排水処理が誘因であった。

　擁壁は，表面水が集まりやすい斜面や湧水等を集めやすい切土面に計画される

ことが多く，擁壁背面に水を貯めやすい構造となることが多い。また，擁壁の設計においては，確実な排水対策を前提に，水による影響を考慮していないため，適切な排水処理がされていないと擁壁の安定性に大きな影響が生じる。このため水の影響を受けないように，適切に排水施設を設ける必要がある。

擁壁の排水対策を構成する排水工は，路面やのり面に降った雨水や擁壁が横断する沢の水等を円滑に流下・排除し，裏込め土への浸入を防止する表面排水工と裏込め土に浸透してきた水を速やかに排除するとともに裏込め土への湧水等の浸入を防止する裏込め排水工に大別される。

なお，排水工は，盛土や切土等の他の土工構造物と合わせて道路全体で調査・計画・設計が行われる。道路土工に共通する排水工の調査から維持管理に関する事項については，「道路土工要綱　共通編」に，盛土の表面排水工及び地下排水工については，「道路土工－盛土工指針」に，切土のり面での表面排水工や地下排水工については，「道路土工－切土・斜面安定工指針」にそれぞれ記述されているので，擁壁の排水工の検討に当たってはこれらを併せて参照されたい。

5－9－2　表面排水工及び裏込め排水工

(1) 表面排水工は，雨水等の表面水の裏込め土への浸入並びにのり面の侵食を防止できる構造とする。
(2) 裏込め排水工は，裏込め土に浸透してきた水を速やかに排除するとともに，裏込め土への湧水等の浸入を防止できる構造とする。
(3) 排水材料は，排水層としての性能，耐久性，環境条件，設計方法，施工方法，擁壁の構造等を十分に検討し，適切な材料を用いる。

表面排水工は，雨水等の表面水を流末に速やかに排水し，表面水の裏込め土への浸入及びのり面等の侵食を防ぐのり面排水工及び擁壁が沢等を横断する際に流水の流れを阻害しないように設ける道路横断排水工からなる。

裏込め排水工は，裏込め土に浸透してきた水を速やかに排除するための裏込め排水工及び湧水等の裏込め土への浸入を防止する地下排水工からなる。

解図5－55及び**解図5－56**に，切土を伴う急傾斜地に設置する擁壁及び谷部等

の集水地形に設置する擁壁の排水工の例を示す。

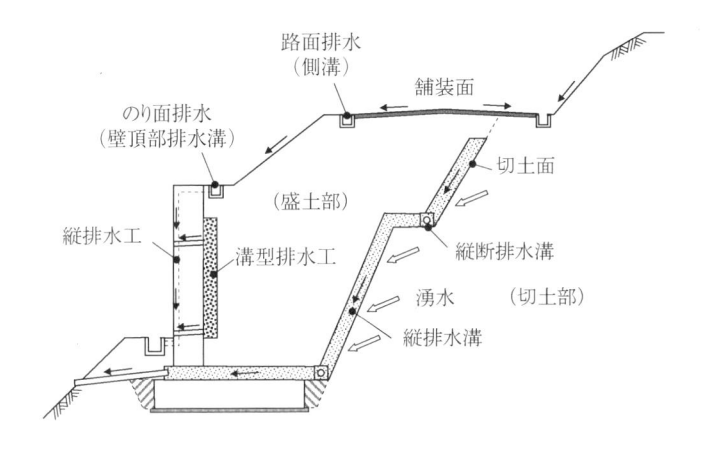

解図5－55　切土を伴う急傾斜地における排水工の例

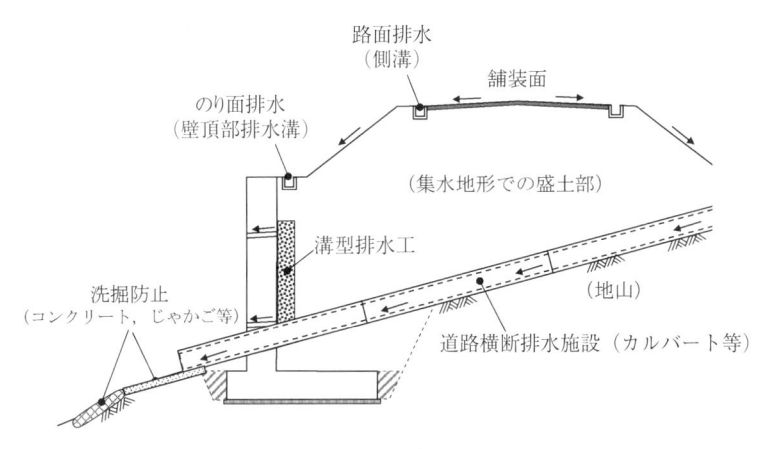

解図5－56　谷部（集水地形）における排水工の例

(1) 表面排水工

1) のり面排水工

擁壁の裏込め土や基礎地盤への雨水等の表面水の浸入やのり面の侵食を防ぐため，のり面には植生工やコンクリートブロック張り等の不透水層を設ける。のり

— 205 —

面を流下する表面水は，のり肩，小段，擁壁頂部に設けた**解図5－57**に示すような排水溝で集水し流末まで流下させる。表面水が集中する箇所においては，表面水が溢水しないように十分な断面を見込むとともに，合流部や排水勾配の変化点では跳水，溢水が生じないように排水溝等の構造や流下方向に留意する。また，擁壁頂部に集められた表面水は，通常，擁壁頂部を道路縦断勾配に沿って流下させるが，擁壁の延長が長い場合には，縦排水溝により排水する。その際も，流入口で溢水が生じないよう十分に配慮し，排水は一か所に集中しないようにすることも重要である。

　これらの排水工の流末は，擁壁の基礎の洗堀等が生じないよう土工の流域全体で流末処理を行うことが重要である。これらの詳細は，「道路土工要綱」，「道路土工－盛土工指針」，「道路土工－切土工・斜面安定工指針」等を参考にするとよい。

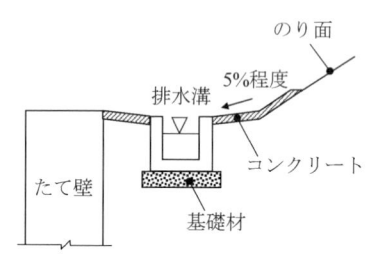

解図5－57　表面排水工の例

2) 道路横断排水工

　解図5－56に示すような，谷部や沢等の集水地形を横切る際に設置する道路横断排水施設は，流入する水の流れを阻害しないように断面に余裕をもたせ，横断排水工の流入口の形状や勾配等に十分な配慮が必要である（「道路土工－カルバート工指針」を参照）。

(2) 裏込め排水工

　擁壁背面に(1)のような表面排水工を施したとしても，一般に水の浸入を完全に防ぐことはできないため，擁壁に裏込め排水工を設けて浸透水を排除する。

　裏込め排水工には，簡易排水工，溝型排水工，連続背面排水工等があり，擁壁の規模，裏込め土の土質，設置箇所の地形状況，湧水の有無等に応じて適切に選

定する．また，切土面から湧水や浸透水がある場合には，裏込め土への水の浸入を防止し，すみやかに擁壁外に排除するため，必要に応じて地下排水工を設ける．地下排水工については，「道路土工要綱」，「道路土工－盛土工指針」，「道路土工－切土工・斜面安定工指針」を参考にするとよい．

1) 簡易排水工

簡易排水工は，裏込め土が透水性の良い礫質土等の場合に用いる．この排水工は，**解図5－58**に示すように，各水抜き孔の位置に砕石や割栗石等で厚さ50cm程度の水平排水層を壁の全長にわたって設ける．また，特に湧水量の多い場合は，孔あき排水管を併用するのがよい．

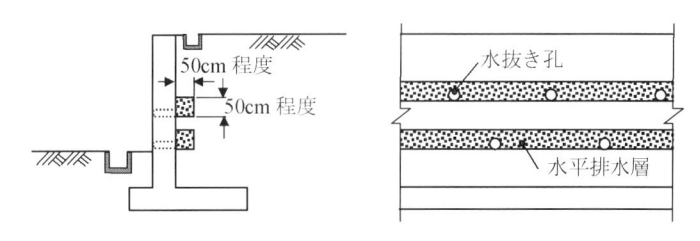

解図5－58 簡易排水工

2) 溝型排水工

溝型排水工は，透水性があまり良くない裏込め材料を用いる場合や，擁壁の設置箇所が集水地形の場合等に用いるとよい．この排水工は**解図5－59**に示すように，擁壁下端付近で水抜き孔から前面に容易に排水できる高さの位置に，壁全長にわたって砕石，割栗石等で厚さ50cm程度の水平排水層を設け，また，擁壁背面に沿って擁壁頂部付近に達する厚さ30～40cm程度の鉛直排水層を4～5m間隔に設ける．

壁の水抜き孔は，少なくとも鉛直排水層と水平排水層との交点ごとに設ける必要がある．

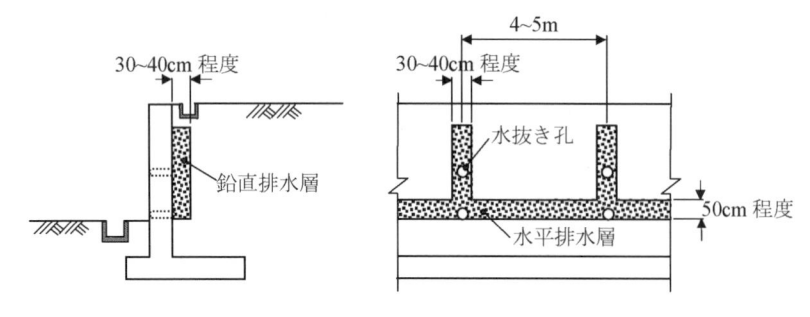

解図5－59　溝型排水工

3) 連続背面排水工

　連続背面排水工は，ブロック積擁壁等に採用されている。このほか，裏込め土が粘性土のように透水性が悪い場合や擁壁の設置箇所が集水地形となっている場合等に**解図5－60**に示すように用いるとよい。この排水工は擁壁背面の全面にわたり，砕石等による厚さ30〜40cmの排水層を設け，この層の全面において集水し，擁壁に設けた水抜き孔を通じて排水する方法である。

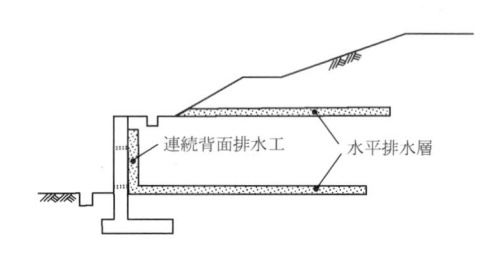

解図5－60　連続背面排水工及び水平排水層

4) 水平排水層

　裏込め材料に粘性土のような透水性の悪い材料を使用する場合には，**解図5－60**に示すように，裏込め土に滞水しないように砕石や割栗石，透水マット等によって水平排水層を設けることが望ましい。

5) 地下排水工

　切土面から湧水がある場合には，これらの裏込め土への浸入を防止し，すみやかに擁壁外に排除するため，湧水の状況に応じて地下排水工を設ける必要がある。

　解図5－61，**解図5－62**に，切土面から湧水や浸透水のある場所での裏込め排

水工の例を示す。

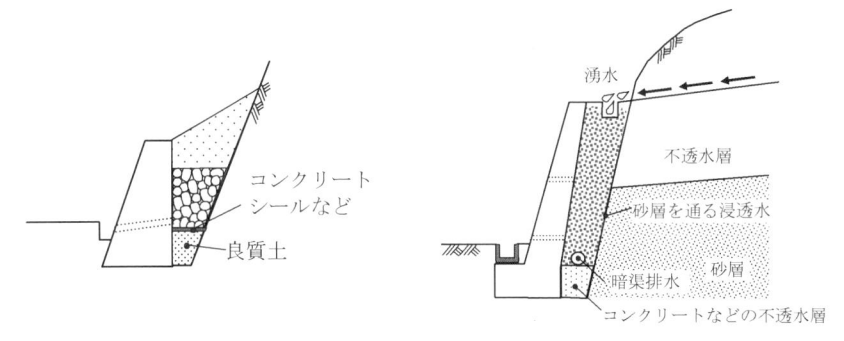

解図5－61 切土部に設ける排水工の例　　**解図5－62** 湧水等のある場所での排水工の例

6) 水抜き孔

　水抜き孔は，擁壁背面に集めた水を排水するためのものであり，片持ばり式擁壁では，擁壁の前面に容易に排水できる高さの範囲内において5m以内の間隔で設ける。ただし，控え壁式擁壁では，控え壁間隔ごとに少なくとも1箇所の水抜き孔を設ける。また，ブロック積擁壁やもたれ式擁壁では，裏込め排水に特に注意が必要なことから，擁壁前面の排水溝より上部において2〜3m^{2}に1箇所の割合で水抜き孔を設けることが望ましい。

　水抜き孔は，内径5〜10cm程度の硬質塩化ビニル管等を，排水方向に適切な勾配で擁壁に埋め込んで設けるのがよい。また，水抜き孔の入口に吸出し防止材や孔径より大きめの割栗石や砕石を設置して，水抜き孔から裏込め土が流出しないように配慮する。

　擁壁のたて壁内に水抜き孔や排水管等の設置に伴って，部材の有効断面が減少するときには，以下に示す事項に留意する。

① 検討断面における擁壁ブロック間の断面減少の合計値（解図5－63におけるDの合計値）は，当該のブロック長（伸縮目地間隔）Lの6%以下となるようにし，かつ断面減少箇所はできるだけ一様に分布させるものとする。この場合，鉄筋間隔をずらすなどの処置だけで特に補強しなくてもよい。

② 上記の値を超えるときは，等価な断面剛性が得られるよう，断面減少のあ

る部分の応力を計算し，必要に応じて適切な補強を行う。

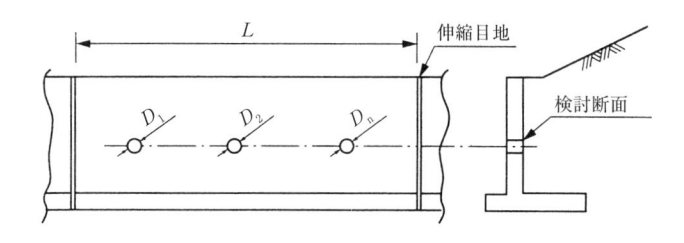

解図5－63　水抜き孔に伴う断面減少の例

(3) 排水材料

のり面排水工や横断排水工，地下排水工に使用する材料については，盛土工等と共通するので，「道路土工要綱　第2章　排水」や「道路土工－盛土工指針　4－9　排水施設」を参照されたい。ここでは，主に裏込め排水工に使用する材料について記述する。

排水層の材料としては，従来からの砂利や砕石，割栗石等の石材が一般的であるが，人工材料（例えばジオテキスタイル）を用いた擁壁用透水マットも使用されてきている。透水マットは，軽量で取り扱いや施工が容易であるという特徴があるが，使用に当たっては，排水層としての性能，耐久性，環境条件，設計方法，施工方法，擁壁の構造等を十分に検討したうえで用いる。ただし，ブロック積擁壁等はその構造の安定上，裏込め材に割栗石や砕石を用いることを前提としているため，その代替として透水マットを用いてはならない。

透水マットは，浸透水を迅速に集水し排水するために，**解図5－64**に示す面直角方向，面内（断面）方向に十分な透水性能を有していなければならない。特に壁高の高い擁壁や湧水がある場合，降雨強度の大きな箇所等での利用に当たっては，透水マットの種類や設置方法を慎重に検討する必要がある。さらに透水マットは長期間，土に接した状態でも目詰まりや有害な変形，材料の劣化が生じることがなく，また，所定の壁面摩擦角が確保できるように土やコンクリートとの間に，十分な摩擦抵抗がなければならない。その他に，透水マットは繰り返し凍結・凍上が起こると，その機能が著しく低下することが考えられるため，寒冷地での

使用に当たっては十分な注意が必要である。**解図5-65**に透水マットを用いた例を示す。

　砂利や砕石等の石材等による排水材料については,「道路土工要綱」,「道路土工-盛土工指針」,「道路土工-切土工・斜面安定工指針」を参考にするとよい。

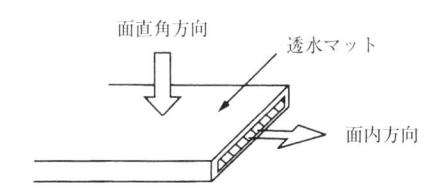

解図5-64　面直角方向と面内方向の透水性能

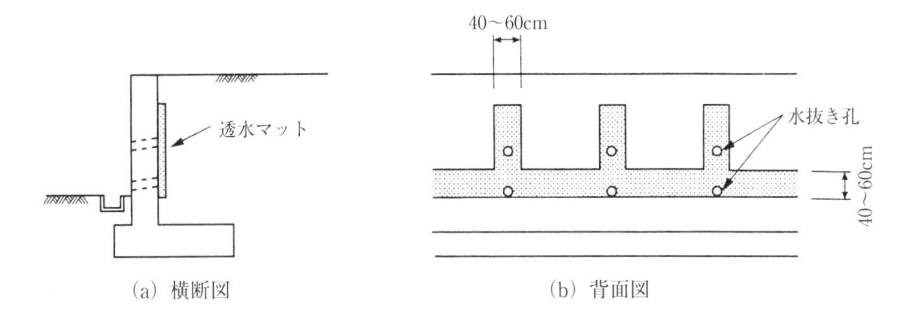

(a) 横断図　　　(b) 背面図

解図5-65　透水マットを用いた排水工の例

5-10 付 帯 工

5-10-1 伸縮目地及びひび割れ誘発目地

> (1) コンクリート擁壁には,適切な位置に伸縮目地を設けるものとする。
> (2) コンクリート擁壁の表面には,ひび割れ誘発目地を設けることが望ましい。

(1) 伸縮目地

　コンクリート擁壁の場合,水和熱や外気温等による温度変化,乾燥収縮及び外力等による変形が生じる要素が多くあり,このような変形が拘束されるとコンクリートにひび割れが発生することがある。このひび割れを防止するため,コンクリート擁壁には適切な位置に伸縮目地を設けるものとする。

　擁壁の伸縮目地は一般に,重力式擁壁等の無筋コンクリート構造では10m以下,片持ばり式擁壁及び控え壁式擁壁等の鉄筋コンクリート構造では15～20m間隔に設けるものとし,その位置では鉄筋を分離するものとする。

　伸縮目地の構造は,一般に**解図5-66**(a)のほぞ・溝を設けるタイプが使用されているが,擁壁の高さが低く,基礎地盤が堅固な場合等,伸縮目地に段違いが生じるおそれのない条件では**解図5-66**(b)のタイプを用いてもよい。

　なお,**解図5-66**(a)に示す目地のジョイントフィラーの材質としては瀝青系,樹脂系等の材料がある。

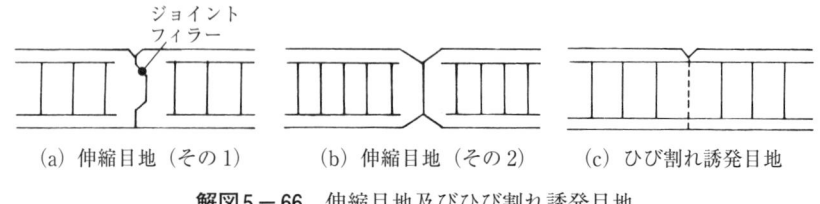

(a) 伸縮目地(その1)　　(b) 伸縮目地(その2)　　(c) ひび割れ誘発目地

解図5-66　伸縮目地及びひび割れ誘発目地

(2) ひび割れ誘発目地

　伸縮目地を設置しても,コンクリート擁壁の表面にひび割れが生じる場合があ

る。このひび割れを制御するため，壁の表面には，**解図5－66**(c)に示すV型のひび割れ誘発目地を設けるのが望ましい。ひび割れ誘発目地の間隔は，壁高の1～2倍程度とするのがよい。なお，その位置では鉄筋を切断してはならない。

5－10－2 付属施設

> (1) 交通安全施設，交通管理施設，環境保全施設等の付属施設の設置に当たっては，施設の設置目的，経済性，維持管理，用地条件，周辺環境条件等を十分考慮しなければならない。
> (2) 付属施設の基礎は擁壁と分離し，その影響が擁壁本体に及ばないように計画するのが望ましい。用地条件や周辺環境条件等の理由から，付属施設を擁壁に直接取り付ける場合には，付属施設が擁壁に及ぼす影響を十分考慮して必要な措置を講じるものとする。

(1) 付属施設の計画

道路の付属施設には，防護柵や道路照明等の交通安全施設，道路標識や交通信号機等の交通管理施設，遮音壁等の環境保全施設等がある。

これらの付属施設を計画するにあたり，機能，経済性，設計・施工条件，景観，維持管理，周辺環境等を十分考慮したうえで，設置目的や設置箇所に応じて種類，設置方法，設置範囲等を検討するものとする。

(2) 付属施設の設置方法と設計

一般に防護柵は，車両の衝突を想定した車両用防護柵と，歩行者，自転車の衝突を想定した歩行者自転車防護柵及び両者の機能を兼ね備えたものがある。

防護柵の設置計画や使用区分等は「防護柵の設置基準・同解説」，「車両用防護柵標準仕様・同解説」に準じるものとする。

付属施設の基礎は擁壁と分離し，その影響が擁壁本体に及ばないように計画するのが望ましい。用地条件や周辺環境条件等の理由から，付属施設を擁壁に直接取り付ける場合には，以下のように行う。

車両用防護柵（ガードレール）を擁壁天端に直接設置する場合は埋込み深さを

40cm以上とし，補強筋を配置することを原則とする。擁壁の天端幅については，設計計算により必要幅を算定しなければならない。**解図5－67**にガードレールの設置例を示す。

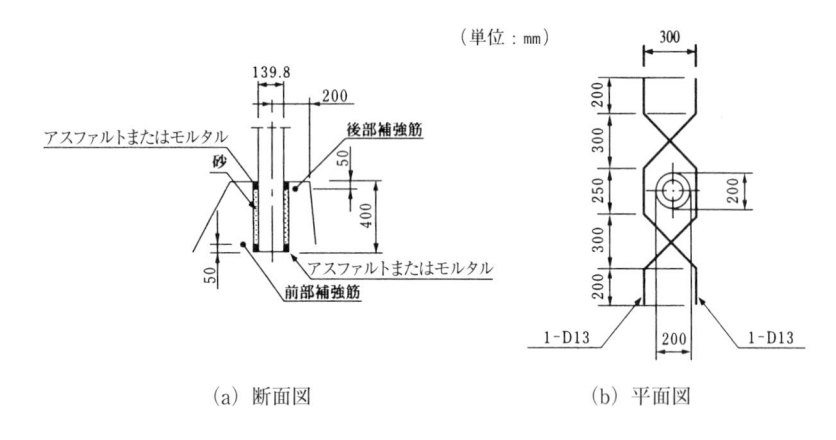

(a) 断面図　　　　(b) 平面図

解図5－67　擁壁天端に防護柵（ガードレール）を設ける場合の例

遮音壁を擁壁に直接取り付ける方法として**解図5－68**に示すように，天端取付型と側面取付型とがある。取付方法は外観，構造，施工性，現場条件等に応じて適切に選択しなければならない。遮音壁の支柱間隔は，遮音板の形状の統一，擁壁本体やコンクリート製高欄に及ぼす影響，施工性等を考慮して決定する必要がある。また，人家に隣接する箇所等，遮音壁の落下防止の措置が必要と考えられる箇所では，遮音板，支柱に落下防止装置の付いたものを使用しなければならない。

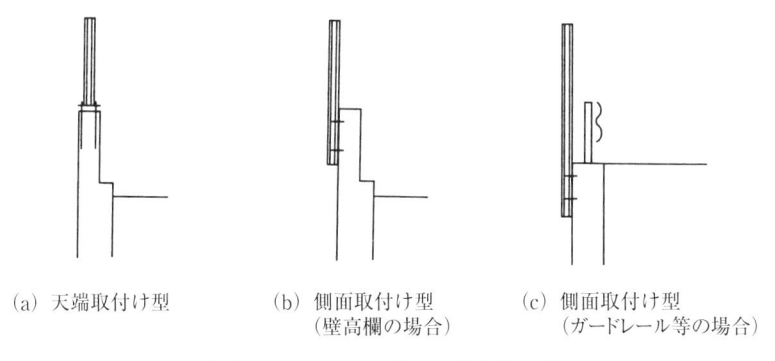

(a) 天端取付け型　　　(b) 側面取付け型　　　(c) 側面取付け型
　　　　　　　　　　　　　　　（壁高欄の場合）　　　（ガードレール等の場合）

解図5－68　遮音壁の取付方法の例

　照明や標識等の付属施設を設置する場合，あるいは，将来設置する計画がある場合には，あらかじめ設置方法を検討し，擁壁の構造に与える影響を考慮して設計する必要がある。照明，標識の設置に関しては，各々「道路照明施設設置基準・同解説」及び「道路標識設置基準・同解説」に従うものとする。

5－11　施 工 一 般

5－11－1　施工の基本方針

(1) コンクリート擁壁の施工に当たっては，設計で前提とした施工の条件に従わなければならない。
(2) コンクリート擁壁の施工に当たっては，十分な品質と安全の確保に努めるとともに，近接構造物や環境への影響にも十分配慮しなければならない。

(1) 施工の基本

　施工に当たっては，擁壁の要求性能を満足するために，設計図書に明記された施工の条件に従わなければならない。
　このため，設計段階で推定または設定した地盤及び土質条件を施工段階において実際に確認し，設定した条件と大きく異なる場合には，必要に応じて追加の支持力等の調査を行い，擁壁の性能に大きく影響を及ぼすと考えられる場合には，

設計の見直し,地盤改良や置換え等の対策,施工方法の見直し等の検討が必要である。

(2) 施工に当たっての留意事項

　コンクリート擁壁の施工に当たっては,設計計算における諸条件を満足するように施工のための十分な調査を行い,これに基づいた施工計画を立てる必要がある。

　施工のための調査項目としては,原地盤や地下水,周辺の既設構造物,現場の施工条件,気象等の環境条件等がある。

　地盤の状態や土の性状,地下水の状態は,施工性に大きく影響する。特に,地下水位が高い場合には,地下水位を低下させる方法について検討しておく必要がある。

　近接して既存の構造物等がある場合にはそれらの基礎や構造についても調査し,周辺地盤の沈下,移動,傾斜等に伴う被害を与えないよう施工方法を検討する。

　気温,降雨,積雪等の気象条件については,工程はもとより構造物の品質に与える影響が大きいので,過去の記録を調べ施工計画に反映させるように配慮しなければならない。

　現場の施工条件(地下埋設物・架線・周辺道路等の状況,材料の供給,資材の搬入・搬出,掘削土の搬出,電力線引き込み等)は,地形図または現地において工事に関係のある事項について調査し,工事実施に当たって支障がないように注意する。

　また,工事に伴う騒音,振動,粉塵等に対しても,事前に十分な検討を行っておく必要がある。

5-11-2 基　礎　工

(1) 直接基礎の擁壁における基礎の施工に当たっては,基礎地盤が設計で想定した条件かどうか確認するとともに,滑動や支持に対する抵抗力が十分に確保できるように処理しなければならない。

(2) 基礎地盤を安定処理する場合には，安定処理に用いる安定材の種類や添加量は事前の配合試験によって決定するとともに，擁壁本体の施工に先だって，基礎地盤として必要な支持力を確保していることを確認しなければならない。
(3) 基礎地盤を置き換える場合には，所要の支持力が得られるように入念な施工を行わなければならない。
(4) 杭基礎の施工については，「道路橋示方書・同解説　Ⅳ下部構造編」によるものとする。

(1) 基礎工の基本

　直接基礎の擁壁における基礎の施工に当たっては，基礎地盤の状態が設計で想定した条件と相違がないかを確認する必要がある。また，擁壁の安定性を確保するため，基礎地盤が十分なせん断抵抗を発揮できるように施工する必要がある。このため，特に掘削時に基礎地盤をゆるめたり，必要以上に掘削することのないように処理しなければならない。

　また，基礎地盤の状態に応じて，**解図5－69**に示すような処理が必要となる。基礎地盤が土のときには掘削底面に割栗石，砕石等を敷き並べ，十分転圧した後，均しコンクリートを打設し，その上に底版を施工するのがよい。基礎地盤が岩盤のときには，掘削面にある程度の不陸を残し，平滑な面としないよう配慮し，浮き石等は完全に除去し，岩盤表面を十分洗浄し，その上に底版を直接施工するか，もしくは均しコンクリートや敷きモルタルを設けた上に底版を施工するのがよい。

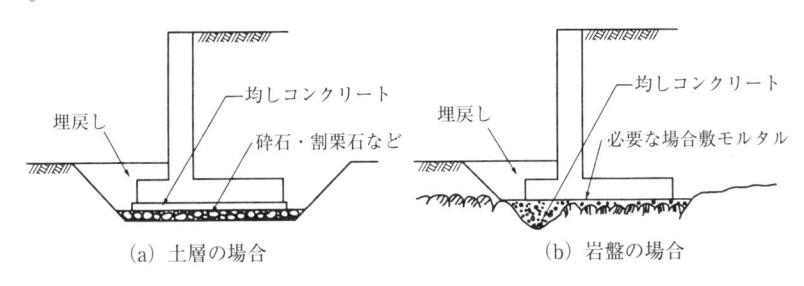

解図5－69　掘削面の処理

(2) 基礎地盤の安定処理

　設計における改良強度を現場で得るため，事前に室内で配合試験を行って，安定材の種類や添加量を決定する。配合試験は，原地盤から試料を採取して行う。試料の採取に当たっては，原地盤の土質構成を十分把握したうえで代表的なものを採取する。配合試験のための試料は，原地盤の含水状態と異ならないよう留意しなければならない。なお，一般に現場で安定処理した改良土の強度は，混合条件や養生条件等の違いにより同じ添加量の室内配合における強度よりも小さくなるため，配合試験結果と現場強度との違いを考慮して安定材の添加量を決定する必要がある。

　安定処理の施工に当たっては，改良範囲内の対象土と安定材とを均質に混合し，十分に締め固めることが重要である。混合機械には混合性の良いものを選定する。やむを得ずバックホウ等の土工機械を用いる場合でも，混合装置を組み込んだバケット等を用いることが望ましい。

　安定材の散布，混合時の粉塵を抑制する必要がある場合には，特殊な処理を施した低粉塵型の安定材やスラリ状にした安定材を検討するとよい。

　なお，擁壁本体の施工に先だって，一軸圧縮試験により現場の安定処理土が目標とした設計改良強度を有していることを確認する。また，平板載荷試験等により所要の支持力を確保していることを確認することが望ましい。

　基礎地盤の安定処理に関しては，「道路土工－軟弱地盤対策工指針」を参照するとよい。

(3) 基礎地盤の置換え

　基礎地盤を良質土により置き換える場合には，敷均し厚や締固めの管理を行い，所要の支持力が得られるように入念な施工を行わなければならない。また，基礎地盤をコンクリートで置き換える場合には，底面を水平に掘削し，浮き石等は完全に除去し，岩盤表面を十分洗浄し，その上に置換えコンクリートを直接施工する。掘削底面が階段状になる場合には特に地山のゆるみがないことを確認する必要がある。

5-11-3 躯体工

> (1) コンクリート擁壁の躯体コンクリートは，構造物の強度，耐久性，機能及び外観を害さないように，施工しなければならない。
> (2) コンクリート擁壁は，所定の寸法を満足するように施工しなければならない。

(1) 躯体工の基本

コンクリート擁壁は，底版部とたて壁部等を一体としてコンクリートを打設するのが望ましい。しかし，型枠設置，コンクリート打設の難しさから底版部とたて壁部の境に水平打継目を設けることが多い。このように硬化したコンクリートに新たにコンクリートを打ち継ぐ場合は，まず既設コンクリートの表面のレイタンス，品質の悪いコンクリート，ゆるんだ骨材粒，雑物等を完全に除き，十分に吸水させなければならない。つぎに，コンクリートを打ち継ぐ直前に，既設のコンクリートの表面にセメントペースト，使用コンクリートの水セメント比以下のモルタルあるいは湿潤面用エポキシ樹脂等を塗りつけ，既設コンクリートと密着するようにコンクリートを打込み締め固めなければならない。また，たて壁の打込みに当たっては，できるだけ同じ高さで打ち上げるようにする。1箇所からコンクリートを投入して，バイブレーターを用いて移動させて平坦化するようなことはしてはならない。

また，水抜き孔は，塩化ビニル管を型枠としてコンクリート打設後，余分なコンクリートを取り除く必要がある。

なお，コンクリート擁壁の施工に当たっては，「コンクリート標準示方書（施工編）」（土木学会）を参考にするとよい。

(2) 寸法位置の確認

コンクリート擁壁は，完成後に出来形の不備があった場合に手直しを行うことは困難である。このため，施工時において，位置のずれや形状・寸法の違い等に特に注意しなければならない。このため，コンクリート打設前の型枠設置時に寸法位置等をチェックしておくのが望ましい。

5−11−4　裏込め工

> 擁壁の裏込めは，良質な材料を用い適切に締め固めなければならない。

　擁壁の裏込め土は，施工の難易，完成後の擁壁の安定性に大きな影響を与えるので，良質な材料を用いて適切に締め固めなければならない。裏込め土の敷均し厚さは，土質・粒度，締固め機械と施工方法，必要な締固め度等の条件により異なるが，一般的には締固め後の1層当たりの仕上がり厚さを20〜30cm程度以下とし，ローラ等の締固め重機で十分締め固める。その際，擁壁背面の排水工の施工によって，擁壁背面の転圧が不十分とならないように注意する必要がある。

　切土部擁壁あるいは控え壁式擁壁のように擁壁背面の転圧が困難な場合には，特に良質な材料を用い，一層の仕上り厚さが20〜30cm程度以下になるようにまき出し，たて壁の直近はタンパ，ランマ等で入念に締め固めなければならない。締固め方法や品質管理方法については，「道路土工−盛土工指針」に準じる。

　施工中は，**解図5−70**に示す仮設の排水施設を設け，擁壁背面の裏込め土に表面水を流入させないようにしなければならない。

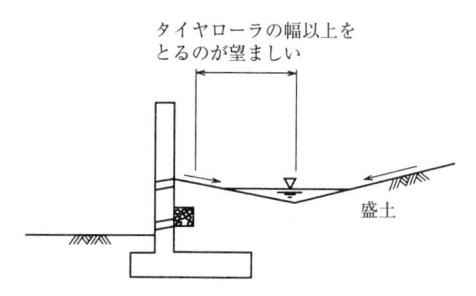

解図5−70　盛土施工中の表面水の仮排水

5−11−5　安全対策

> コンクリート擁壁の施工に当たっては，労働安全衛生法等の関係法令を十分に遵守する。

　コンクリート擁壁の施工に当たっては，労働安全衛生法等の関係法令を十分に

遵守する。

なお，コンクリート擁壁の各作業において，特に留意すべき事項としては以下がある。

(1) 埋戻し

擁壁背面の埋戻し作業においては，路体・路床と同じ機種で転圧することを原則とするが，重機による施工が困難な狭隘な箇所では，機械と人力作業が混在し，作業員と機械との接触事故が発生しやすい。このような事故を防ぐため，あらかじめ運転者，作業員及び作業主任者または作業指揮者との間で，作業方法，作業手順等の作業計画を検討し，安全確保の対策をたてるものとする。

(2) 躯体工

1) 高所作業

躯体工事においては，高所作業をともなう場合が多い。このような高所作業時の安全対策としては，作業を行ううえで十分に広く，安全な足場を構築することが重要である。

また，足場の組立・解体，鉄筋組立，型枠設置の足場上での作業には，常に墜落事故の危険性を伴うため，高さ2m以上の作業は高所作業であることを理解して，墜落防止のための必要な措置をとり，常に安全な作業を心掛けるものとする。

2) 躯体組立

もたれ式擁壁や大型ブロック積擁壁等の施工時には裏込め材料のまき出しや締固め等の際に，一時的に不安定な状態の躯体付近で作業をする場合がある。このような作業では部材を支保工等により固定し，事故が起こらないよう注意する必要がある。

また不安定な状態の躯体付近での作業が極力少なくなるよう，作業計画を工夫することも必要である。

(3) 斜面の切土及び掘削

擁壁の施工においては斜面の切土，掘削を行う場合が多い。このような場合に

は，一時的に標準のり面勾配より急に掘削することが多いため，掘削中あるいは掘削終了後に崩壊を起こす危険性がある．掘削に際しては，事前調査を行うとともに「労働安全衛生規則第356条」を遵守して切土を実施するものとする．なお，これを満足しない地山掘削の場合には，別途地山の安定性の検討を行い，土留・支保工等の処置を施す必要がある．また，施工中においては，地質の状況，浮石，湧水，降雨等の状況に応じて適切な安全管理を行うものとする．

参考文献
1) 東日本高速道路株式会社，中日本高速株式会社，西日本高速株式会社：設計要領第二集橋梁建設編，2012．
2) 佐々木哲也，田村敬一：地中構造物の浮上がり予測手法に関する検討，第11回日本地震工学シンポジウム，CD-ROM，2002．
3) 安田進，吉田望，安達健司，規矩大義，五瀬伸吾，増田民夫：液状化に伴う流動の簡易評価法，土木学会論文集，No.638/III-49，pp.71-89，1999．
4) Oka, F., Yashima, A. Tateishi, A., Taguchi, Y. and Yamashita, S. : A cyclic elasto-plastic constitutive model for sand considering a plastic strain dependency of the shear modulus, Geotechnique, Vol. 49, No. 5, pp.661-680, 1999.

第6章 補強土壁

6-1 補強土壁の定義と適用

(1) 本指針における補強土壁とは，盛土内に敷設した補強材と鉛直または鉛直に近い壁面材とを連結し，壁面材に作用する土圧と補強材の引抜き抵抗力が釣り合いを保つことにより，土留め壁として安定を保つ土工構造物をいう。
(2) 補強土壁の適用に当たっては，補強土壁の力学的な安定のメカニズムや特徴，使用される材料の特性，及びその適用性について十分認識しておく必要がある。

(1) 補強土壁の定義
1) 定義とメカニズム

　補強土とは，盛土内に敷設された補強材（鋼材・ジオテキスタイル等）と盛土材との間の摩擦抵抗力または支圧抵抗力によって盛土の安定性を補い，標準のり面勾配より急な盛土・擁壁構造を造る構造物である。道路土工指針においては，便宜上，のり面勾配（壁面勾配）が1：0.6より急なものを「補強土壁」，1：0.6またはそれより緩いものを「補強盛土」と定義し，「補強土壁」については本指針に示し，「補強盛土」については「道路土工－盛土工指針」に示している。

　一般にのり面勾配が1：0.6より急な補強土壁においては，すべりに対する安定に加え，壁面工を設けてのり面の崩落に対処する必要がある。

　解図6－1に補強土壁の各部の名称を示す。

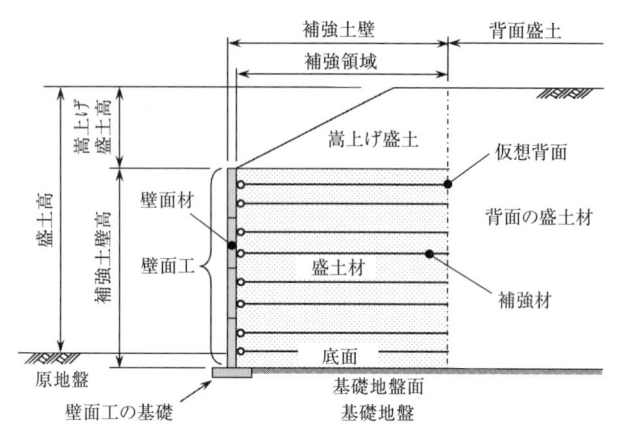

解図6－1　補強土壁の各部の名称

　解図6－2は，補強土壁の基本的な補強メカニズムを示したものである。補強土壁は，盛土内に敷設した補強材と壁面材とを連結し，想定するすべり面上の土くさびにより壁面材に作用する土圧と安定領域内の補強材の引抜き抵抗力とが釣り合いを保ち，壁面工及び補強材，盛土材が相互に拘束し一体となって挙動することで，一つの土工構造物としての安定を保っている。

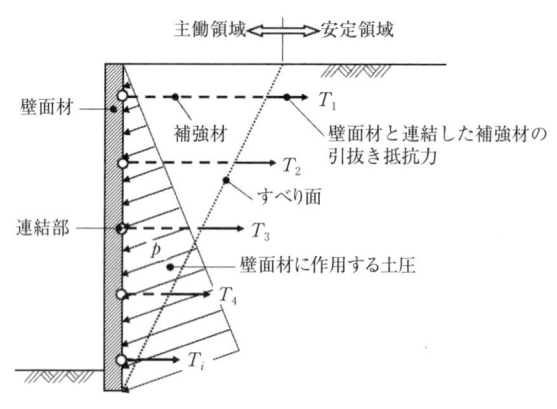

解図6－2　補強土壁の基本的なメカニズム

　この補強メカニズムを満足するには，補強材は，十分な引張強さ，高い伸び剛性と土との摩擦抵抗や支圧抵抗を，長期にわたり発揮できる材質・形状・寸法を

有していることが必要である。また，壁面材は背後の盛土材の崩落・土のこぼれ出しを防ぎ，盛土材を拘束するとともに，作用する土圧に抵抗できる形状・強度を長期にわたり保持できること，盛土材料は圧縮変形が小さく，十分なせん断強さを有し，十分な補強材との摩擦抵抗や支圧抵抗を長期にわたり発揮できることが必要である。さらに施工時においては，この補強メカニズムを発揮できるように精度の高い壁面材の組立て，補強材の敷設，適切な締固め等の施工管理を行うことが重要である。

2) 補強土壁の種類

補強土壁は，補強材や壁面材の材質や形状の異なる幾つかの構造形式が提案されている。代表的な補強土壁の構造形式には，**解図6－3**に示すように，コンクリート製または鋼製の壁面材と補強材として鋼製の帯板を用いた帯鋼補強土壁[1]，鋼製の棒鋼及びアンカープレートを用いたアンカー補強土壁[2]，コンクリート製または鋼製枠による壁面材と面状の高分子系のプラスチック材料を補強材とするジオテキスタイル補強土壁[3]がある。

代表的な補強土壁の構造形式とその特徴を**解表6－1**に示す。

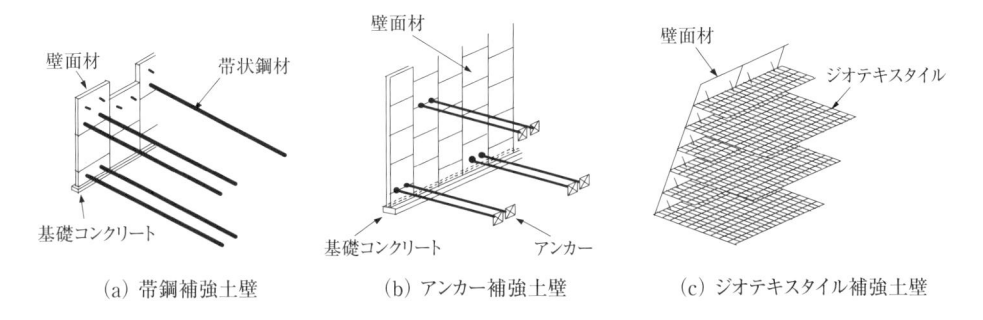

(a) 帯鋼補強土壁　　(b) アンカー補強土壁　　(c) ジオテキスタイル補強土壁

解図6－3 代表的な補強土壁の構造形式

解表6-1　代表的な補強土壁の構造形式と特徴

構造形式	補強材	壁面材	特徴	主な留意事項
帯鋼補強土壁	帯状鋼材	・コンクリートパネル（分割型） ・鋼製パネル	・帯状鋼材（リブ付き，平滑）の摩擦抵抗による引抜き抵抗力で補強効果を発揮する。	・盛土材料には，摩擦力が十分に発揮される砂質土系や礫質土系の土質材料が望ましい。岩石材料や細粒分を多く含む土質材料については，必要な対策を別途検討する。 ・補強材には，鋼製の材料を用いるため腐食対策が必要である。
アンカー補強土壁	アンカープレート付棒鋼	・コンクリートパネル（分割型） ・鋼製パネル	・アンカープレートの支圧抵抗による引抜き抵抗力で補強効果を発揮する。	・盛土材料には，支圧抵抗力が十分に発揮される砂質土系や礫質土系の土質材料が望ましい。細粒分を多く含む土質材料については，必要な支圧抵抗力が得られることを確認して使用する。 ・補強材には，鋼製の補強材を用いるため腐食対策が必要である。
ジオテキスタイル補強土壁	ジオテキスタイル	・鋼製枠 ・コンクリートブロック ・コンクリートパネル（分割型） ・場所打ちコンクリート	・面状のジオテキスタイルの摩擦抵抗による引抜き抵抗力で補強効果を発揮する。 ・鋼製枠やブロック等の壁面材では植生による壁面緑化が可能である。	・角張った粗粒材を多く含む盛土材料は，補強材を損傷する可能性があり，対策が必要である。 ・補強材には種類が多く，伸び剛性の高いジオテキスタイルを選定するのが望ましい。また，クリープ特性や施工時の損傷等，補強材の引張強度への影響について考慮する必要がある。

(2) 補強土壁の適用

1) 適用に当たっての基本的な考え方

補強土壁の適用に当たっては，各構造形式における力学的な安定のメカニズムや特徴をはじめ，使用される材料，のり面勾配や規模の大小等による補強土壁の適用性について十分認識しておく必要がある。代表的な適用例を**解図6-4**に示す。

補強土壁の主な特徴としては，都市部や山岳部のように道路用地に制約がある場所において，特殊な施工機械を用いなくとも鉛直または鉛直に近い壁面を持つ土工構造物を構築できること，壁面材に鋼製枠やブロックを用いた場合，植生により壁面を緑化し，景観に配慮できることが挙げられる。その一方，補強土壁は，一般にコンクリート擁壁に比べ規模が大きく厳しい条件の箇所で設置されることも多い。このような条件で設置された補強土壁に，変形・変状が生じた場合には，

道路交通や周辺の構造物等に与える影響が大きい。このため，補強土壁の適用に当たっては，補強土壁の変形特性や変状形態，適用上の留意点を十分に理解しておく必要がある。

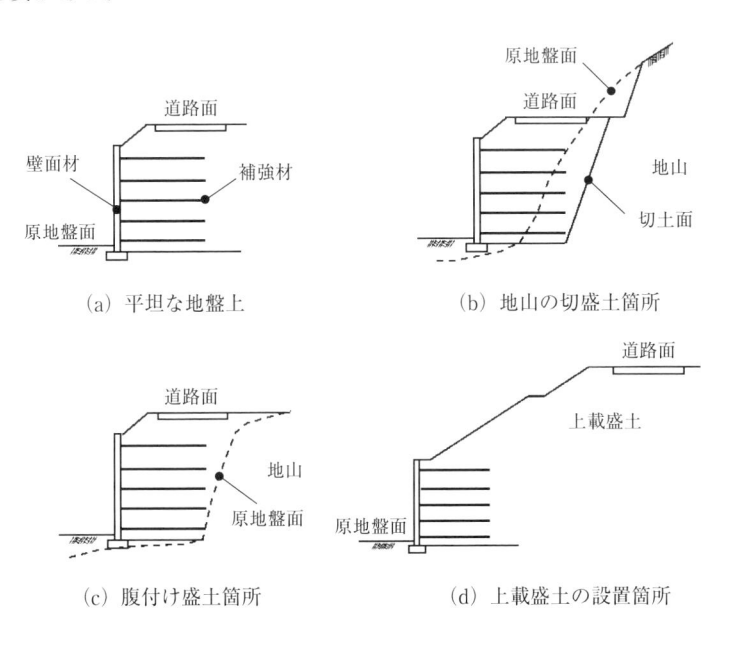

(a) 平坦な地盤上　　(b) 地山の切盛土箇所

(c) 腹付け盛土箇所　　(d) 上載盛土の設置箇所

解図6－4　補強土壁の代表的な適用例

2) 補強土壁の変状

補強土壁は，前述した力学的なメカニズムに起因し，完成後もある程度の変形を伴うことがある。しかし，適切な設計・施工がなされた場合，その変形量は限定的であり，構造的な安定に支障が生じることはない。しかし，後述する①から④のような要因により盛土材と補強材，壁面材との拘束が不十分となった場合，補強土壁には大きな変形や変状が生じる。さらにそれらを放置した場合，盛土材のこぼれ出しなどにより，相互の拘束が低下し，補強土壁の力学的な安定性を保持できなくなる。

なお，変形や変状が生じた場合の補強土壁の修復性については，変形や変状の内容，壁面材や補強材等の構造や補強土壁の規模等によって，その難易が大きく異なることに留意しておく必要がある。

① 盛土材料と締固め不足に起因する変状

　せん断強度の小さい盛土材料の使用や締固め不足等の不適切な施工が行われた場合には，補強材の引抜き抵抗力の不足や圧縮変形に伴い**解図6－5**に示すような，(a) 壁面の前倒れや盛土の沈下，(b) 局所的なはらみ出し，を引き起こすことがある。さらに，想定以上の土圧や引張力による壁面材の破損や補強材の破断，壁面材の基礎底面への荷重の集中に伴う壁面工の基礎の変形等が生じ，補強土壁が崩壊に至ることも想定される。このため，補強土壁に適した盛土材料を選定し，十分に締め固めることが必要である。

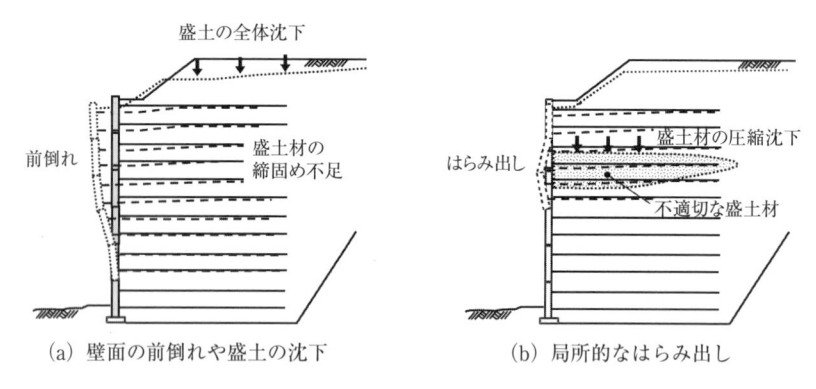

(a) 壁面の前倒れや盛土の沈下　　(b) 局所的なはらみ出し

解図6－5　盛土材料・締固め不足に起因する補強土壁の変形・変状事例

② 基礎地盤に起因する変状

　地盤調査や施工時の基礎地盤の確認が不十分な場合には，基礎地盤の支持力やせん断強さの不足により**解図6－8**に示す重力式基礎の転倒，補強土壁を含む基礎地盤全体のすべりによる変形や崩壊等の重大な変状を生じることがある。また，このような大きな変状に至らないまでも，**解図6－6** (a) に示すような壁面工の基礎地盤の不同沈下に伴う壁面材の開きやズレ，前倒れ等が生じることがある。また，不十分な目地設置や異種構造物との境界において不適切な処理が行われた場合も，不同沈下に対応できず，**解図6－6** (b) に示すような壁面材の開きやズレ及びクラック等の変状を伴うことがある。このため，「第3章　計画・調査」に従い，基礎地盤の地質構成や支持力・せん断強さを的確

に把握する必要がある。特に規模の大きな補強土壁や斜面上等のように地層構成が補強土壁の縦横断方向に変化すると推定される場所に補強土壁を設ける場合には，通常の調査より頻度を増した入念な調査を行うとともに，施工時には地盤の状況を確認することが重要である。

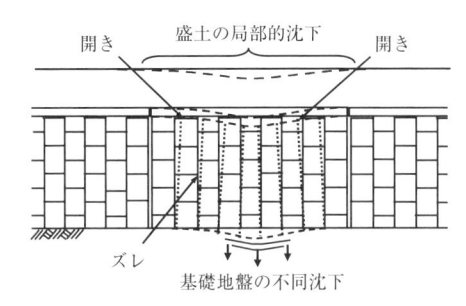

(a) 基礎地盤の不同沈下による変状

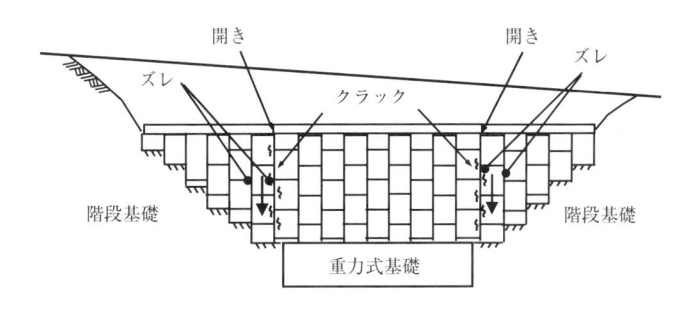

(b) 基礎形式の違いによる変状

解図6-6 基礎地盤に起因する補強土壁の変形・変状事例

③ 水に起因する変状

　降雨等により補強領域内へ水が浸入した場合，盛土材の強度低下が生じる。さらに，流入する水が多量になると，盛土材の流出を引き起こすことがある。これらの補強領域内への水の浸入により盛土材の強度低下や流出が生じた場合，**解図6-7**に示すように壁面のはらみ出しや座屈等の変状が生じ，補強土壁は安定性が著しく損なわれる。このため補強土壁では，「6-8　排水工」に従い，適切な排水対策を行う必要がある。

— 229 —

(a) 壁面のはらみ出しや座屈　　　(b) 盛土材の流出

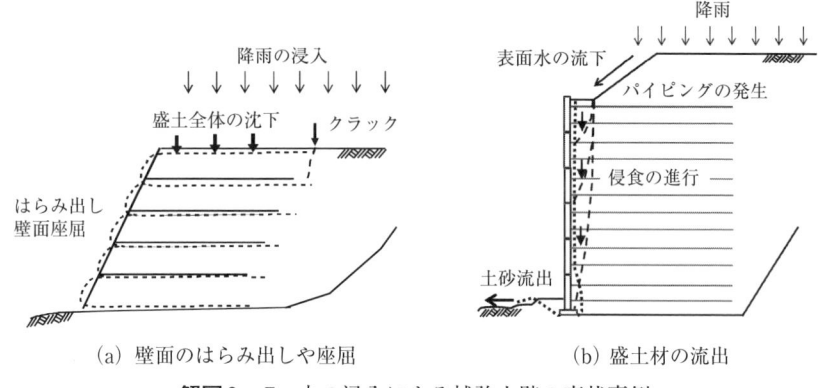

解図6-7 水の浸入による補強土壁の変状事例

④ 地震動に起因する変状

　補強土壁は，強い地震動の作用を受けた場合には，壁面の前倒れや壁面材のクラックや角欠け，開き等の変状を生じることがある。こうした変状が大きくなければ直ちに補強土壁が不安定となることはない。ただし，その変状を放置した場合，前述したように壁面材の開きからの盛土材のこぼれ出し等が発生し，変状が進行するおそれがある。補強土壁に変状が認められた場合，外観だけでは原因の特定や構造的な安定性の判断は難しいため，施工記録を参考としつつ必要に応じて動態観測や周囲の状況等の調査・観察を行い，安定性を判断する必要がある。

　補強土壁が安定と判断される場合でも，壁面材の開き等の変状は外観や部材の耐久性への影響が懸念されるため，充填材の注入や欠損部の修復を行うなど状況に応じた適切な補修・補強対策を行うことが重要である。

3) 適用に当たっての留意点

① 急峻な地形への適用

　補強土壁を急峻な地形に適用する場合，原地盤面上に平坦な基礎底面を確保できないことがある。その際，壁面工の基礎に重力式基礎を設けることが多いが，基礎地盤の確認が不十分な場合，**解図6-8** (a) に示すような支持力不足による重力式基礎の転倒や沈下を生じることがある。また，基礎地盤に軟弱な層があると，**解図6-8** (b) に示すような補強土壁及び基礎地盤を含む全体す

べり等を生じることがある．このため，急峻な地形での補強土壁の適用に当たっては，支持層や地層構成を確実に把握するため入念に地盤調査を実施し，重力式基礎の設計や基礎地盤を含む全体としての安定性の検討を行う必要がある．その際，基礎地盤の支持力は斜面上の基礎として評価する．さらに，施工時には，現地において支持層を確認し，設計時の想定と異なる場合は，当初の計画を変更し地盤改良等により支持力を確保することが必要である．また，急峻な地形では，降雨や地山からの湧水等による水の影響を受け易い．このため，補強土壁の適用に当たっては，基礎地盤や地山からの湧水の状況等を十分に把握し，適切な規模の排水施設を設ける必要がある．

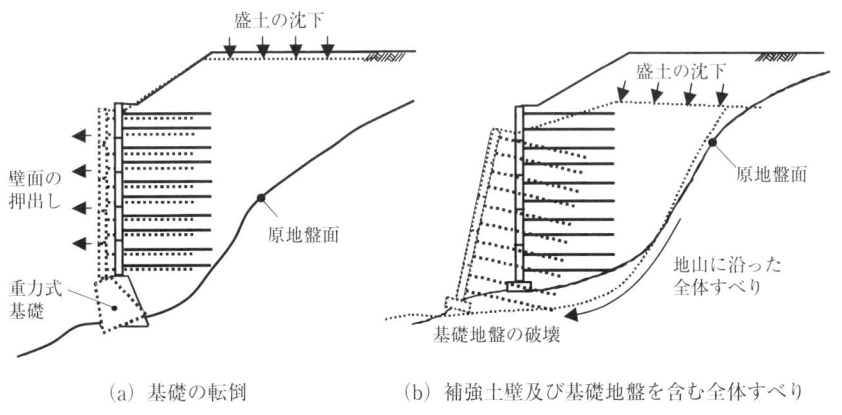

(a) 基礎の転倒　　　　(b) 補強土壁及び基礎地盤を含む全体すべり

解図6－8　急峻な地形での補強土壁の変状事例

② 集水地形への適用

補強土壁の変状は，**解図6－7**に示したように水に起因するものが多い．補強領域内に浸透した水は，盛土荷重の増加に加え，間隙水圧の上昇による盛土材料のせん断抵抗力及び補強材の引抜き抵抗力の減少を招くなど，補強土壁の安定性を大きく低下させる．このため水の浸入の防止と浸入した水の速やかな排除が補強土壁では極めて重要である．特に谷部等の集水地形，切土のり面等に湧水のある箇所，地下水位の高い箇所に補強土壁を設置する場合は，水が浸入する可能性が高くなる．これらの地形においては，水の浸入を防止する対策を行うことが適用の前提となる．このため事前に表面水や地下水，湧水の状況

を把握し，十分な排水施設を設け，浸入する前に表面水や湧水等を補強土壁外に排除させることが重要である。さらに，水が浸入しても，速やかに排除できるよう，盛土内に密に排水施設を設けるなどの対策を行う必要がある。

③ 軟弱地盤への適用

　軟弱地盤や軟弱な土層を含む地盤に補強土壁を構築する場合，基礎地盤の圧密沈下及び基礎地盤の支持力やせん断強さに関して留意する必要がある。軟弱な土層の層厚や荷重の大きさの違いに起因した壁面工の基礎の不同沈下は，**解図6－5や解図6－6**に示したような壁面の前倒れや壁面のズレや開き等を生じ，さらに沈下による変形量が大きくなると盛土材のこぼれ出し等の重大な変状に至ることがある。また，地盤条件によっては基礎地盤を含む全体すべりの発生も懸念される。このほか，砂質地盤では地震時の地盤の液状化による壁面の変形等も懸念される。柔な構造物である補強土壁は，基礎地盤の変形に対してある程度の追随性を有しているが，基礎地盤の沈下等により変形量が大きくなると，土留め壁としての機能を満足することができない。このため，軟弱地盤上に補強土壁を適用する場合は，入念な地盤調査に基づき地層構成や地盤特性を調べ，想定される圧密沈下量，不同沈下や全体すべり等を検討し，上記のような変状が想定される場合は，「道路土工－軟弱地盤対策工指針」に従い，軟弱地盤対策を計画したうえで，補強土壁の設置を検討する。

④ 変形に対する制限が厳しい箇所や異種構造物との隣接箇所への適用

　道路用地に制限のある市街地や都市計画道路等では，構造物の変形に制限を設けることがある。このような箇所に補強土壁を適用する場合，定められた形状に精度よく施工し，施工後の変形をできるだけ抑制することが求められる。このため必要に応じて改良等により強固な基礎地盤を確保し，その上でせん断抵抗角が大きく，圧縮変形量の小さい盛土材料を用いて，十分に締固めを行うとともに，確実な施工管理に基づき精度の高い施工を行うことが必要である。また，補強土壁を他の構造物に隣接して設けると，地震動等の作用に対する挙動の特性の違いにより，壁面材の破損や境界部において開きやズレを生じて背後の盛土材がこぼれ出すことが懸念される。このため，他の構造物との境界部では，緩衝部を設けるなど，壁面材の局部的な損傷を防止し背後の盛土材がこ

ぼれ出さない適切な対策を行う必要がある。

⑤　積雪寒冷地への適用

　積雪寒冷地において冬期に盛土工を施工する場合，盛土材に凍土や雪氷が混入することがある。凍土は凍結した状態では大きな強度を有するが，融解すると脆弱になる。また雪氷が混入すると締固めが困難となり，盛土の品質を確保できなくなる。このため，低温下の気温条件で補強土壁の施工を行う場合は，凍土や雪氷が混入しないようにする。また，補強土壁は，鉛直または鉛直に近い壁面を有しており，壁面部のほとんどは積雪による断熱効果を期待できず，冷気にさらされ続ける状態となる。このため，壁面の背面に凍上しやすい材料があると，壁面からの冷気により凍結が進行して大きな凍上力が作用し，補強材または壁面材と補強材の連結部が破断する場合がある。補強土壁の凍上対策については，壁面材の背面の凍結深さまでの範囲を透水性の高い良質材を使用する方法や断熱材を適用する方法がある。凍上対策については「道路土工要綱共通編　第3章　凍上対策」を参照するとよい。

⑥　水辺への適用

　補強土壁が長期にわたって浸水する箇所では，有効応力の減少，土の湿潤による盛土材の引抜き抵抗力の低下，補強材の腐食が懸念される。さらに水位変動の影響を受ける箇所では，水位差による残留水圧が壁面に作用し，盛土材の吸出しや基礎の洗掘も生じる可能性がある。このため，水辺での適用に際しては，入念な調査により基礎地盤の地形，土質・地質条件，使用材料の条件や水位の変動等を十分に把握し，有効応力の減少や土の湿潤による盛土材の引抜き抵抗力の低下等により補強土壁の安定性に問題が生じないこと，補強材が腐食に対して十分な耐久性を有していることを照査する。また，水位変動の影響を受ける箇所では，残留水圧の影響を十分に考慮し，盛土材の吸出しや基礎の洗掘により補強土壁の安定性に問題が生じないよう適切な処置を行う必要がある。

　なお，補強土壁を流水中に設けると流木等による壁面材の損壊や揚圧力による補強材の引き抜け・盛土材の吸出し，基礎の洗堀等を受け，致命的な変状を引き起こすことがあるため，河川等の流水の影響を受ける箇所では，原則として適用しない。

6-2 設 計 一 般

> (1) 補強土壁の設計に当たっては，6-2から6-7に従って，次の照査・検討を行う。
> 　1) 補強土壁を構成する部材の安全性
> 　2) 補強土壁の安定性
> 　　① 補強土壁自体の安定性
> 　　② 補強土壁及び基礎地盤を含む全体としての安定性
> 　3) 基礎工，排水工及び付帯する構造
> (2) 上記は，6-8及び第8章に示されている施工，施工管理，維持管理が行われることを前提とする。

(1) 補強土壁の設計

　補強土壁の設計に当たっては，「4-1-1　設計の基本」に基づき，論理的な妥当性を有する方法や実験等による検証がなされた手法，これまでの経験・実績から妥当と見なせる手法等，適切な知見に基づいて行う。擁壁の要求性能の水準については，「4-1-3(2)　擁壁の要求性能の水準」に示したとおりであるが，補強土壁は，一般に規模が大きく厳しい条件の箇所で設置されることが多いため，変形・変状が生じた場合，道路交通や周辺の構造物等に与える影響が大きく，また，その修復性は，変形・変状の内容，補強土壁の規模，構造形式，設置条件等により異なることに留意する必要がある。このため，補強土壁の設計に当たっては，変形・変状が生じた場合の機能及び安定性に与える影響や復旧方法を十分に考慮することが求められる。

　なお，以降に示す事項は，「6-1(1)1)　定義とメカニズム」に示す補強土壁のメカニズムと，**解図6-3**に示した構造形式の補強土壁を念頭に置いたものである。これらの補強土壁には，「6-1(2)　補強土壁の適用」に示したように，常時においても壁面のはらみ出しやクラック，場合によっては大きな変形を生じた事例もある。しかし，これらは雨水や湧水等に対する排水対策，使用した盛土材料の種類や締固め方法，基礎地盤の支持力の設定方法等について，設計や施工

が適切に行われなかったことによるもので，変状が生じた要因をそれぞれ有している。このような不適切な設計・施工がなされた事例を除けば，これまでの多くの施工実績より供用中の健全性が経験的に確認されているため，本章に示す慣用的な設計方法・施工方法に従えば，以下のように所要の性能を確保するとみなせるものとした。

常時の作用に対して，「6-5 部材の安全性及び補強土壁の安定性の照査」に従い，部材の安全性と補強土壁の安定性を満足する場合には，常時の作用に対して性能1を満足しているものとみなしてよい。

降雨の作用に対する補強土壁の安定性は，補強土壁への雨水や地下水等の浸透が大きく影響するが，これらを定量的に評価するのは実務上困難である。このため，一般には「6-8 排水工」に従い適切に排水工を設置し，「6-10 施工一般」に従い入念な施工を実施することにより，補強土壁の所要の安定性は確保されているとみなし，降雨の作用に対する安定性の照査を省略してもよい。ただし，補強土壁の壁面の前後で水位差が生じることが予想される場合には，その影響を適切に考慮する。

地震動の作用については，「4-2-6 地震の影響」を考慮して照査を行うことを基本とするが，1995年兵庫県南部地震や2004年新潟県中越地震での補強土壁の被害事例を見ると，実大規模の実験や動的遠心載荷試験の結果に基づいて構築された設計方法による補強土壁では，常時に対する照査を満足し，適切な施工・維持管理が行われていれば，レベル1の地震動に対し大きな変形・変状が生じていない。また，レベル1地震動程度の規模の地震動の作用に対する部材の安全性及び補強土壁の安定性を満足する補強土壁では，少なくとも性能3を満足していた[4)5)]。また，変形・変状を生じた補強土壁でも，隣接する施設に影響を与えることはなく，安定性を満足していた。このような実績を踏まえて，「4-2-6 地震時の影響」を考慮して，6-2から6-10に示す事項に従えば，**解図6-3**に示した構造形式の補強土壁については，以下のようにみなせる。

  i) レベル1地震動に対する設計水平震度に対して，6-5に従い部材の安全性と補強土壁の安定性を満足する場合には，レベル1地震動に対して性能1を，レベル2地震動に対して性能3を満足する。

ⅱ）レベル2地震動に対する設計水平震度に対して，6－5に従い部材の安全性と補強土壁の安定性を満足する場合には，レベル2地震動に対して性能2を満足する。

ⅲ）高さ8m以下の補強土壁で常時の作用に対して，6－5に従い部材の安全性と補強土壁の安定性を満足する場合には，地震動の作用に対する照査を行わなくてもレベル1地震動に対して性能2を，レベル2地震動に対して性能3を満足する。

なお，改訂前の「道路土工－擁壁工指針」でも，大規模地震動に対する設計は，重要かつ万一被災した場合の復旧が困難な補強土壁の中でも極めて重大な二次的被害のおそれがあるものに対してのみ実施することとしており，今回の指針改訂においても，基本的にはこの考え方を踏襲している。

また，本章に具体的に示されていない新しい構造形式の補強土壁に対しては，その力学的なメカニズムや特徴を考慮し，必要に応じて関連する技術基準等を参考にして，必要な性能を満足することを別途照査しなければならない。

補強土壁の設計に当たっては，1) 補強土壁を構成する部材の安全性の照査，2) 補強土壁の安定性の照査，3) 基礎工，排水工，付帯する構造の検討を行う。なお，補強土壁の安定性については，補強土壁自体の安定性の照査を行うとともに，補強土壁及び基礎地盤を含む全体としての安定性について検討する必要がある。

これらの照査・検討は，**解図6－9**に示す設計の手順に従って行うのがよい。

a）　要求性能の設定

「4－1－3　擁壁の要求性能」に従い，各作用に対する補強土壁の要求性能を設定する。

b）　設計条件の整理

補強土壁の立地条件及び各種の調査結果（「3－2　調査」を参照）等を整理し，設計諸定数（「4－3　土の設計諸定数」を参照）の設定を行う。

c）　設計荷重の設定（「4－2　荷重」，「6－3　設計に用いる荷重」を参照）

設計時に考慮すべき荷重の種類，組合せ及び作用方法の設定を行う。その際，部材の安全性の照査時と補強土壁の安定性の照査時とでは異なる荷重を考えなければならない場合もあるので注意する。

```
         ┌─────────────┐
         │   始   め   │
         └──────┬──────┘
         ┌─────────────┐
         │ 要求性能の設定 │ a)
         └──────┬──────┘
         ┌─────────────┐
         │ 設計条件の整理 │ b)
         └──────┬──────┘
         ┌─────────────┐
         │ 設計荷重の設定 │ c)
         └──────┬──────┘
         ┌─────────────┐
    ┌───►│ 構造形式の選定 │ d)
    │    └──────┬──────┘
    │    ┌─────────────┐
    │    │ 基礎形式の選定 │ e)
    │    └──────┬──────┘
    │    ┌─────────────┐
    │    │断面形状・寸法の仮定│ f)
    │    └──────┬──────┘
    │    ┌─────────────┐
    │    │部材の安全性の検討│ g)
    │    └──────┬──────┘
    │    ┌─────────────┐
    │    │補強土壁自体の安定性の検討│ h)
    │    └──────┬──────┘
   No   ◇所定の安全率を満たしているか◇
    │          │Yes
    │    ┌─────────────┐
    │    │全体としての安定性の検討│ i)
    │    └──────┬──────┘
   No   ◇所定の安全率を満たしているか◇
               │Yes
         ┌─────────────┐
         │ 基礎工の検討  │ j)
         └──────┬──────┘
         ┌─────────────┐
         │ 排水工の検討  │ k)
         └──────┬──────┘
         ┌─────────────┐
         │付帯する構造の検討│ l)
         └──────┬──────┘
         ┌─────────────┐
         │ 設計図書の作成 │ m)
         └──────┬──────┘
         ┌─────────────┐
         │   終   り   │
         └─────────────┘
```

部材の安全性の検討（6-5, 6-6）
・補強材の破断及び引抜きに対する照査
・壁面材の破壊及び補強材と壁面材の連結部における破断に対する照査
・部材の耐久性の確認

補強土壁自体の安定性の検討（6-5）
・滑動に対する照査
・転倒に対する照査
・支持に対する照査
・変位に対する照査

補強土壁及び基礎地盤を含む全体としての安定性の検討（6-5）
・補強土壁の外側及び補強領域を横切るすべり破壊に対する照査
・基礎地盤の沈下に対する検討
・地震時の液状化に対する検討

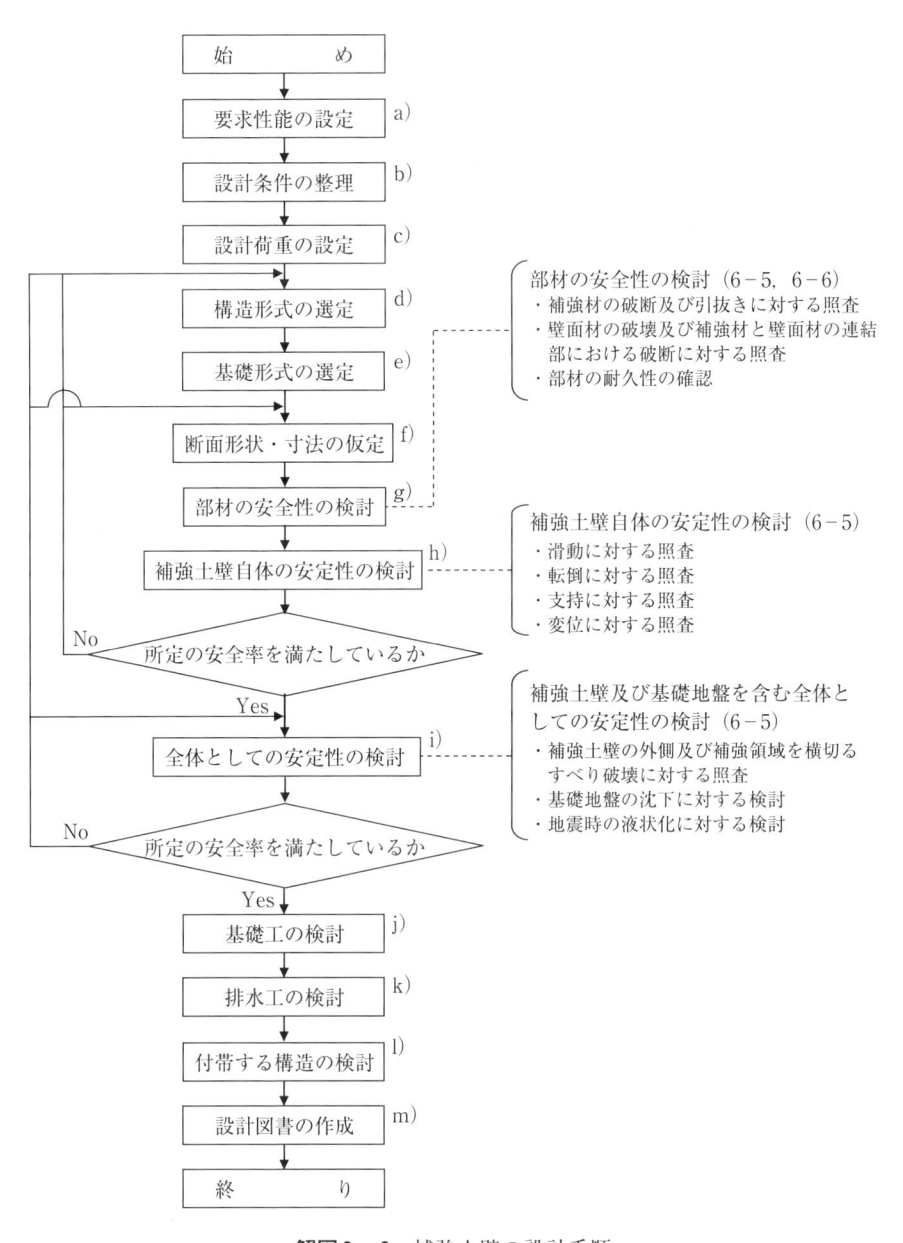

解図6-9　補強土壁の設計手順

d) 構造形式の選定

「3-1 計画」及び「6-1 補強土壁の定義と適用」を参考に，補強土壁の特徴を踏まえて構造形式を選定する。

e) 基礎形式の選定

「3-1 計画」及び「6-7 基礎工」を参考に，補強土壁が設置される地形・地盤条件に適応した基礎形式を選定する。

f) 断面形状・寸法の仮定

選定した構造・基礎形式，地盤条件等に応じて，既存の補強土壁の設計・施工例を参考にして概略の断面形状・寸法の仮定を行う。

g) 部材の安全性の照査（「6-5(1) 補強土壁の部材の安全性の照査」，「6-6 耐久性の検討」を参照）

部材の安全性は，壁面材に作用する常時及び地震時の土圧と釣り合う補強材の必要引張力に対し補強材の破断や引抜き，壁面材の破壊，壁面材と補強材の連結部における破断の照査を行う。これにより補強材の引抜きに対し，必要となる安定領域内の定着長から補強領域を設定する。また，使用目的に応じた部材の耐久性を有していることを確認する。

h) 補強土壁自体の安定性の照査（「6-5(2)1 補強土壁自体の安定性の照査」を参照）

補強土壁自体の安定性は，補強土壁を一つの土工構造物とみなし，常時及び地震時に考慮する荷重に対して安定及び変位量を照査する。

i) 補強土壁及び基礎地盤を含む全体としての安定性の検討（「6-5(2)2 補強土壁及び基礎地盤を含む全体としての安定性の検討」を参照）

補強土壁及び基礎地盤を含む地盤全体のすべり破壊や沈下等について検討する。

j) 基礎工の検討（「6-7 基礎工」を参照）

壁面工の基礎の検討に当たっては，考慮する荷重に対して十分な支持力を確保できる構造形式を選定する。また基礎地盤に有害な沈下や変形等が生じないよう適切な措置を行う。さらに，壁面工の基礎は，地盤の洗掘や掘り返しを考慮した根入れ深さを検討する。

k) 排水工の検討(「6-8 排水工」を参照)

雨水や地下水等の補強領域内への浸入を防止し,浸透してきた水を速やかに排除するための排水施設を検討する。

l) 付帯する構造の検討(「6-9 付帯する構造」を参照)

付帯する構造の検討では,補強材や壁面材の配置,壁面材の継目や目地等からのこぼれ出し防止と壁面の保護,また防護柵等の構造について検討する。

m) 設計図書の作成

部材の安全性や補強土壁の安定性等の照査結果に従って定めた断面形状・寸法,部材数量等をもとに施工に必要な計算書,材料表,詳細な図面を作成する。

(2) 設計の前提条件

(1)は「6-10 施工一般」及び「第8章 維持管理」に示されている施工,施工管理,維持管理が行われることを前提とする。なお,実際の施工,施工管理,維持管理の条件が「6-10 施工一般」及び「第8章 維持管理」に示す事項によりがたい場合には,6-10や第8章の事項に従った場合に得られるのと同等以上の性能が確保されるよう,別途検討を行う必要がある。

6-3 設計に用いる荷重

> 補強土壁の設計に当たって考慮する荷重は,4-2に従うとともに補強土壁の特徴を踏まえた適切な荷重を設定するものとする。

擁壁の設計に用いる荷重については「4-2 荷重」に示しており,補強土壁の設計においてもこれに従うものとする。

なお,「自重」,「土圧」,「地震の影響」については,これまでの知見の蓄積から本章に示す荷重の考え方を用いてよい。

(1) 自 重

補強土壁の自重は,**解図6-10**に示すように補強領域を構成する盛土材,補強材,

壁面材，付属設備の重量の総和とする。このうち，補強材の重量が他の材料と比べて極めて小さい場合は無視してもよい。また，同様に壁面材の重量が軽量であれば無視してもよいが，重厚で剛なコンクリートパネルやコンクリートブロック等を使用する場合は自重として考慮する。なお，補強領域の上部に設ける嵩上げ盛土は，一般に部材の安全性の照査では，**解図6－10**(a)に示すように，一様な荷重wに置き換えて補強領域の天端に載荷するものとし自重には含めない。また，補強土壁自体の安定性の照査及び補強土壁及び基礎地盤を含む全体としての安定性の検討では，**解図6－10**（b）に示すように嵩上げ盛土部を自重に含める。

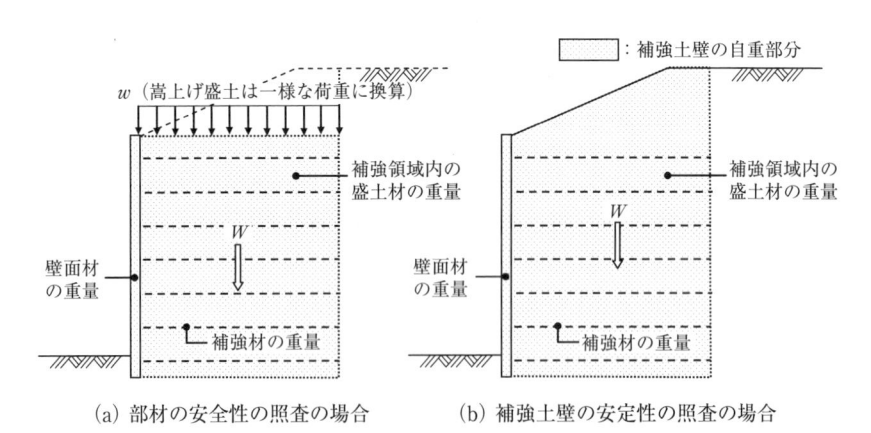

(a) 部材の安全性の照査の場合　　(b) 補強土壁の安定性の照査の場合

解図6－10　補強土壁の自重の考え方

(2) 土　圧

土圧には，以下に示す部材の安全性の照査に用いる土圧と，補強土壁自体の安定性の照査に用いる土圧がある。

1) 部材の安全性の照査に用いる土圧

図中の記号：
主働領域⇔安定領域
w及びq
補強材
すべり面
z_i
p_{hi}
W
P
P_h
ΣT_{reqi}
土圧分布
土圧の水平成分分布

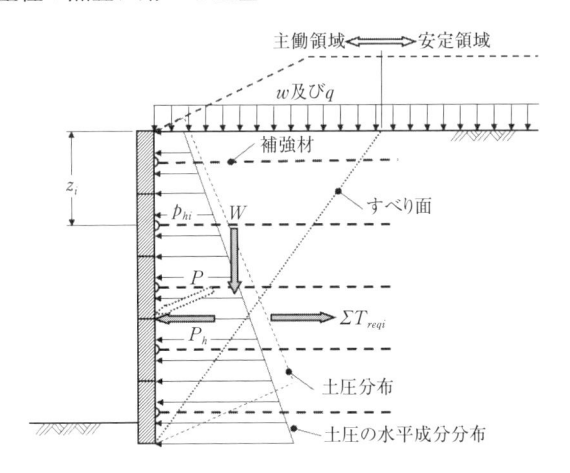

ここに，
- W：土くさびの重量（kN/m）
- P：壁面材に作用する土圧合力（kN/m）
- P_h：壁面材に作用する土圧合力の水平成分（kN/m）
- P_{hi}：深さZ_iでの壁面材に作用する水平土圧（kN/m²）
- ΣT_{reqi}：土くさびの安定に必要な補強材の引張力（kN/m）で$\Sigma T_{reqi}=P_h$とする．
- w：嵩上げ盛土を一様な荷重に換算した値（kN/m²）
- q：載荷重（kN/m²）
- z_i：補強土壁天端からの深さ（m）

解図6－11　部材の安全性の照査に用いる土圧の考え方

　部材の安全性の照査に用いる土圧は，盛土材により壁面材に作用する土圧とする。壁面材には，**解図6－11**に示すように壁面材の背面盛土内にすべり面を仮定し，すべり面上の土くさびによる土圧が作用するものとする。この土圧合力Pの水平成分（水平土圧合力P_h）と補強材の引張力ΣT_{reqi}とが釣り合い補強土壁は安定する。すべり面の形状は補強土壁の構造形式によって異なり，二直線すべりや直線すべり，円弧すべり等が提案されている。すべり面の形状等の考え方は，論理的な妥当性を有する方法や実験等による検証がなされた手法，これまでの経験・実績から妥当と見なせる手法に従うものとする。なお，補強領域の上部に嵩上げ

盛土及び載荷重がある場合には，これらを考慮する。
2) 補強土壁自体の安定性の照査に用いる土圧

　補強土壁自体の安定性の照査に用いる土圧は，補強土壁を一つの土工構造物とみなし，解図6－12に示すように補強領域背面を仮想背面として，この面に主働土圧が作用するものとし，試行くさび法（「5－2－4　土圧の算定」参照）により求めてよい。ただし，地震時には，載荷重qは考慮しない。また，補強領域と背面の盛土材との境界である仮想背面における壁面摩擦角δは，常時及び地震時とも$\delta = \phi$としてよい。なお，仮想背面は，各補強材の後端を結んだ直線とし，折れ線となる場合は全ての補強材を横切る直線を設定する。

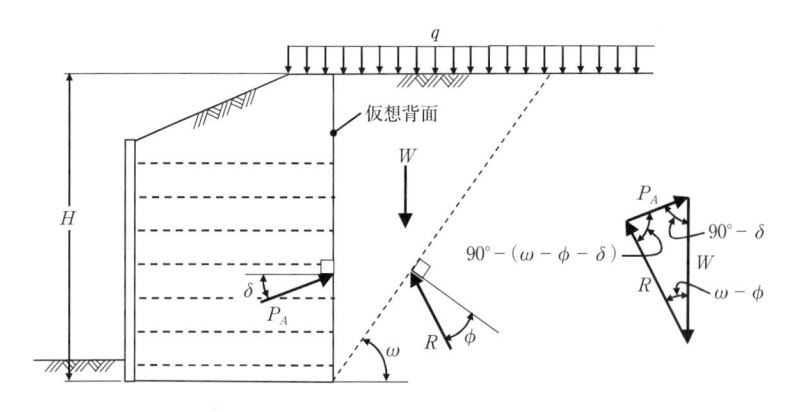

ここに，
　　H　：土圧作用高（m）
　　ϕ　：盛土材料のせん断抵抗角（°）
　　δ　：仮想背面における壁面摩擦角（°）
　　q　：載荷重（kN/m²）
　　P_A　：主働土圧合力（kN/m）
　　W　：土くさびの重量（載荷重を含む）（kN/m）
　　R　：すべり面に作用する反力（kN/m）
　　ω　：仮定したすべり面と水平面のなす角度（°）

解図6－12　補強土壁の安定性の照査に用いる土圧の考え方

(3) 地震の影響

1) 地震動の設定方法

レベル1地震動及びレベル2地震動の設定方法は,「4－1－2(3)　地震動の作用」によるものとする。

静的照査法により地震時の検討を行う場合,補強土壁の自重に起因する慣性力及び地震時土圧を同時に考慮する場合は「5－2－3　地震の影響」に示す式(解5－1)により算出される設計水平震度を用いてよい。なお,地盤の液状化の判定に用いる設計水平震度については「道路土工－軟弱地盤対策工指針」を参照されたい。

2) 地震の影響の種類

補強土壁の設計に当たっては,地震の影響として,①補強土壁の自重に起因する慣性力,②盛土材及び背面の盛土材による地震時土圧,③地盤の液状化の影響を考慮する。

以下に,上記の項目についての考え方を示す。

①　補強土壁の自重に起因する慣性力

補強土壁の自重に起因する慣性力は,一般に水平方向のみを考慮し,鉛直方向の慣性力の影響は考慮しなくてもよい。

静的照査法により照査する場合には,補強土壁の自重に起因する慣性力を**解図6－13**に示すように,補強土壁の自重Wに設計水平震度k_hを乗じたものとし,補強領域の重心位置Gを通って水平方向に作用させるものとする。なお,補強領域の上部に嵩上げ盛土を設ける場合は,**解図6－13**(b)に示すように嵩上げ盛土の土塊を含めた領域を補強土壁と考えてその重心位置Gに作用させるものとする。

動的解析により照査を行う場合には,時刻歴で与えられる入力地震動が必要となり,この場合には,「道路橋示方書・同解説　Ⅴ耐震設計編(平成14年3月)」を参考に,目標とする加速度応答スペクトルに近似したスペクトル特性を有する加速度波形を用いるのがよい。なお,地震動の入力位置を耐震設計上の基盤面とする場合には,地盤の影響を適切に考慮して設計地震動波形を設定する。

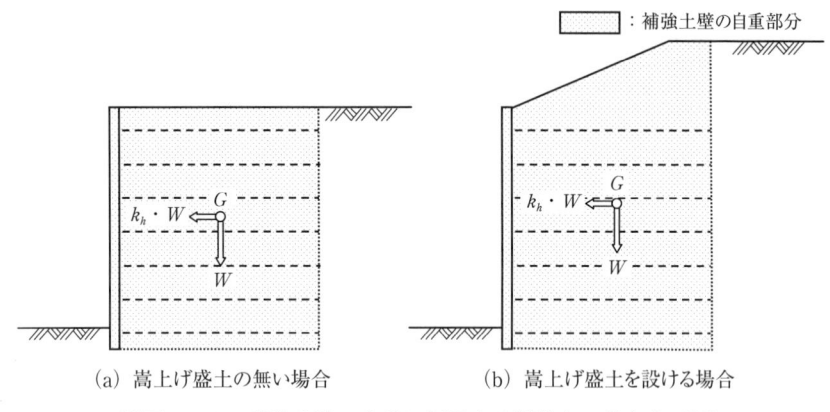

(a) 嵩上げ盛土の無い場合　　　(b) 嵩上げ盛土を設ける場合

解図6－13　補強土壁の自重に起因する慣性力の考え方（例）

② 盛土材及び背面の盛土材による地震時土圧

ⅰ）部材の安全性の照査に用いる地震時土圧

部材の安全性の照査に用いる地震時土圧は，**解図6－14**に示すように，仮定したすべり面上の土くさびに水平方向の慣性力を作用させ，すべり面上の土くさびが壁面材に作用する土圧である。この地震時土圧合力P_Eの水平成分P_{hE}は，地震時における補強材の引張力ΣT_{Ereqi}により支持される。

ⅱ）補強土壁自体の安定性の照査に用いる地震時土圧

補強土壁自体の安定性の照査に用いる地震時土圧は，**解図6－15**に示すように補強土壁を一つの土工構造物とみなし，その仮想背面に背面の盛土材による地震時土圧が作用するものとし，試行くさび法で仮定したすべり面上の土くさびに水平方向の慣性力を作用させる方法により求めてよい。（「5－2－4　土圧の算定」参照）

— 244 —

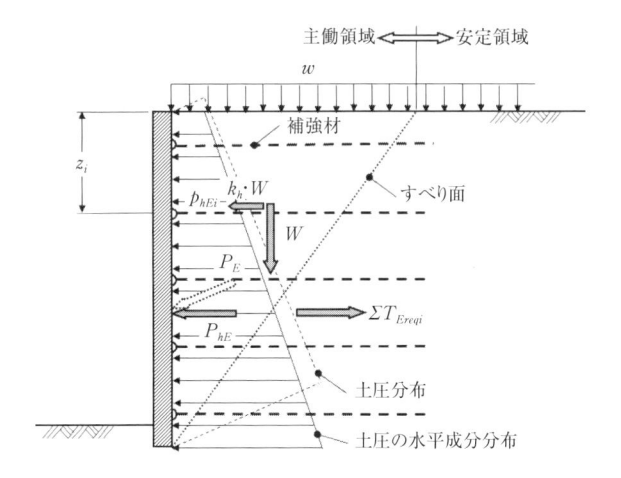

ここに，
- W：土くさびの重量（kN/m）（ただし，嵩上げ盛土がある場合は，嵩上げ盛土を荷重に換算したものを含める。）
- P_E：壁面材に作用する地震時土圧合力（kN/m）
- P_{hE}：壁面材に作用する地震時土圧合力の水平成分（kN/m）
- P_{hEi}：深さZ_iでの壁面材に作用する地震時水平土圧（kN/m^2）
- k_h：設計水平震度（「5－2－3　設計水平震度」の**解表5－1**による）
- ΣT_{Ereqi}：地震時における土くさびの安定に必要な補強材の引張力（kN/m）で
  $T_{Ereqi} = P_{hE}$とする。
- w：嵩上げ盛土を一様な荷重に換算した値（kN/m^2）
- z_i：補強土壁天端からの深さ（m）

解図6－14　部材の安全性の照査に用いる地震時土圧の考え方

ここに，
 H：土圧作用高（m）
 ϕ：盛土材料のせん断抵抗角（°）
 δ_E：仮想背面における地震時の壁面摩擦角（°）
 c：粘着力（kN/m²）
 k_h：設計水平震度（「5－2－3設計水平震度」の**解表5－1**による）
 θ：地震時合成角（°）で $\theta = \tan^{-1} k_h$ とする。
 P_E：仮想背面に作用する地震時主働土圧合力（kN/m）
 W：土くさびの重量（kN/m）
 R_E：すべり面に作用する反力（kN/m）
 l：仮定したすべり面の長さ（m）
 z：粘着高（m）で $z = \dfrac{2c}{\gamma} \cdot \tan\left(45° + \dfrac{\phi}{2}\right)$ とする。
 γ：盛土材料の単位体積重量（kN/m³）
 ω_E：仮定したすべり面と水平面のなす角度（°）

解図6－15 補強土壁自体の安定性の照査に用いる地震時土圧の考え方

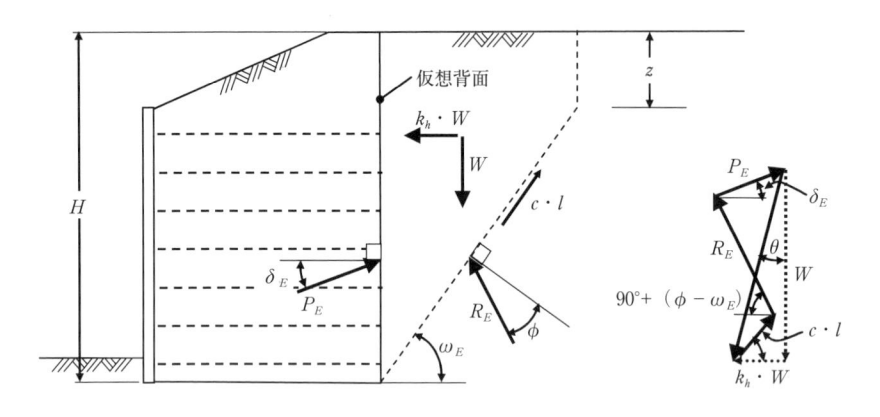

③ 地盤の液状化の影響

　基礎地盤の内部に飽和したゆるい砂質土層が存在すると，地震時に液状化し，強度及び支持力が低下する可能性がある。したがって，このような地盤上に補強土壁を適用する場合には，設計において地盤定数の低減や必要に応じ地盤改良等による基礎地盤の対策を検討する。なお，地盤の液状化の判定及び地盤定数の低減については，「道路土工－軟弱地盤対策工指針」によるものとする。

6-4 使用材料

> (1) 盛土材料には，補強材による補強効果が発揮され，敷均し・締固めが容易で，かつ有害な変形が生じない材料を用いる。
> (2) 補強材は，必要な引抜き抵抗力を発揮できる形状・寸法・強度，並びに施工性や土中環境下における耐久性，環境適合性等の性能を満足する品質を有し，その性状が明らかなものを用いる。
> (3) 壁面材及び壁面材と補強材との連結部は，必要な強度とともに，紫外線や凍結等の環境条件に対して十分な耐久性，環境適合性等の性能を満足する品質を有し，その性状が明らかなものを用いる。

(1) 盛土材料

　盛土材料には，補強材による補強効果が発揮され，敷均し・締固めが容易で，かつ有害な変形が生じない材料を用いる。

　補強土壁の補強領域の機能は，補強材と盛土材の相互作用による補強効果に依存するため，適用する盛土材料の特性の影響を大きく受ける。このため，**解表6－1**に示すような補強土壁の構造形式や特徴を踏まえ，適用できる盛土材料の材料特性を把握しておく必要がある。

　一般に，補強土壁の盛土材料には，圧縮変形量が小さく，通常の施工管理の下で補強材に損傷を与えないで,所定の締固め度と必要な引抜き抵抗力を発揮でき，吸水による膨潤性や強度の低下が少ない地盤材料を使用する。土質区分として細粒分の少ない粗粒土が適当である。有機質を多く含む土や圧縮性の高い粘性土は適用しない。また，細粒土に分類される地盤材料は，原則として適用しない。改良材による土質安定処理については，処理土が固結した場合，補強材の引抜き抵抗機構に影響し，補強土壁の特徴である柔構造としての挙動が期待できなくなるおそれがある。さらに，固結した処理土の透水性は低いため，補強領域からの排水が難しくなる。このため改良材の使用に当たっては，供用期間中の補強土壁の安定性に問題が生じないことを確認する必要があり,安易に適用してはならない。

　石分を含む材料では，施工の際に岩の周囲に空隙や締固め不足となる箇所が生

じたり，尖った形状の石で補強材が損傷する場合がある。これらのことが懸念される材料については，事前に締固め試験を実施し，使用の適否や施工・施工管理方法を確認する必要がある。また，岩石材料の中には，施工時の建設機械の走行による衝撃等により容易に粘土化する材料や，長期にわたる乾湿の繰返しにより細粒化する材料もあるため，適用に当たっては，岩の破砕試験，岩のスレーキング試験等の土質試験を実施し，その適否を判断する必要がある。

さらに，補強材は，主に鋼材や合成高分子材料を素材とし，盛土中に敷設されるため，盛土材料には補強材の耐久性に影響を及ぼさないことが求められる。特に，強酸性や強アルカリ性，電気比抵抗が低いもの，もしくは塩化物濃度や硫酸塩濃度の高い特殊な地盤材料は，盛土材料として適用しないものとする。

盛土材料の設計諸定数は，「4-3 土の設計諸定数」を参考にし，原則として土質試験及び原位置試験等の試験結果により適切に定める。

(2) 補強材

補強材は，十分な引張強度と高い伸び剛性，施工性，一般的な土中環境下における長期間の耐久性，環境適合性等の性能，並びに盛土材との間で十分な引抜き抵抗力を発揮できる寸法・形状を有し，その性状が明らかなものを用いる。代表的な補強材には，帯状鋼材やアンカープレート付き棒鋼等の鋼製補強材，合成高分子材料を素材とする面状のジオテキスタイル等がある。鋼製補強材では，メッキにより耐久性を向上させているが，耐久年数の算定には腐食しろを考慮する。また，ジオテキスタイルは，上記のほか長期間の荷重に対するクリープ変形が小さく，盛り立て作業に伴う施工機械の衝撃に対して補強材の損傷度合いが小さく，大きな強度低下を起さないものを用いる。

(3) 壁面材

壁面材は，盛土材の崩落・こぼれ出しを防ぐとともに，土中に敷設された補強材と連結することにより，補強材と一体となって盛土材を拘束し，補強効果を発揮する重要な役割を果たしている。このため壁面材及び壁面材と補強材との連結部材は，作用する荷重に対して十分な強度と変形に対する抵抗を有していなけれ

ばならない。さらに，外気に露出する表面部分は，紫外線や寒冷地における凍結等に対する十分な耐候性を有し，腐食等に対する耐久性等も求められる。また，必要に応じて周囲の環境にも配慮する必要があり，これらの部材は，強度，施工性，耐久性，環境適合性等の性能を満足する品質，並びに形状・寸法等を有し，その性状が明らかなものを用いる。

　代表的な壁面材の種類としては，壁面の勾配を鉛直にする場合は，主にコンクリート製や鋼製のパネル，コンクリートブロック等の剛な壁面材が用いられる。壁面に勾配を設ける場合は，主に鋼製枠等の柔な壁面材が用いられる。なお，壁面を植生で保護する場合は，植物の生育が可能な勾配を設ける必要がある。

　壁面材を鉄筋コンクリート部材とする場合の鉄筋の配置等に関する構造細目については，「5-6　鉄筋コンクリート部材の構造細目」及び「5-7-8　プレキャストコンクリート擁壁」によるものとする。

6-5 部材の安全性及び補強土壁の安定性の照査

> 補強土壁の部材の安全性及び補強土壁の安定性は，常時及び地震時の設計で考慮する荷重に対し，以下の項目について照査を行う。
> (1) 補強土壁の部材の安全性は，補強材の破断や引抜き，壁面材の破壊及び壁面材と補強材の連結部における破断に対して安全であることを照査する。
> (2) 補強土壁の安定性は，次の項目について照査を行う。
> 　1) 補強土壁自体の安定性は，補強土壁を一つの土工構造物とみなし，これに作用する荷重に対して安定であるとともに，変位が許容変位以下であることを照査する。このとき，許容変位は，補強土壁により形成される道路及び隣接する施設から決まる変位を考慮して定める。
> 　2) 補強土壁及び基礎地盤を含む全体としての安定性は，補強土壁の背面盛土及び基礎地盤を含む地盤全体のすべり破壊や基礎地盤の沈下，液状化の影響等について検討する。

補強土壁は，盛土としての特徴と擁壁としての機能を併せ持つ土工構造物である。その構造形式については，設置する箇所の設計条件，施工条件，環境条件等を踏まえ，適切に選定する必要がある。

補強土壁の設計に当たっては，補強土壁を構成する部材の安全性に対する照査，補強土壁自体の安定性に対する照査，補強土壁及び基礎地盤を含む全体としての安定性に対する検討を行う。以下に，各検討項目における照査・検討方法について，その考え方を示す。

(1) 補強土壁の部材の安全性の照査

補強土壁の部材の安全性に対する照査では，**解図6-16**に示すように，壁面材に作用する土圧によって発生する補強材の引張力に対して，補強材の破断，引抜き，壁面材の破壊及び壁面材と補強材の連結部の破断に対する安全性を照査し，補強材や壁面材等の強度並びに補強材の引抜きに対して必要となる補強材の長さや設置間隔を設定する。

(a) 補強材の破断照査　　(b) 補強材の引抜き照査

(c) 壁面材の破壊及び連結部の破断照査

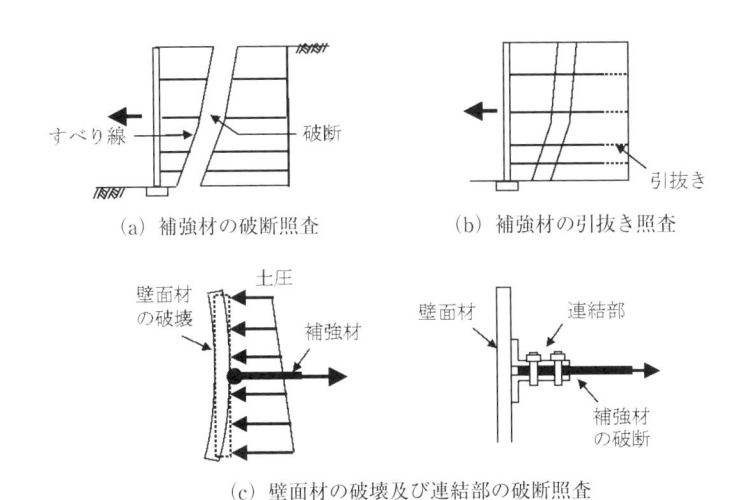

解図6-16　部材の安全性の照査における照査項目

1) 補強材の破断及び引抜きに対する照査

解図6-17に示すように，壁面材には，「6-3(2)　土圧」に示した土圧が作用する。補強土壁が安定するためには，補強材には壁面材に作用する土圧の水平土圧合力P_hと釣り合う引張力ΣT_{reqi}が必要となる。深さZ_iの補強材に作用する引張力の大きさは，連結した壁面材に作用する水平土圧p_{hi}に補強材の配置間隔S_{Vi}, S_{hi}を乗じて求める。

補強材の破断及び引抜きについては，この引張力T_{reqi}に対し，補強材の破断や安定領域側での補強材の引抜きが生じないことを照査する。地震時は，地震時土圧に対する照査を行う。なお，配置間隔は，盛土材と補強材による拘束効果を十分に期待できる間隔とする。(「6-9　付帯する構造」参照)

補強材の破断については，補強材に作用する引張力T_{reqi}が，補強材の設計引張強さを上回らないことを照査する。

補強材の引抜きについては，補強材に作用する引張力T_{reqi}が仮定したすべり面より奥側の安定領域側に位置する補強材の設計引抜き抵抗力T_{pi}を上回らないことを照査する。設計引抜き抵抗力T_{pi}は，補強材を設置した深さZ_iでの土の土かぶり圧（$\gamma \cdot Z_i$）を基に，摩擦で抵抗力を発揮する補強材では補強材の長さ・

幅から，支圧力で抵抗力を発揮する補強材では支圧板の寸法・形状等から，それぞれ安全率を考慮して求める．

以上より，補強材の必要な長さまたはアンカー体の寸法・形状や配置位置を定める．補強材の安定領域での定着長（敷設長さ）やアンカー体の寸法・定着位置は，補強材の引抜き抵抗力が確実に発揮できる余裕を持った設定とする．

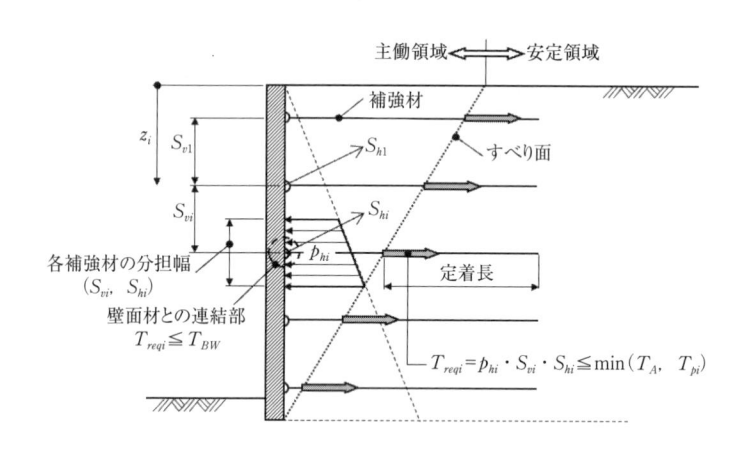

ここに，
p_{hi}：壁面材に作用する水平土圧（kN/m^2）
S_{vi}, S_{hi}：補強材の鉛直及び水平配置間隔（m）
z_i：補強土壁天端からの深さ（m）
T_{reqi}：各補強材に作用する引張力（kN/m）
T_{pi}：各補強材の引抜き抵抗力（kN/m）
T_A：補強材の設計引張強さ（kN/m）
T_{BW}：壁面材と補強材との連結部の設計強度（kN/m）

解図6-17　補強材に作用する引張力の考え方

2）壁面材の破壊及び壁面材と補強材との連結部における破断に対する照査

壁面材の破壊については，壁面材に作用する土圧及び補強材に作用する引張力T_{reqi}により，壁面材のコンクリートや鋼材等に生じる応力が許容応力度を上回らないことを照査する．また，壁面材と補強材との連結部における破断については，補強材に作用する引張力T_{reqi}が，壁面材と補強材との連結部の設計強度T_{BW}を

上回らないことを照査する。

(2) 補強土壁の安定性の照査
1) 補強土壁自体の安定性の照査

補強土壁自体の安定性に対する照査として，補強土壁を一つの土工構造物とみなし，この土工構造物に作用する荷重に対して安定であるとともに，変位が許容変位以下であることを照査する。このときの許容変位は，補強土壁により形成される道路及び隣接する施設に有害な影響を及ぼさない変位とする。なお，変位の照査については，通常の地盤では，安定に対する照査を行えば一般に省略してもよい。ただし，補強土壁の規模や地盤条件等から補強土壁の変形が予想される場合，変形に関する制限が厳しい箇所等，厳しい条件下で補強土壁を適用する場合は，必要に応じて沈下・変形に対する照査を行うものとする。

[参考6－1] 補強土壁自体の安定性の照査

補強土壁自体の安定性の照査においては，壁面工及び部材の安全性の照査により決定した補強領域からなる補強土壁を一つの土工構造物とみなし，「5－3－2 直接基礎の擁壁の安定性の照査」に準拠し，参図6－1のように，滑動，転倒及び支持に対して安定であることを照査する方法がある。

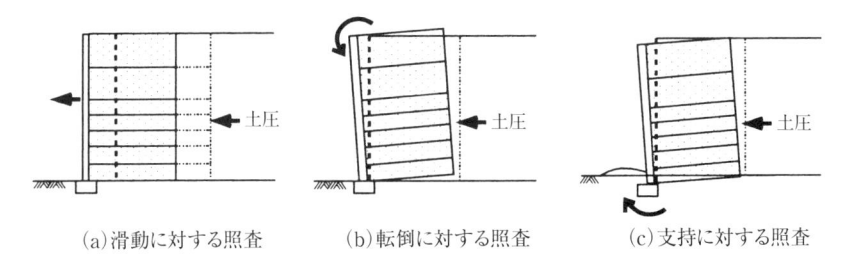

(a) 滑動に対する照査　　(b) 転倒に対する照査　　(c) 支持に対する照査

参図6－1　補強土壁自体の安定性の照査項目

① 滑動に対する安定の照査

滑動に対する安定の照査は，補強土壁の仮想背面に作用する土圧，慣性力等による滑動力と，補強土壁の底面に生じる滑動抵抗力とを比べて，所定の安全率（5

−3−2参照）を有するかを照査する。ジオテキスタイル補強土壁のように，補強土壁の底面全面に補強材を配置する場合は，底面に生じる滑動抵抗力として，基礎地盤と補強材，補強材と盛土材の間に生じるせん断抵抗力のうち最小となる値を用いて照査する。

② 転倒に対する安定の照査

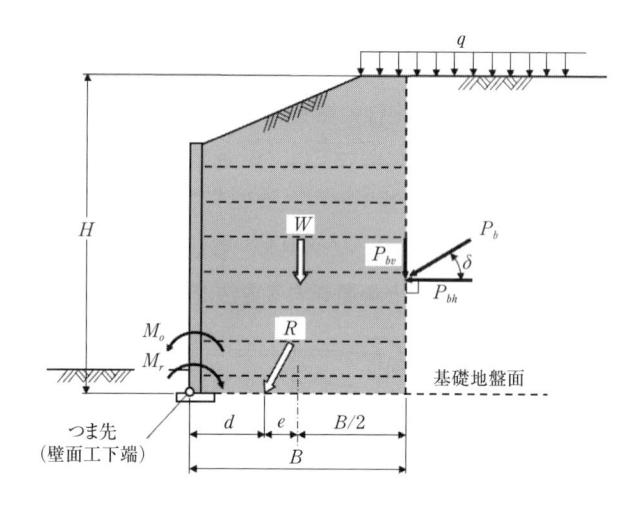

　転倒に対する安定の照査は，**参図6−2**のように，補強土壁に作用する荷重の底面での合力Rの作用位置dを式（解5−11）により求め，補強土壁の底面幅Bの中央からの偏心距離eが許容値内（常時では底面幅の中央の$B/3$の範囲内，地震時では$2B/3$の範囲内）に入ることを照査する。なお，補強土壁は，後方へ転倒するような挙動を示さないため，合力Rの作用位置が補強土壁の底面幅Bの中央から後方に位置する場合は，転倒に対しては安定とみなしてよい。

ここに，
　　M_r：補強土壁のつま先回りの抵抗モーメント（kN・m/m）
　　M_o：補強土壁のつま先回りの転倒モーメント（kN・m/m）
　　R：荷重の合力（kN/m）
　　P_b：補強土壁の仮想背面に作用する主働土圧合力（kN/m）
　　P_{bh}：主働土圧合力の水平成分（kN/m）
　　P_{bv}：主働土圧合力の鉛直成分（kN/m）
　　$δ$：補強土壁の仮想背面における壁面摩擦角（°）
　　W：補強土壁の自重（kN/m）

q：載荷重（kN/m）
H：土圧作用高（m）
B：補強土壁の底面幅（m）
d：つま先から荷重の合力Rの作用位置までの距離（m）
e：補強土壁の底面幅中央から合力作用位置までの距離（m）

参図6-2 作用荷重と合力の作用位置の考え方

③ 支持に対する安定の照査

　補強土壁は柔な構造特性を有し，底面に作用する地盤反力は，仮想背面に土圧が作用しても剛なコンクリート擁壁において見られるような偏った反力分布は生じにくいことが実験等で確かめられている。このため，通常の盛土と同様に，円弧すべりにより地盤のせん断破壊を照査することで，支持に対する安定の照査は省略してもよい。ただし，壁面材にパネルやブロック等を用いる場合は，壁面工の基礎底面に地盤反力が集中することがあり，支持に対する安定の照査を行うものとする。その際，壁面工の基礎と補強領域の基礎地盤面で沈下・変形に大きな差が生じないように留意する。

　補強土壁の支持に対する安定の照査は，補強領域の基礎地盤面に作用する鉛直地盤反力度を**参図6-3**に示すように，自重，補強土壁の仮想背面に作用する主働土圧合力の鉛直成分，載荷重等の鉛直成分が補強領域の底面に均等に作用するものとして求め，基礎地盤の許容鉛直支持力度以下であることを照査する。また，壁面材に剛なコンクリート製のパネルやブロックを用いる場合は，壁面工の基礎に壁面材の自重と壁面材に作用する土圧合力の鉛直成分P_Vが作用するものとして照査する。なお，壁面材に作用する土圧合力の鉛直成分は，土圧合力の水平成分P_hと土圧合力の作用方向δwより求められ，通常，土圧作用面の状態が土とコンクリートの場合は，常時$\delta w = 2\phi/3$，地震時$\delta w = \phi/2$としてよい。

　補強土壁を斜面上に適用する場合には，斜面の影響を考慮した許容鉛直支持力度を用いて照査を行う。なお，斜面上の直接基礎の極限支持力の算出方法については，［参考5-3］に示しているので，これを参照して斜面の影響を考慮した許容鉛直支持力度を検討するとよい。また，表層は軟弱であるが，比較的浅い位置に良質な支持層がある場合には，安定処理や良質土による置換えを行い，改良地

盤を形成してこれを基礎地盤とし，その上に補強土壁を設けることがある。その際，改良範囲は補強土壁の底面全幅以上を対象とすることを原則とし，安定の照査は［参考5－6］を参考に入念な検討を行う必要がある。さらに，補強土壁の規模や地盤条件等から補強土壁の変形が予想される場合，変形に関する制限が厳しい箇所等，厳しい条件下で補強土壁を適用する場合は，支持に対する安定の照査とともに，必要に応じて沈下・変形に対する照査を行うものとする。

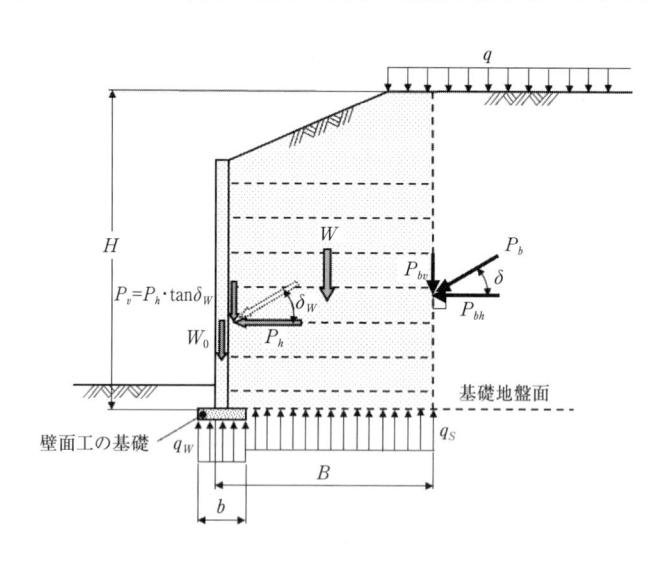

ここに，
　　P_h：壁面材に作用する土圧合力の水平成分（kN/m）
　　P_v：壁面材に作用する土圧合力の鉛直成分（kN/m）
　　δ_w：壁面材に作用する土圧合力の作用方向（°）
　　W_0：壁面材の自重（kN/m）
　　q_s：補強領域の底面における鉛直地盤反力度（kN/m^2）
　　q_w：壁面工の基礎底面における鉛直地盤反力度（kN/m^2）
　　b：壁面工の基礎幅（m）

　　　参図6－3　補強土壁の地盤反力度の分布の考え方

2）補強土壁及び基礎地盤を含む全体としての安定性の検討
　補強土壁及び基礎地盤を含む全体としての安定性については，**解図6－18**に示

すように，補強土壁の外側及び補強領域を横切るすべりや基礎地盤の沈下，液状化の影響等に対する検討を行う。

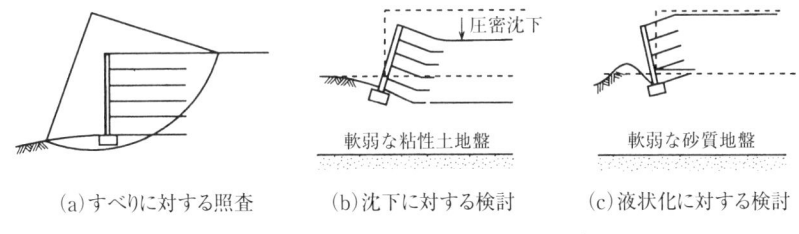

(a)すべりに対する照査　　(b)沈下に対する検討　　(c)液状化に対する検討

解図6－18　全体としての安定性に対する検討項目

① 補強土壁の外側及び補強領域を横切るすべりに対する安定の照査

補強土壁の外側及び補強領域を横切るすべりの照査は，補強土壁を含めた背面盛土及び基礎地盤を含む全体のすべりに対する安定を照査する。特に，**解図6－19**に示すように，補強土壁の背後に高い嵩上げ盛土を設ける場合や斜面上等に補強土壁を設置する場合は，背面盛土及び基礎地盤を含めた補強土壁の外側及び補強領域を通過する全てのすべりに対する照査を行う。なお，補強領域を横切るすべりの照査では，仮定するすべり面を横切る補強材の引抜き抵抗力を考慮する。これらの検討は，「道路土工－盛土工指針」及び「道路土工－切土工・斜面安定工指針」を参考にするのがよい。

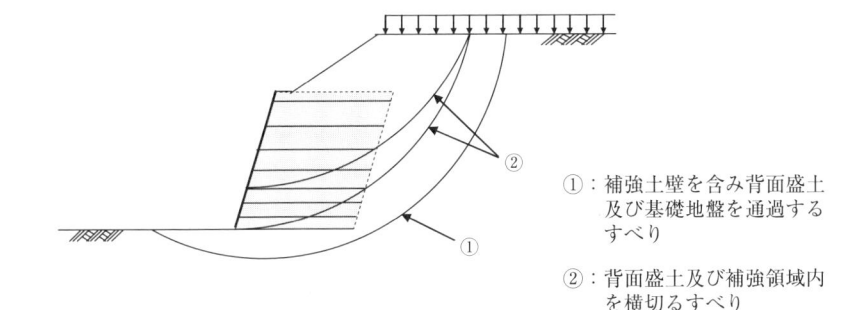

①：補強土壁を含み背面盛土及び基礎地盤を通過するすべり

②：背面盛土及び補強領域内を横切るすべり

解図6－19　想定される全てのすべり面に対する安定の照査

② 基礎地盤の沈下に対する検討

　基礎地盤に軟弱な土層を含む場合には，圧密沈下に対する検討が必要である。「6-1(2)　補強土壁の適用」に記述したように，軟弱地盤上に補強土壁を構築した場合，軟弱な土層の層厚や荷重の大きさの違いに起因した不同沈下により壁面材の開きや角欠け等の変状・損傷を生じることがある。また，過度な沈下が生じると，応力集中により補強材や壁面材等の部材に損傷等が発生し，補強土壁の安定性に重大な影響を及ぼすこともある。このため軟弱地盤上に補強土壁を適用する場合には，「道路土工－軟弱地盤対策工指針」に従い，基礎地盤のすべりに対する安定とともに，圧密沈下についても検討を行い，変形・変状が懸念される場合には，必要な対策を検討する。

③ 液状化の影響に対する検討

　基礎地盤に液状化が懸念されるゆるい砂質土層が存在する場合には，地盤の液状化に対する安定性を検討する。なお，地盤の液状化の判定については，「道路土工－軟弱地盤対策工指針」を参考にするとよい。

6-6　耐久性の検討

> 補強土壁の設計に当たっては，経年劣化に対して十分な耐久性が保持できるように配慮しなければならない。

　補強土壁の設計に当たっては，経年的な劣化による影響を考慮するものとする。補強土壁に用いる部材には，壁面材に用いられる鉄筋コンクリートや鋼製パネル，補強材に用いられる鋼板，棒鋼等の鋼材や合成高分子材料，連結部材に用いられる鋼製部材，盛土材料のこぼれ出し防止材等に用いられる合成高分子材料等がある。これらの部材の劣化や腐食を起因とする損傷により本来の機能が損なわれないように，長期間，大気中や土中での環境下に置かれても性能を保持できる耐久性が求められる。

(1) 鋼製材料

　土中に置かれた鋼製材料は，土中水の水素(H)イオンや塩化物(Cl)イオン，溶存酸素，自然電位，迷走電流，バクテリアの活動等により腐食することが知られている。一般に腐食要因の少ない土は，有機質を含まない砂質土系の土とされている。土の腐食性は，土のpH，電気比抵抗，塩化物濃度，硫酸塩濃度を測ることにより判断することが可能である。鋼製材料の防食法としては，表面処理として亜鉛メッキがあり，腐食しろと合わせ十分な対策を行えば，一般的な環境下においては十分耐久性を有しているとみることができる。一般的な環境下でない場合には，その影響を考慮する必要がある。

　メッキ等の表面処理を施した鋼製材料の気中における耐食性の代表的な評価試験法として，塩水噴霧による腐食促進試験がある。これは塩水腐食環境下における耐食性を，外観やメッキ消耗量の変化により評価するものである。

(2) 合成高分子材料

　合成高分子材料からなるジオテキスタイルを土中で使用する場合の環境条件は，通常，温度 −5 〜 30℃，pH=5 〜 9の範囲で，有害な化学物質を含まない条

件を想定している。このため，温泉地帯，噴気ガスの発生する箇所やセメント系固化材（pH=10～13）による改良地盤等の環境条件で使用する場合には，耐久性に関する調査を行い，必要に応じて耐久性評価試験を行うなど，ジオテキスタイルへの影響を把握する必要がある。耐久性評価試験としては，耐候性試験，耐薬品性試験等がある。耐候性試験は，太陽光線や温度，湿度，降雨等，屋外の自然環境変化の影響を確認するもので，屋外暴露試験や人工的に紫外線の照射や水の散布を行い，劣化を促進させる促進暴露試験がある。耐薬品性試験は，酸やアルカリ等の溶液に材料を浸し，引張強さ等の低下を把握するものである。その他の耐久性試験としては，クリープ試験や特殊な環境下での耐微生物試験等がある。

ジオテキスタイルでは，これらの劣化の影響を考慮し式(解6-1)に示すように，最大引張強さ T_{max} を各種の材料安全率で割り引くことにより，設計引張強さ T_A を設定する。なお，施工中の耐損傷性を考慮した材料安全率，及び接続部の強度低下を考慮した材料安全率は，耐衝撃性試験及び接続部の引張試験より求められる材料安全率である。

$$T_A = \frac{T_{max}}{F_{cr} F_D F_C F_B} \quad \cdots\cdots\cdots\cdots\cdots\cdots\cdots\cdots\cdots\cdots\cdots\cdots\cdots\cdots\cdots\cdots\cdots\cdots\cdots (解6-1)$$

ここに，

T_A：ジオテキスタイルの設計引張強さ（kN/m）

T_{max}：ジオテキスタイルの最大引張強さ（kN/m）

F_{cr}：クリープを考慮した材料安全率

F_D：耐久性（(耐候性，耐薬品性等）を考慮した材料安全率

F_C：施工中の損傷を考慮した材料安全率

F_B：接続部の強度低下を考慮した材料安全率

(3) コンクリート部材

壁面材として用いられる鉄筋コンクリート部材のコンクリートの耐久性については，「5-5 耐久性の検討」を参照するとよい。

6-7 基礎工

(1) 壁面工の基礎は，基礎地盤や壁面材の種類，荷重条件等に応じて適切な基礎形式を選定する。また，基礎地盤は，有害な沈下や変形等が起きないよう適切な措置を行う。
(2) 壁面工の基礎の根入れ深さは，将来予想される地盤の洗掘や掘削の影響を考慮して，適切に確保するものとする。

(1) 壁面工の基礎及び基礎地盤

　壁面工の基礎には，壁面材の自重に加え壁面に作用する土圧合力の鉛直成分が作用するため，十分な支持力を確保できる構造とする。壁面工の基礎形式は，**解図6-20**に示すように，良好な基礎地盤面上に設置する布状基礎や，良好な支持層まで掘削して設ける重力式基礎等があり，基礎地盤や壁面材の種類，荷重条件等に応じて適切な基礎形式を選定する。剛な壁面材を用いる場合は，基礎の仕上がり面の不陸が壁面の変形の原因となるため，平坦性の確保が極めて重要である。

　重力式基礎は，補強土壁を山岳地の急峻な地形等に設置する場合に，平坦な基礎地盤を確保し，壁面工からの荷重を崩積土等の土層を避け，堅固な基礎地盤に伝達するために用いられる。この重力式基礎の設計は，重力式基礎の天端に作用する壁面及び補強土壁底面からの作用荷重と，背面盛土による土圧を考慮し，「5-7-2　重力式擁壁」と同様に滑動，転倒及び支持に対する安定について照査する。

　また，基盤地盤の変形は，補強土壁の仕上がりに大きく影響する。このため補強土壁の基礎地盤は，有害な沈下や変形等を生じないよう荷重や地盤条件に応じて適切な措置を行う。一般の地盤条件では，良質土を用いて平坦かつ水平に仕上げる。

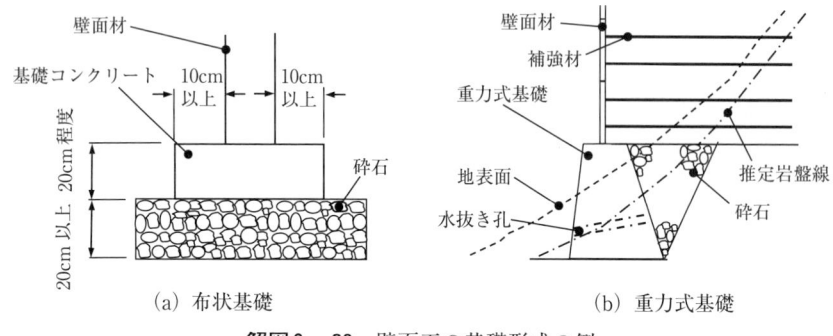

解図6－20　壁面工の基礎形式の例

(a) 布状基礎　　　　(b) 重力式基礎

(2) 根入れ深さ

　壁面工の基礎の根入れ深さ（D_f）は，解図6－21に示すように，原地盤面あるいは計画地盤面から補強土壁の基礎地盤面または壁面工の基礎天端までの深さで，原則として50cm以上とし，基礎地盤のせん断抵抗力等を確保できるように洪水時や豪雨時の洗掘，人為的な掘り返しによる前面地盤の撤去，凍結や融解等の影響を考慮して決定する。補強土壁を水辺構造物として適用する場合は，基礎を岩着させるなど，基礎地盤の洗掘や盛土材のこぼれ出しが生じないように，補強土壁の前面には根固め工を設けるなど基礎の安定には十分な対策を検討する。

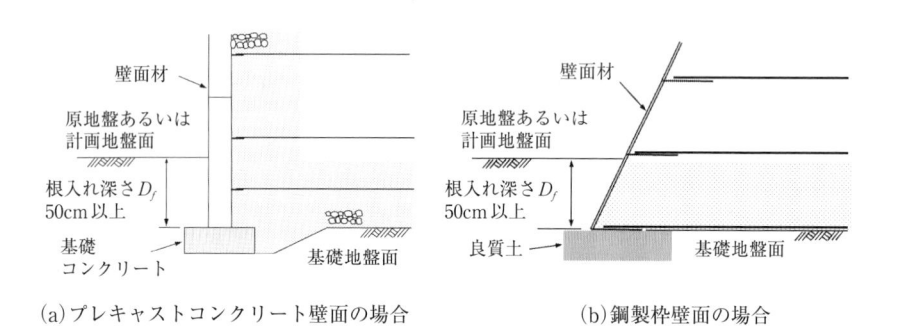

(a) プレキャストコンクリート壁面の場合　　　(b) 鋼製枠壁面の場合

解図6－21　基礎の根入れ深さの例

— 262 —

6-8 排 水 工

6-8-1 一 般

> 補強土壁には，雨水や雪解水，湧水等の補強領域内への浸入を防止するとともに，浸透してきた水を速やかに排除するため，補強土壁の設置条件や構造に応じて，適切に排水工を設ける。

　補強土壁は，コンクリート擁壁と同様に，確実な排水対策を前提として設計が行われる。コンクリート擁壁における裏込め土への水の浸入は，主に裏込め土の単位体積重量の増加と強度低下による土圧の増加として影響する。これに対し補強土壁では，補強領域内に水が浸入すると，土圧の増加に加え，補強材の引抜き抵抗力や支圧抵抗力の減少を招くなど，コンクリート擁壁に比べて安定性に及ぼす影響は大きい。補強土壁に大きな変形や変状が生じた事例の多くは，不適切な水処理と関連している。このため，補強土壁では水の影響を受けないように，確実な表面水及び地下水に対する排水対策とその維持管理が不可欠となる。

　排水対策としては，路面やのり面に降った雨水・雪解水，あるいは補強土壁が横断する沢の水を円滑に流下・排除し，補強領域への浸入を防止する表面排水工と，切土面における湧水等の補強領域内への浸入の防止と補強領域内に浸透した水を速やかに排除する地下排水工がある。また，施工中においても，その進捗状況に応じて，補強領域内への水の浸入を防ぐ適切な排水対策を行う必要がある。**解図6-22**には，切土面に設置する補強土壁と谷部を横断して設置する補強土壁の排水工の例を示す。

　これらの排水工は，盛土や切土等の他の土工構造物と合せて，道路全体で調査・計画・設計が行われる。一般に，補強土壁は規模が大きく，湧水や地下水等を集めやすい谷部や傾斜地等の厳しい条件下に設置されることが多く，一旦，水の影響で安定性が損なわれた場合には，その変状に伴う道路交通等への影響も大きい。このため補強土壁の排水工の計画に当たっては，道路全体の排水計画と整合しながら，十分な排水工を設計する必要がある。

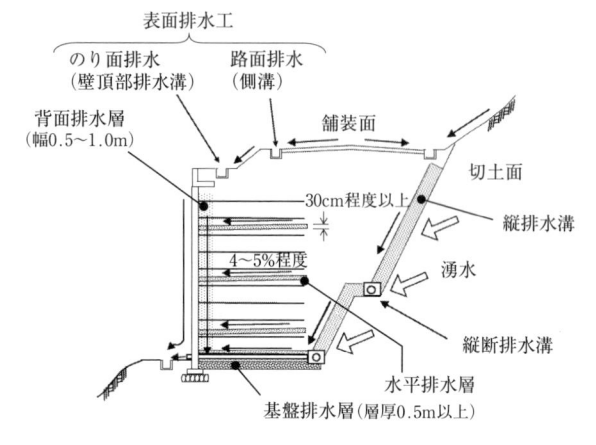

(a) 切土を伴う急傾斜地における排水工

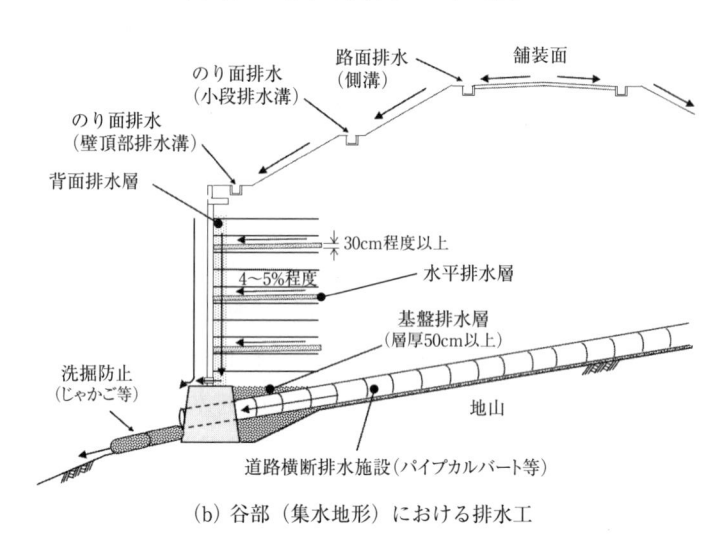

(b) 谷部（集水地形）における排水工

解図6－22　補強土壁の排水工の例

　なお，道路土工に共通する排水工の調査から維持管理に関する事項については「道路土工要綱　共通編」に，盛土の表面排水工及び地下排水工については「道路土工－盛土工指針」に，切土のり面での表面排水工や地下排水工については「道路土工－切土工・斜面安定工指針」に，道路横断排水施設については，「道路土工－カルバート工指針」に記述されているので，これらを参照されたい。

以下では補強土壁の排水について特に留意すべき事項や固有の事項について記述する。

6-8-2 排水工の設計

(1) 表面排水工は，雨水や雪解水等の表面水の補強領域や背面盛土等への浸入並びにのり面の侵食を防止できる構造とする。
(2) 地下排水工は，補強領域内への湧水や浸透水等の地下水の浸入を防止するとともに，補強領域内等に浸透してきた水を速やかに排除できる構造とする。
(3) 排水材料は，排水層としての性能，耐久性，環境条件，設計方法，施工方法，補強土壁の構造等を十分に検討し，適切な材料を用いる。

(1) 表面排水工

補強土壁の表面排水工としては，のり面排水工と横断排水工がある。

1) のり面排水工

補強土壁の天端に嵩上げ盛土を設ける場合は，盛土や補強領域や基礎地盤への雨水や雪解水等の表面水の浸入やのり面の侵食を防ぐため，のり面には植生工やコンクリートブロック張り等の不透水層を設ける。のり面や路面を流下する表面水は，のり肩，小段，補強土壁の頂部に設ける**解図6-23**に示すように，排水溝で集水し流末まで流下させる。また，切り盛り境は，水を集めやすいため，**解図6-23** (b) に示すような排水溝や地下排水溝を設け，表面水が補強領域等に浸入しないようにする。これらの設置に当たっては，溢水が生じないように十分な断面を見込むとともに，合流部や排水勾配の変化点では跳水，溢水が生じないように排水溝等の構造や流下方向に留意する。また，盛土の沈下が想定される場合には，排水溝の通水能力の低下が生じないように配慮する。これらの排水工の流末は，基礎部の洗掘等が生じないよう配慮するとともに，流域全体で流末処理を計画することが重要である。

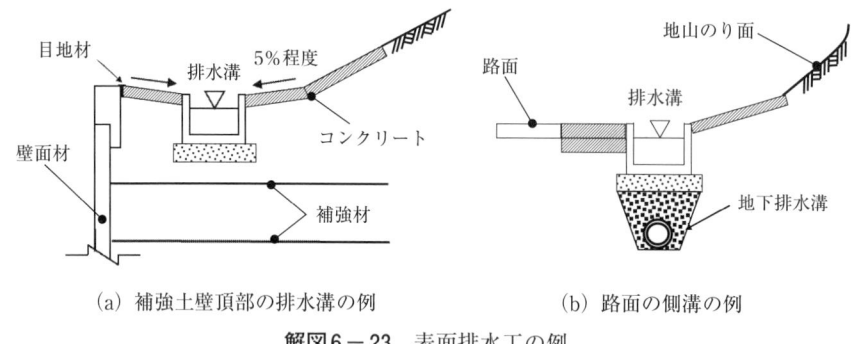

(a) 補強土壁頂部の排水溝の例　　(b) 路面の側溝の例

解図6－23　表面排水工の例

2) 道路横断排水工

　解図6－22(b)に示すような，谷部や沢等の集水地形を横切る場合に設置する道路横断排水施設は，流入する水の流れを阻害しないように断面に余裕をもたせ，流入口の形状や勾配等に十分な配慮が必要である（「道路土工－カルバート工指針」を参照）。

(2) 地下排水工

　補強土壁の地下排水工には，地下排水溝，基盤排水工，水平排水層，壁面背面排水層がある。地下排水工は，補修が困難であるため，目詰まりが生じにくく，盛土や基礎地盤の沈下に追随できるようにする必要がある。

1) 地下排水溝

　自然斜面を切土して補強土壁を設置する場合は，**解図6－22**(a)及び**解図6－24**(a)に示すように，水が集まりやすい切り盛り境や掘削のり面の小段に縦断排水溝を設け，5.0～10.0 m間隔で設けた縦排水溝により基盤排水層または基盤排水溝へと浸透水を導く地下排水工を設ける。また，掘削時に切土面から湧水が流出する場合は，湧水量の程度に応じて排水施設を増設する。湧水量が著しく多い場合には，排水計画全体を再検討し，余裕を持った排水工を計画する。

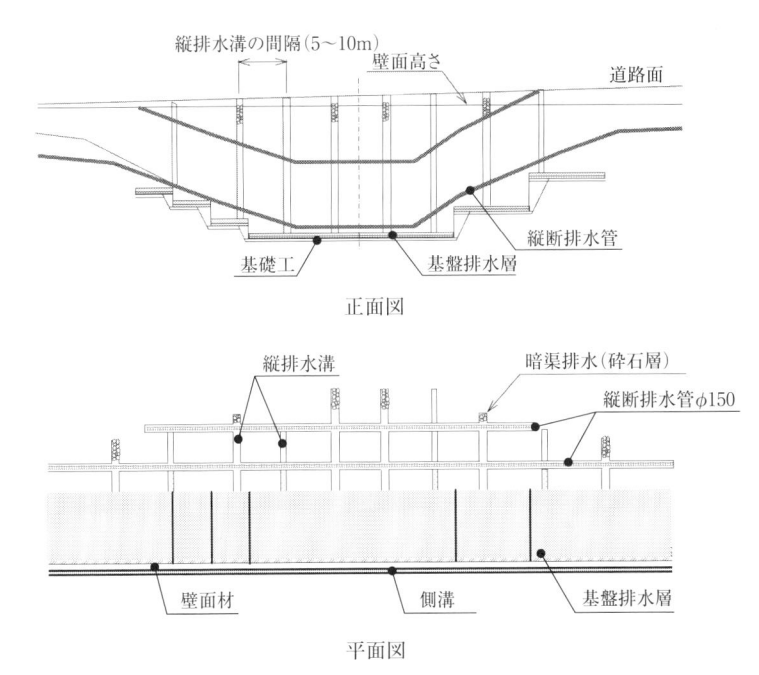

(a) 切土面に設ける地下排水工の配置例

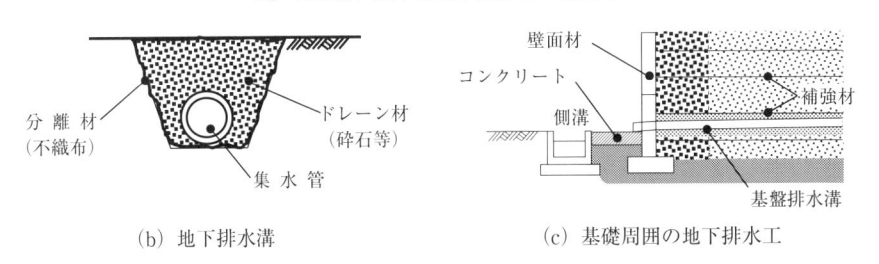

(b) 地下排水溝

(c) 基礎周囲の地下排水工

解図6－24　地下排水工の例

2) 基盤排水工

　補強土壁の底面には，地下水及び地山からの湧水等による補強領域内への浸入を防止し，速やかに補強領域外に排除するため，基礎地盤の表面には厚さ50cm程度以上の基盤排水層または基盤排水溝を設置する。基盤排水層には，砕石または砂等の透水性が高く，せん断強さの大きい土質材料を用いるものとし，透水係数は$1 \times 10^{-3} \sim 1 \times 10^{-2}$（cm/s）程度以上，かつ盛土材料の透水係数の100倍

程度以上とする。また，排水層の設置幅については，補強領域の底面幅程度とし，切土部に補強土壁を設置する場合は，切土面に設置する地下排水溝と連続して排水できる長さを目安にする。

3) 水平排水層

　補強領域内への浸透水を排除するため，必要に応じて盛土の一定厚さごとに，補強領域内に適切な排水勾配で水平排水層を設ける。特に，規模が大きい補強土壁や嵩上げ盛土を有する補強土壁に細粒分を多く含む材料を盛土材として用いる場合には，水平排水層を設置する必要がある。排水材料としては，砕石や砂または高い排水機能を有する不織布を用いる。砕石や砂を用いる場合は，厚さ30cm程度以上で透水係数が$1 \times 1.0^{-3} \sim 1 \times 1.0^{-2}$ (cm/s) 程度以上，かつ盛土材料の透水係数の100倍程度以上の良質な材料を使用する。なお，これらの排水層には，周囲の盛土材が流入して目詰まり等を生じないように，境界部に不織布等を配置しておくのが望ましい。また，補強領域内の水平排水層は，湧水等を補強領域内に導水しないように切り盛り境に設置する縦断排水溝と連結しないことが重要である。

4) 壁面背面排水層

　コンクリート製の壁面材を設ける場合，**解図6－25**に示すように，壁面材の背面には厚さ0.5～1.0m程度の透水性の良い砕石等，または目詰まりが生じにくく十分な通水性を持った透水マット等による背面排水層を設ける。なお，透水性の悪い盛土材料を使用する場合の補強領域内に設ける水平排水層は，背面排水層と接続し，補強領域内に浸入した水を基盤排水層等から速やかに排水できる構造とする。また，砕石等による背面排水層は，寒冷地に見られる壁面材の表面からの凍結による凍上現象の抑制に有効な対策となることが知られており，現地条件に応じて背面排水層の厚さを設定するのがよい。凍上対策については，「道路土工要綱 共通編　3章　凍上対策」を参考とするとよい。

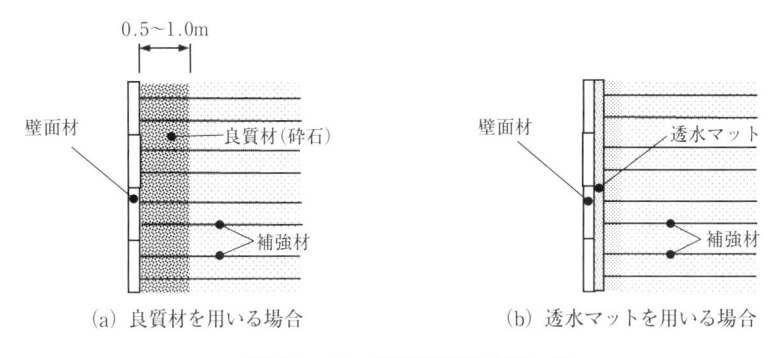

解図6－25　壁面背面排水層の例

(a) 良質材を用いる場合
(b) 透水マットを用いる場合

(3) 排水材料

　排水材料には，透水性が高く，粒度配合の良い砕石，砂利，砂の他に，人工材料である高い排水機能を有した不織布や透水マット等を適用することができる。また，のり面排水工や横断排水工，地下排水工に使用する材料については，盛土工等と共通するので，「道路土工要綱　第2章　排水」や「道路土工‐盛土工指針　4-9　排水施設」を参照されたい。

　補強土壁に用いる排水材料としては，透水性が高く，劣化したり，有害な変形を生じないこと，長期的に周囲の土の流入による目詰まりを生じず，十分な通水性を維持できる性能を有した材料であることを確認する必要がある。また，壁面工の近傍では人力による締固め作業となるため，壁面背面排水層や水平排水層には，締固めが容易で作業性の良い排水材料を選定する必要がある。基礎排水層に用いる材料は，大きな鉛直土圧が作用しても十分な通水性が求められるため，透水マット等の人工材料の適用は避ける。

6-9　付帯する構造

6-9-1　補強材の配置，壁面材の目地等

> (1) 補強材は，適切な設置間隔で配置する。また，最上段の補強材には，必要な引抜き抵抗力を確保するため，適切な土かぶりを設ける。
> (2) 補強土壁の壁面材には，壁面材間や隣接する構造物との間での挙動の相違による壁面材の破損や開きを防止するための措置を行う。
> (3) 壁面材の背面等には，盛土材のこぼれ出しを防止するための対策を行う。

(1) 補強材の配置

　補強材は適切な間隔で配置しなければならない。補強材の設置間隔を広くすると盛土材との拘束効果や補強領域の一体化効果が損なわれるなど，構造上の問題を生じる。このため補強材の設置間隔は，鉛直方向は最大1.0m程度で，水平方向は面状の補強材は連続して配置し，帯状や線状の補強材は鉛直方向と同程度の間隔に配置する。なお，鉛直方向への設置間隔は，盛土締固めの仕上がり層厚の整数倍の間隔にしておけば，締固めの管理等の面では効率的である。

　補強領域の上段部に位置する補強材は，土かぶり厚さが薄いと十分な引抜き抵抗力が作用せず，地震時に変形が生じやすい。このため引抜き抵抗力を発揮できる適切な長さや土かぶり厚さを確保し，十分に締固めを行うことが必要である。

　なお，壁面材の脱落は盛土材のこぼれ出しをまねき，補強土壁の崩壊につながるため，補強材は壁面材を確実に支持できるように配置するとともに，補強材と壁面材との連結部の一部に損傷や破断が生じても壁面材が一気に脱落しない構造とする必要がある。

(2) 壁面材の配置

　補強土壁の壁面には，縦断方向に基礎形式が異なる場合や壁高の高低により補強材の配置が大きく変化するような箇所では，**解図6-6**に示したように，施工時の変形や基礎の不同沈下等により，壁面工の縦断方向にクラックや開き等を生じることがある。そのような変形が予想される箇所には，壁面工に適切な間隔で

鉛直目地を設ける。また，補強土壁を橋台やカルバート等の剛な構造物と直接，接して設ける場合，地震時に補強土壁と構造物の挙動が異なるために壁面材が破損することがある。このような箇所では，緩衝部を設けるなど，相互の変形の相違を吸収させ，壁面工や構造物の破損を防止するための措置を行なう。

(3) こぼれ出し防止材・壁面保護工

パネルやブロック等の剛な壁面材を用いる場合は，隣り合う壁面材の継目や目地部，壁面材に設けた水抜き孔，補強土壁と隣接する他の構造物との境界部等から，排水にともない背面の盛土材が流出しないよう留意する。また，補強土壁の変形に伴い壁面材の継目等に開きやズレが生じた場合においても，盛土材のこぼれ出しが生じないように，不織布等の透水性を有したこぼれ出し防止材を壁面工の背面に設ける。

鋼製枠とこぼれ出し防止用の不織布で構成される壁面工や，植生土のう等を補強材で巻き込んだ壁面工では，表面に露出したジオテキスタイル（不織布，補強材等）が紫外線による劣化や衝突・火災等により損傷することが考えられる。このため**解図6−26**に示すような，壁面保護工を設け壁面材を保護する。

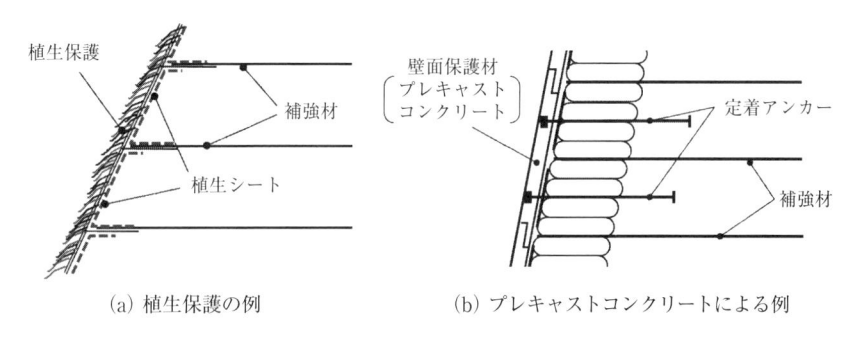

(a) 植生保護の例　　　(b) プレキャストコンクリートによる例

解図6−26 壁面保護工（例）

6-9-2 付属施設

> (1) 交通安全施設，交通管理施設，環境保全施設等の付属施設の設置に当たっては，施設の設置目的，経済性，維持管理，用地条件，周辺環境条件等を十分に考慮する。
> (2) 付属施設の基礎は，補強土壁と分離し，その影響が補強土壁本体に及ばないように計画するのが望ましい。用地条件や周辺環境条件等の理由から，付属施設を補強土壁に直接取り付ける場合には，付属施設が補強土壁に及ぼす影響を十分に考慮して必要な対策を行う。

(1) 付属施設の計画

道路の付属施設を計画するに当たっての基本的な考え方は，「5-10-2 付属施設」によるものとする。

(2) 付属施設の設置方法

補強土壁の上部に道路の付属施設を設置する場合は，**解図6-27**に示すように，補強土壁本体が付属施設に作用する荷重の影響を直接受けないように，補強土壁上には付属施設の埋込み深さを確保できる嵩上げ盛土を設けて，分離することを原則とする。用地幅や線形等の関係から，埋込み深さ以上の嵩上げ盛土を設けることができない場合は，壁面材や補強材と道路付属施設の基礎とは連結せず，「車両用防護柵標準仕様・同解説」に示された支持条件と同等以上となるような対策を行う。

また，補強領域内に防護柵等の基礎を設置する場合は，補強材に与える影響を考慮する。コンクリート製等の剛な壁面材の頂部に防護柵を設ける場合は，L型独立防護柵基礎構造を標準とする。この場合も，鉛直荷重は壁面材と盛土部の天端面で受け持つものの，水平荷重は直接壁面材に作用しないような構造とする。その際，L型基礎が不同沈下等を生じないよう，盛土の天端は，均しコンクリート及び砕石等を用いて入念に締固め十分な支持力を確保できるようにする。

また，補強土壁の天端に縦断勾配がある場合，壁面材の頂部を仕上げ面となる路面とすり付けるため，縦断方向の高さの変化に対応した笠コンクリートを設け

る事例が多い。その際，笠コンクリートは適切な間隔で目地を設け，笠コンクリートの高さは縦断勾配に沿って直線的に処理できる高さ程度にとどめ，防護柵等の付属施設とは分離させる。

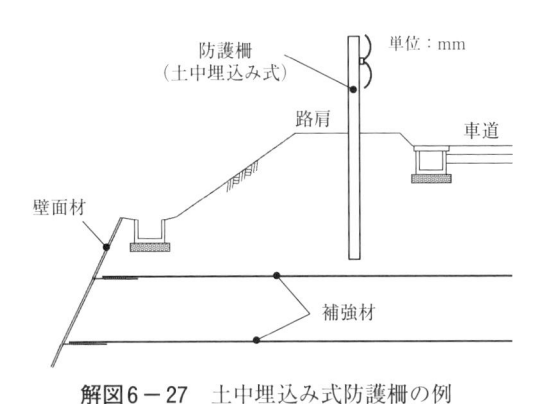

解図6－27　土中埋込み式防護柵の例

6-10 施工一般

6-10-1 施工の基本方針

> (1) 補強土壁の施工に当たっては，設計で前提とした施工の条件に従うものとする。
> (2) 補強土壁の施工に当たっては，十分な品質と安全の確保に努めるとともに，近接構造物や環境への影響にも十分に配慮する。

(1) 施工の基本

補強土壁の施工に当たっては，「第4章 設計に関する一般事項」に示した擁壁の要求性能を満足するために，設計図書に明記された施工の条件に従わなければならない。

このため，設計段階で設定した条件を施工段階において実際に確認し，設定した条件と異なる場合には，必要に応じ追加の調査・試験を行い，補強土壁の性能に影響を及ぼすと考えられる場合には，設計の見直し，補強または改良等の対策，施工方法の見直し等の検討も必要である。

(2) 施工に当たっての留意事項

「6-1(2) 補強土壁の適用」に記載したように，補強土壁は，盛土材，補強材，壁面材が相互に拘束され一体となって安定するものであり，適切な計画・調査・設計に加え，確実な施工と施工管理が不可欠である。

補強土壁は**解図6-28**に示すように，排水工や基礎工等の施工後に，補強土壁工として壁面の形成と補強材の敷設，盛土材のまき出し・締固めが繰り返される。それぞれの施工工程においては，壁面材の鉛直性の確保，不陸のない補強材の敷設，盛土材の締固め等の確実な作業と品質・出来形管理を行い，その積み重ねによって安定性と出来上がり精度が確保された補強土壁を構築することができる。計画・調査・設計段階での留意事項に加え，施工段階で基礎地盤や盛土材料，湧水等の条件の確認や盛土材のまき出し・締固めが不十分な場合には，施工中もしくは施工後に，補強土壁に変状が生じ，手直しが必要となる。このため，補強土

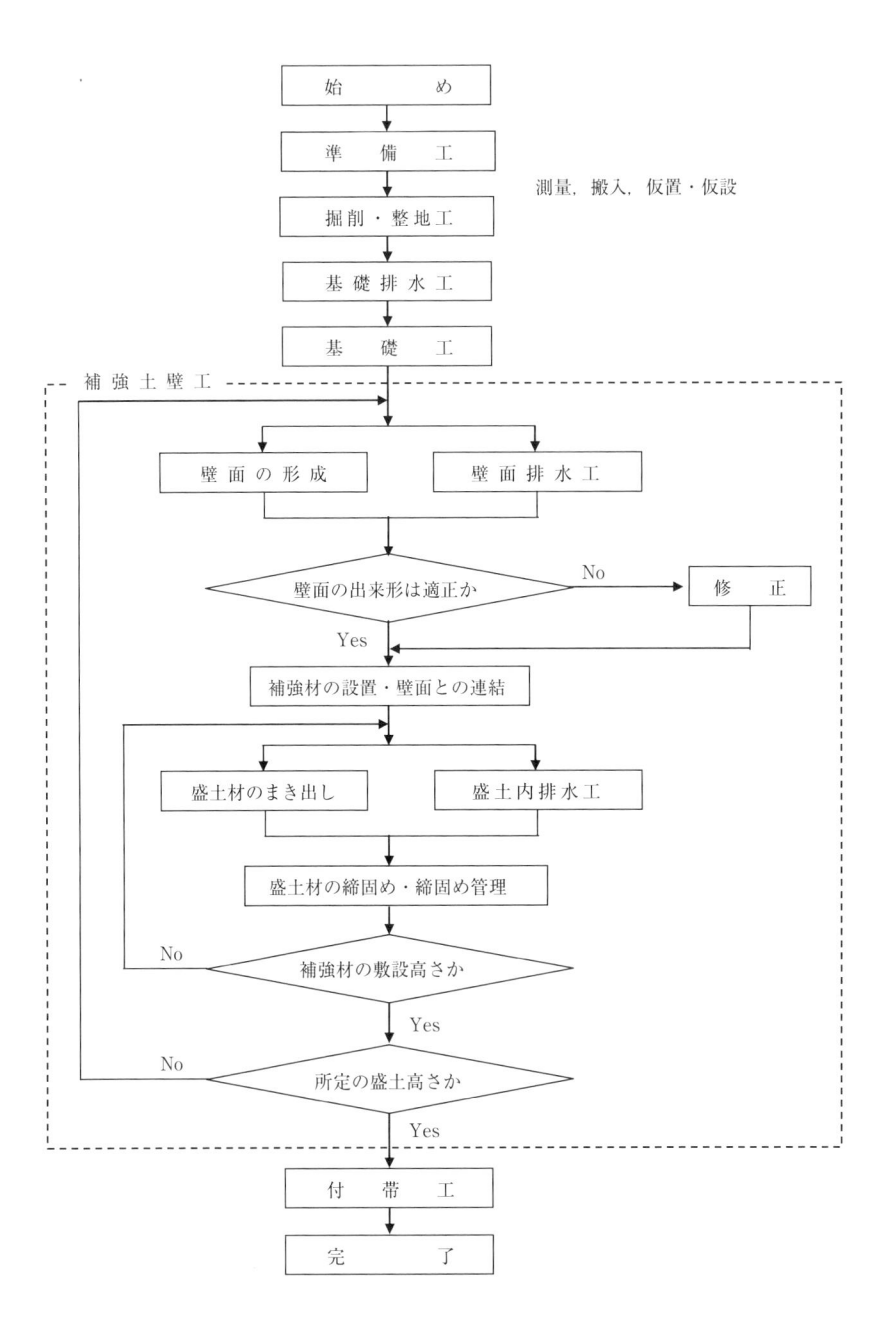

```
                    ┌─────────────┐
                    │   始  め    │
                    └──────┬──────┘
                           ↓
                    ┌─────────────┐
                    │   準 備 工   │        測量,搬入,仮置・仮設
                    └──────┬──────┘
                           ↓
                    ┌─────────────┐
                    │  掘削・整地工 │
                    └──────┬──────┘
                           ↓
                    ┌─────────────┐
                    │  基 礎 排 水 工 │
                    └──────┬──────┘
                           ↓
                    ┌─────────────┐
                    │   基  礎  工  │
                    └──────┬──────┘
```

補強土壁工
┌─────────────┐   ┌─────────────┐
│ 壁 面 の 形 成 │   │ 壁 面 排 水 工 │
└─────────────┘   └─────────────┘

壁面の出来形は適正か — No → 修 正
         ↓ Yes

補強材の設置・壁面との連結

盛土材のまき出し   盛土内排水工

盛土材の締固め・締固め管理

補強材の敷設高さか — No
         ↓ Yes

所定の盛土高さか — No
         ↓ Yes

付 帯 工

完 了

解図 6−28　補強土壁の施工手順

壁の施工に当たっては，原地盤や地下水，周辺の既設構造物，現場の施工条件，気象等について十分に調査を行い，施工計画を立案するとともに，施工段階で常に現地の条件を確認し，設計で定めた諸条件を満足するよう施工を行うことが必要である。

特に施工段階で基礎地盤が設計で想定した地盤と異なった場合には，地盤調査を行い所要の支持力等が得られるかを確認し，所要の支持力等が得られない場合には，基礎の根入れを深くしたり，基礎地盤の置換えや安定処理の実施，場合によっては基礎形式の見直し等，現場条件に応じて適切に対処する必要がある。

補強土壁の盛土材料として現地発生土を使用する場合は，「6-4 使用材料」に示す事項に留意するとともに，土質試験等で適用可能な材料であるか確認する。また事前に締固め試験を実施して，土質条件に応じた盛立て方法（敷均し・締固め方法）や盛土材料の特性に適した品質管理方法を定めておくのが望ましい。また，降雨，湧水，積雪等は，工程はもとより，補強土壁の安定性に与える影響が大きいため，設置箇所の条件を踏まえ，適切に排水工を行う。近接する既存の構造物等がある場合は，それらの基礎や構造についても調査し，周辺地盤の沈下，傾斜等に伴う被害を与えないよう施工方法を検討する。

6-10-2 基 礎 工

(1) 補強土壁の基礎地盤面及び壁面工の基礎の施工は，所要の性能を確保するため，定められた施工手順と適切な施工管理に基づいて行う。

(2) 基礎地盤を改良土や良質土に置き換える場合には，所要の支持力が得られるように入念な施工を行う。

(1) 基礎地盤面及び壁面工の基礎の施工

補強土壁の基礎地盤面及び壁面工の基礎の施工の良否は，補強土壁の安定性や出来形に大きく影響する。このため，所要の性能を確保するよう定められた施工手順と現場条件に応じた適切な管理の下に施工する必要がある。

補強土壁の基礎工は，対象となる原地盤の地形，補強土壁の用途，構造，施工方法にかかわらず，水平となるように施工する必要がある。また，基礎地盤面の

仕上がりの良否は，補強土壁の出来形や全体的な安定性に影響を及ぼすため，現場条件に応じた適切な管理基準を設けて，丁寧かつ慎重に施工する必要がある。また，基礎地盤の支持力特性が補強土壁の縦断方向で異なることが想定される場合は，施工時に基礎地盤の状態を確認し，基礎工の設置計画の見直しや，基礎地盤の改良，壁面材の目地の設置等，基礎地盤の状況に応じた適切な対策を行う。

(2) **基礎地盤の置換え**

壁面工の基礎地盤を良質な砂や砕石等の土質材料，またはコンクリート等と置き換える場合は，掘削に伴う基礎地盤のゆるみを防ぐため，床付の掘削終了後直ちに材料を敷均し，十分な締固めを行う。原地盤が補強土壁の縦断方向に傾斜している場合の補強土壁の基礎工は，**解図6－29**に示すような階段式の基礎形状となる。その際，掘削時において上段の基礎地盤を乱すことが多く，その状態で壁面工の基礎を設置すると不同沈下の原因にもなるため，時間を置かずにコンクリートを打設するか，乱された部分を粗粒材で置き換えるなどの対処が必要となる。また，壁面工の基礎が重力式基礎の場合は，背面は狭隘となるため締固めが難しい。このため砕石等粗粒材で埋め戻すとともに，人力により確実に締固めを行う。

基礎地盤の置換えを行った場合には，平板載荷試験等を行い所要の鉛直支持力度が得られることを確認するのが望ましい。

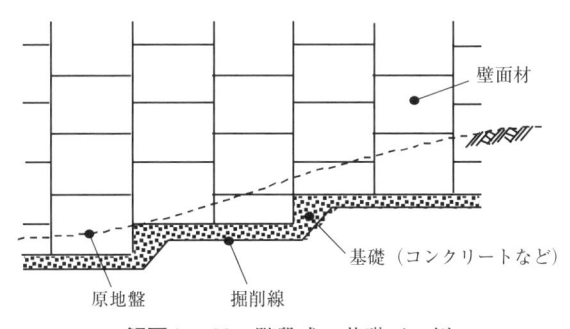

解図6－29　階段式の基礎工の例

6－10－3　壁面材及び補強材の設置

> (1) 壁面の施工は，その構造形式の特徴及び留意点を理解し，適切な施工手順と施工管理に基づいて施工する。
> (2) 壁面材と補強材は，連結部材により確実に取り付け，補強材にはゆるみが出ないように丁寧に設置する。

(1) 壁面材の設置

　壁面材の組立ては，計画する壁面勾配，高さの施工精度を確保するため，壁面材を設置するごとに直線性を確認し，壁面の勾配を調整しながら行う。特に鉛直な壁面を施工する場合は，壁面の変形（沈下や傾斜）に留意し，盛土材の締固めによる押し出しを考慮し，設置の際には壁面材を盛土側にある程度の傾斜を持たせるなどの処置をするとよい。

　壁面の近傍における不適切な盛土材料の敷均しや締固めは，壁面の変形の要因となるため，「6－10－4　盛土工」に従いながら丁寧かつ慎重な施工を行う。また，壁面の近傍の盛土材の締固め不足は，盛り立てに伴う盛土材の圧縮沈下により，壁面材のはらみだし等の変形・変状の原因となるほか，壁面材と補強材との間に高低差が生じ，連結部において補強材に過度な引張力が発生する原因となるため，丁寧な締固めを行う必要がある。

(2) 補強材の組立て・設置

　壁面材と補強材は，連結部材により確実に取り付け，「6－9－1　補強材の配置，壁面材の目地等」に留意して所定の高さと方向に補強材を設置する。なお，組み立て中に異常な変形・変状等が生じた場合には，施工を中断し，その原因を把握して適切に対処する必要がある。

6-10-4 盛土工

> (1) 盛土材の敷均しは，補強材の設置間隔に応じて仕上がり厚さを設定し，適切な施工管理の下で実施する。
> (2) 盛土材の締固めは，所要の締固め度を得られ，補強材がその機能を十分に発揮できるよう適切な施工管理の下で行う。

　一般に，盛土材の敷均しから締固めまでの一連の作業は，完成後の盛土の品質を左右する最も重要な工程であり，これは全ての補強土壁に共通するものである。盛土の品質を確保するには，事前に試験施工を行い適用する盛土材料の特性に応じた施工方法の選定及び品質・施工管理方法を設定し，施工を行う必要がある。また，地山と近接する場合は，通常の腹付け盛土における留意点と同様に，盛土と地山の境界には段差や変形を生じないよう，段切りを行うなど入念な施工が求められる。盛土工については，「道路土工－盛土工指針」を参照されたい。以下に，補強土壁における盛土材の敷均し，締固めにおける基本的な考えを示す。

(1) 盛土材の敷均し

　搬入された盛土材は，既に締め固められた土や補強材の上に仮置きし，ブルドーザ等で敷き均す。一層の敷均し厚さは，仕上がり厚さを考慮して事前の試験施工により定めるのが望ましい。その際，1層当たりの仕上がり厚さは20～30cm以下となるように敷均し厚さを設定する。また，壁面の近傍や補強材の上での敷均しでは，**解図6-30**に示す敷均しの考え方に基づいて行う。特に壁面の近傍における敷均しは，壁面工の施工精度にも影響するため，ブルドーザ等の建設機械は壁面から1.0m程度以上離して走行し，敷均しは壁面側から行うことを原則とする。なお，盛土材料に大きな岩や木の根等が含まれる場合は，締固め不足の原因にもなるため，敷均しの際に必ず除去する。

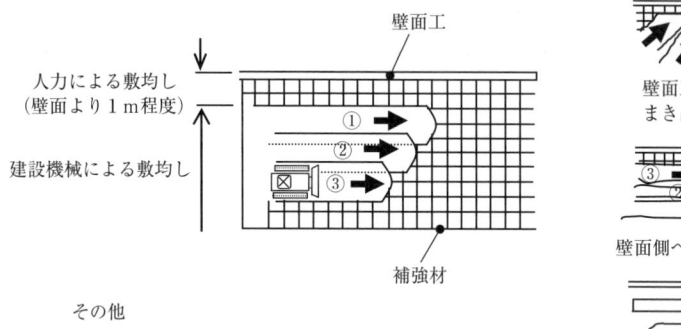

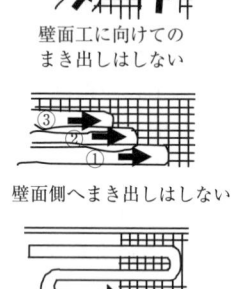

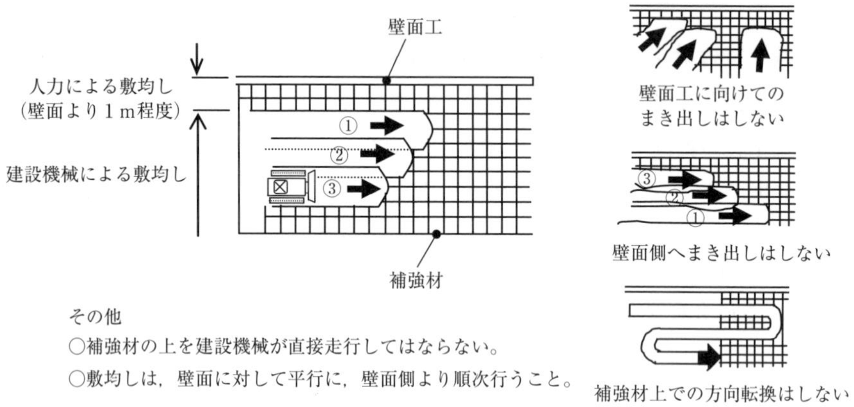

解図6−30　敷均しの考え方

(2) 盛土材の締固め

1) 締固め

　締固めの良否は，補強土壁の安定に大きな影響を及ぼすため，事前に締固め試験を行い所要の締固め度が得られるように，使用する盛土材料に応じた施工方法と締固め品質規定を定める。なお，締固め品質の規定や管理基準値の目安については，「道路土工−盛土工指針」の路床の締固めを参考にするとよい。また，壁面から1m以内は人力による締固めとなるため，所要の締固め度を確保できるよう締固めの容易な盛土材料を使用するとともに，薄層で締固めを行う。その際，壁面材と補強材との連結部と仕上がり面に段差が生じると，補強材の下面が締固め不足となりやすいため，十分に注意して締め固める必要がある。なお，敷均しと同様に，設置した補強材の上を建設機械が直接走行しない，建設機械の方向転換を行わないなど，締固めにより補強材に損傷が生じないよう十分に配慮する。

2) 寒冷地における締固め

　積雪寒冷地においては，盛土材に凍土や雪氷が混入すると締固めが困難となり，盛土の品質を確保できなくなる。このため，冬期に補強土壁の施工を行う場合は，凍土や雪氷が混入しないようにする。

3) 施工時及び放置期間中の降雨対策

　降雨時に盛土材を仮置き，またはまき出した状態で放置すると，含水比の上昇により所定の締固め度を確保できなくなる。このため施工中に降雨が予想される場合は，雨水の土中への浸入を最小限に止めるため，仮置き場の盛土材はシートで覆い，盛り立て作業は盛土材を敷き均した状態で作業を終了せず，必ず締固めを終えた状態で終了するなど，適切に降雨対策を行う。また，締め固めた後の仕上がり面には勾配を設け，速やかに盛土外に雨水等を排除できるようにする。補強土壁の施工を完了した後は，嵩上げ盛土並びに舗装は連続して施工するのが望ましい。やむを得ず期間を空けて施工する場合は，放置期間中の補強領域内への雨水等の浸入を防ぐため，地表面には勾配を設けて平滑に締め固めるとともに，必要に応じてシート等で覆う。また表面水の浸入を防ぐため表面排水工を設けるなどの排水対策を行う。

参考文献

1) （財）土木研究センター：補強土（テールアルメ）壁工法設計・施工マニュアル第3回改訂版，2003．
2) （財）土木研究センター：多数アンカー式補強土壁工法　設計・施工マニュアル第3版，2002．
3) （財）土木研究センター：ジオテキスタイルを用いた補強土の設計・施工マニュアル改訂版，2000．
4) 建設省土木研究所：平成7年（1995年）兵庫県南部地震災害調査報告　第7編河川施設等の被害，土木研究所報告　第196号，1996．
5) 独立行政法人土木研究所：平成16年（2004年）新潟県中越地震土木施設災害調査報告　第8編　道路施設，土木研究所報告No.203，2006．

第7章 軽量材を用いた擁壁

7-1 軽量材を用いた擁壁の定義と適用

> (1) 本指針における軽量材を用いた擁壁とは，裏込め材料に自立性や自硬性を有する軽量材を用いて土圧の軽減を図ることで壁面材を簡略化し，この壁面材と軽量材が一体で擁壁としての機能を発揮するものをいう。
> (2) 軽量材を用いた擁壁の適用に当たっては，軽量材の材料特性及び軽量材を用いた擁壁の力学的なメカニズムや特徴及びその適用性について十分認識しておく必要がある。

(1) 軽量材を用いた擁壁の定義

本指針における軽量材を用いた擁壁とは，擁壁の裏込め材に発泡スチロールブロックのように軽量材自体が自立性を有するものや気泡混合軽量土等のように自硬性を有するものを用いて，壁面材を表面保護壁程度に簡略化し，この壁面材と軽量材が一体で擁壁としての機能を発揮する土工構造物をいう。代表的な適用例を**解図7-1**に示す。

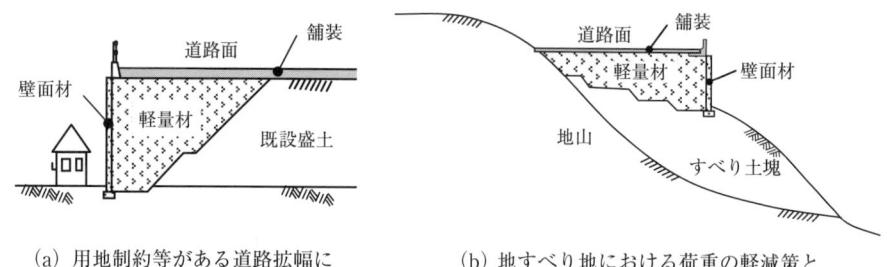

(a) 用地制約等がある道路拡幅に用いる場合

(b) 地すべり地における荷重の軽減策として用いる場合

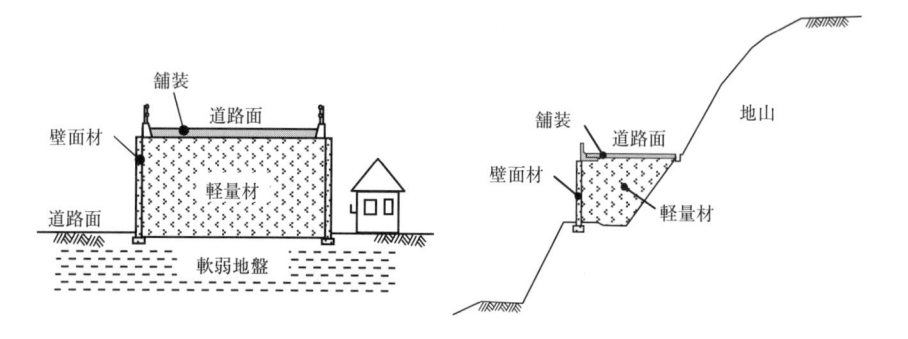

(c) 軟弱地盤における沈下，側方変形対策として用いる場合

(d) 急傾斜地形における切り盛り土量の削減や荷重の軽減策として用いる場合

解図7-1 軽量材を用いた擁壁の適用例

　擁壁に用いられる主な軽量材の種類と単位体積重量を**解表7-1**に示す。軽量材は，軽量材自体が自立性や自硬性を有し鉛直な壁面を形成できるものと，自立性や自硬性がなくコンクリート擁壁等の裏込め材料として使用されるものの2種類に分類できる。

　コンクリート擁壁の背面盛土に代えて，自立性や自硬性を有しない軽量材を用いて擁壁に作用する土圧や地盤への荷重負担を軽減する場合は，「第5章　コンクリート擁壁」に従い設計を行うのがよい。

解表7－1　主な軽量材の種類と単位体積重量

軽量材の種類	単位体積重量 (kN/m^3)	軽量材の自立性や自硬性 自立性や自硬性を有するもの	軽量材の自立性や自硬性 自立性や自硬性を有さないもの	特　徴
発泡スチロールブロック	0.12～0.3	○		超軽量性，合成樹脂発泡体
気泡混合軽量土	5～12程度	○		密度調整可，流動性，自硬性，発生土利用可
発泡ウレタン	0.3～0.4	○		形状の可変性，自硬性
発泡ビーズ混合軽量土	7程度以上		○	密度調整可，土に近い締固め・変形特性，発生土利用可
水砕スラグ等	10～15程度		○	粒状材，自硬性はあるが自立性はない
火山灰土	12～15		○	天然材料（しらす等）
コンクリート二次製品	4程度	○		プレキャストコンクリート，軽量性，空隙率が高い

(2) 軽量材を用いた擁壁の適用

1) 適用に当たっての基本的な考え方

　軽量材を用いた擁壁の適用に当たっては，軽量材の材料特性及び軽量材を用いた擁壁の力学的なメカニズムや特徴を踏まえた性能の照査によって，「4－1－3　擁壁の要求性能」を満足することを確認する必要がある。また，対象とする構造物の種類，規模，重要性等を考慮して，他の工法との総合的な比較を行った上で，軽量材を用いた擁壁の必要性を明確にして適用するものとする。

2) 軽量材を用いた擁壁の特徴

　軽量材を用いた擁壁の特徴を以下に示す。

　① 自立性のある軽量材を用いることにより，作用土圧が軽減でき，擁壁の保護壁となる壁面材を簡略化することができる。

　② 基礎地盤に作用する荷重が少なくなることで，擁壁の設置に伴う斜面地盤等での地すべりの誘発や軟弱地盤での沈下の低減，あるいは対策工の軽減を図ることができる。

③　軽量材を用いた擁壁は，基礎地盤に作用する鉛直力を軽減できることから，特に急峻な斜面上において，一般的なコンクリート擁壁を採用した場合より底版幅を狭くすることができる。したがって，地形の改変を最小限に抑えることができ，従来の切土を主体とした道路に比べ，経済的で環境に配慮した道路を構築することができる場合がある。

7-2 設計一般

> 軽量材を用いた擁壁の設計では，次の照査・検討を行う。
> 1)　軽量材を用いた擁壁の安定性
>   ①　軽量材を用いた擁壁自体の安定性
>   ②　背面盛土及び基礎地盤を含む全体としての安定性
> 2)　部材の安全性
> 3)　排水工，付帯工

　自硬性や自立性を有する軽量材は，土に比べて軽量であることや，壁面に作用する土圧を軽減できる利点を有する。一方で，密度が小さい軽量材を使用する場合は上部の舗装等が重く下部が軽い構造体となり，地震時には，加速度応答が増幅されやすく，通常の擁壁とは異なる挙動を示すことがある。設計に当たっては，これらの特性が軽量材により異なることも踏まえる必要がある。

　本節では設計の一般的な手順と照査項目を述べ，軽量材の種類に固有の事項については，7-3または7-4に示す代表的な軽量材を用いた擁壁を例に述べることとする。

　軽量材を用いた擁壁の設計は，**解図7-2**に示す設計の手順に従って行うのがよい。

　a)　要求性能の設定
　「4-1-3　擁壁の要求性能」に従い各作用に対する軽量材を用いた擁壁の要求性能を設定する。

b) 設計条件の整理

軽量材を用いた擁壁の立地条件及び各種の調査結果（「3-2　調査」を参照）等を整理し，設計諸定数（「4-3　土の設計諸定数」を参照）の設定を行う。

c) 設計荷重の設定

設計時に考慮すべき荷重の種類，組合せ及び作用方法（「4-2　荷重」及び「7-3　発泡スチロールブロックを用いた擁壁」，「7-4　気泡混合軽量土を用いた擁壁」における各軽量材特有の荷重を参照）の設定を行う。

d) 軽量材及び構造形式の選定

軽量材を用いた擁壁は種々の軽量材及び構造形式があり，地盤条件や擁壁の設計条件に応じた重量及び強度を有する軽量材を選定するとともに，求められる設計条件を踏まえた上で必要な性能を満足できる適切な構造形式を選定する。

e) 断面形状・寸法の仮定

選定した形式，地盤条件等に応じて断面形状・寸法の仮定を行う。

f) 軽量材を用いた擁壁自体の安定性の照査

軽量材を用いた擁壁自体の安定性としては，滑動，転倒，支持，変位に対する照査を行う。特に，地下水位の影響を考慮する場合には，浮力に対する安定性について照査を行う必要がある。また，設置条件や用いられる軽量材，構造形式に応じて，地震時の応答特性や変形性等を考慮し，適切に照査することが望ましい。

g) 背面盛土及び基礎地盤を含む全体としての安定性の検討

軟弱な土層が存在する地盤や，地すべり地等の斜面上に擁壁を設置する場合等には，背面盛土及び基礎地盤を含む全体としての安定性を検討する。

また，軟弱地盤に適用する場合には，背面盛土部との不同沈下により軽量材の下部に空隙が発生したり，舗装面に段差が生じたりする場合があるので，沈下に対する検討を行うとともに，施工時においてもプレロード等により，あらかじめ沈下を促進しておくのがよい。

h) 部材の安全性の照査

①　軽量材の安全性

軽量材の安全性は，設定された自重，載荷重等の荷重，地震の影響や地盤の沈下等の条件に対して軽量材が適切な軽量性，強度，変形性能を有していることを照査する。また，軽量材によっては，局部的な応力集中やひび割れ等を生じないように，コンクリート床版や敷網材の設置が必要な場合がある。

一方，施工時や維持管理では，水の浸入等により軽量材の単位体積重量が増加し，壁面または地盤に作用する荷重が増加することで変形が生じることや，軽量材の強度低下を引き起こすことなどが考えられる。また，水圧や浮力等が軽量材に作用し変形する場合も想定されるので，設計時にはこれらの対策について十分な検討を行う必要がある。

擁壁の上部が重い構造体となるため，地震時においては加速度応答が増幅されやすく，転倒によって局所的に鉛直内部応力が増加する場合がある。したがって，各軽量材の応答特性や変形特性等を考慮した軽量材強度を検討する必要がある。

② 壁面材の安全性

壁面材は，軽量材から作用する側圧及び背面盛土からの土圧等，壁面に作用する荷重に対して必要な強度を有していること，長期に渡り軽量材を保護するための耐候性，耐久性，耐火性等を有していることが必要である。なお，過去の地震において大きな崩壊等は報告されていないが，壁面材の落下や舗装面の段差等の被害が報告されていることから，設計に当たってはこれらの影響を考慮する必要がある。

また，壁面材を支持する支柱（H鋼等）を地山に打設（根入れ）する場合と，コンクリート基礎で支持する場合とがあるが，それぞれの条件に応じて曲げ応力度・せん断応力度についての照査を行う。

③ 水平力抑止工等の安全性

斜面上に構築する重量が極めて軽い軽量材を用いた擁壁では，壁面材・軽量材・地山の一体化や，耐震性確保のために，コンクリート床版を地山に固定するための水平力抑止工（アンカー工）が必要になることが多い。この場合，水平力抑止工が軽量材を用いた擁壁に作用する地震時水平方向慣性力を支持できることを照査する必要がある。

i) 排水工の検討

浸透水の流入や地下水位の上昇等により，想定以上の荷重が軽量材に作用しないように，「5-9 排水工」を参考に，軽量材の特性を踏まえ適切な排水対策を行う必要がある。

j) 付帯工の検討

軽量材を用いた擁壁上の防護柵等，道路の付属施設について軽量材の特性に応じた検討を行う必要がある。

k) 設計図書の作成

擁壁の安定性の照査で決定した断面形状，部材の安定性の照査で決定した部材の形状・寸法・構造及び検討した構造細目をもとに施工に必要な計算書，材料表，詳細な図面を作成する。

```
        ┌─────────────┐
        │  始  め     │
        └──────┬──────┘
               ↓
        ┌─────────────┐
        │ 要求性能の設定 │ a)
        └──────┬──────┘
               ↓
        ┌─────────────┐
        │ 設計条件の整理 │ b)
        └──────┬──────┘
               ↓
        ┌─────────────┐
        │ 設計荷重の設定 │ c)
        └──────┬──────┘
               ↓
    ┌──→ ┌──────────────────┐
    │    │ 軽量材及び構造形式の選定 │ d)
    │    └──────┬───────────┘
    │           ↓
    │    ┌─────────────┐
    │    │ 断面形状・寸法の仮定 │ e)
    │    └──────┬──────┘
    │           ↓
    │    ┌──────────────┐
    │    │ 擁壁自体の安定性の照査 │ f)
    │    └──────┬───────┘
    │           ↓
    │       ◇所定の安全率を満たしているか◇ ── No ──→
    │           │Yes
    │    ┌──────────────┐
    │    │ 全体としての安定性の検討 │ g)
    │    └──────┬───────┘
    │           ↓
    │ No    ◇所定の安全率を満たしているか◇
    └───────────│Yes
            ┌──────────────┐
            │ 部材の安全性の照査 │ h)
            └──────┬───────┘
                   ↓
               ◇所定の応力度以内か◇ ── No ──→
                   │Yes
            ┌─────────────┐
            │ 排水工の検討 │ i)
            └──────┬──────┘
                   ↓
            ┌─────────────┐
            │ 付帯工の検討 │ j)
            └──────┬──────┘
                   ↓
            ┌─────────────┐
            │ 設計図書の作成 │ k)
            └──────┬──────┘
                   ↓
            ┌─────────────┐
            │   終  り    │
            └─────────────┘
```

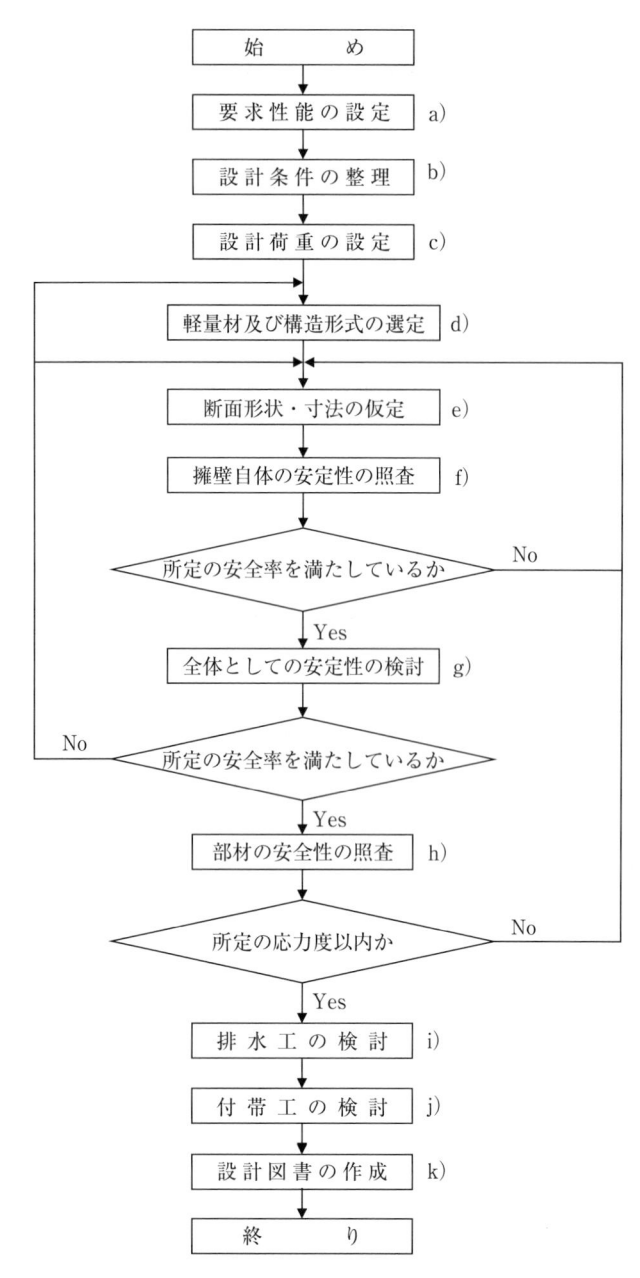

解図7−2 軽量材を用いた擁壁の設計手順

7－3　発泡スチロールブロックを用いた擁壁

(1) 発泡スチロールブロックを用いた擁壁の設計は，発泡スチロールブロックの材料特性を踏まえて適切に実施する。
(2) 構造細目については，発泡スチロールブロックを用いた擁壁の用途及び目的に応じて検討しなければならない。
(3) 発泡スチロールブロックを用いた擁壁の施工に当たっては，設計で前提とした施工の条件や構造細目に従うとともに，品質と安全の確保に努め，隣接する施設等や環境への影響にも十分に配慮する。

軽量材として用いる発泡スチロールブロックは，通常，2m×1m×0.5m程度の直方体で，単位体積重量は$0.12 \sim 0.3 kN/m^3$である。発泡スチロールブロックは極めて軽量で人力での運搬や設置が可能であることから，大型の建設機械が進入できない場所や，一般的な擁壁では支持力が不足する軟弱地盤等でも施工することができる。

発泡スチロールブロックを用いた擁壁の主な特性を**解表7－2**に示す。

解表7－2　発泡スチロールブロックを用いた擁壁の主な特性

軽　量　性	極めて軽量であり，軟弱地盤や地すべり地等への荷重の影響を最小限とすることができる。
圧　縮　性	圧縮強さが高く，せん断破壊が発生しにくい。
自　立　性	ブロック状で積み上げることができ，側方への変形は極めて小さい。
施　工　性	人力での施工や運搬が可能であるため，工事用機械の進入が困難な狭隘な箇所や軟弱地盤での施工が可能となる。

発泡スチロールブロックは，紫外線の照射による劣化が生じ，ガソリンや重油等の有機溶剤により溶解する性質をもつ。また，火気については難燃性ではあるが，不燃性ではない。このため，長期間の紫外線の照射，ガソリンや重油等の溶剤との接触，火気を避けるため保護壁やコンクリート床版で覆う対策をとる必要

がある。また，発泡スチロールブロックへの長期的な荷重によるクリープ変形やそれに伴う盛土の沈下への影響も留意する必要がある。

(1) 設計方針及び設計に用いる荷重

　発泡スチロールブロックを用いた擁壁の安定性の照査及び部材の安全性の照査は，「7-2 設計一般」に従って行うものとする。

　設計に用いる荷重は，発泡スチロールブロックを用いた擁壁に特有なものについて以下に述べることとし，それ以外の荷重については，「5-2 設計に用いる荷重」に準ずるものとする。

1) 土 圧

　擁壁に作用する土圧は，発泡スチロールブロック背面に作用する土圧と上載荷重に起因する側圧を考慮する。ただし，背面の勾配が盛土の安定勾配以下の場合，発泡スチロールブロック背面に作用する土圧は作用しないものと考えてよい。**解図7-3**(b)に示すように，発泡スチロールブロック背面の勾配が盛土の安定勾配よりも大きい場合には，試行くさび法等より土圧を求め，発泡スチロールブロック背面に水平に作用するものと考える。なお，発泡スチロールブロック背面に作用する土圧は，発泡スチロールブロックの許容圧縮応力内に収めることが必要である。

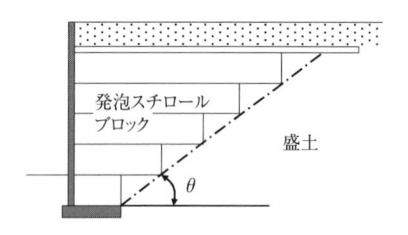

(a) 発泡スチロールの背面勾配 θ が盛土の安定勾配と同じかまたはそれ以下の場合（発泡スチロールブロックの側圧のみ，発泡スチロールブロック背面に土圧は作用しない）

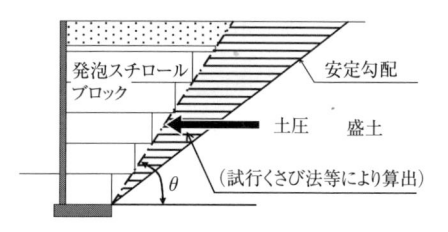

(b) 発泡スチロールの背面勾配 θ が盛土の安定勾配より急な場合（発泡スチロールブロックの側圧と発泡スチロールブロック背面からの土圧が作用する）

解図7-3 発泡スチロールブロック背面の勾配と土圧

　発泡スチロールブロックの側圧は，発泡スチロールブロックに作用する鉛直方向の荷重によって発泡スチロールブロックが側方に膨らむことで生じる。設計に

おいては，発泡スチロールブロックより上部の荷重（発泡スチロールブロックより上の舗装やコンクリート床版等の自重と載荷重）の0.1倍の荷重が側圧として深度方向に一様に作用すると考えてよい。

2) 発泡スチロールブロックの自重

　発泡スチロールブロックの自重は，乾燥状態にある場合（地下水位以上）には，発泡スチロールブロックの単位体積重量とする。また，発泡スチロールブロックが長期間地下水位以下に設置された場合，発泡スチロールの吸水によりその単位体積重量が増加するので，吸水による単位体積重量の増加を見込む必要がある。一般的に，発泡スチロールブロックを地下水位以下に使用する場合には，単位体積重量を$1.0kN/m^3$として沈下に対する検討や背面盛土及び基礎地盤を含む全体としての安定性の検討を行っている。

3) 浮　力

　発泡スチロールブロックは極めて軽量であるため，地下水の影響による浮き上がりが問題となるため地下水位以下に設置しないことを原則とする。しかし，地形あるいは使用条件等により，やむを得ず地下水位以下に設置する場合には，発泡スチロールブロックに作用する浮力を考慮しなくてはならない。この場合，浮力は擁壁の安定性に最も不利になるように作用させ，転倒や滑動に対する照査では浮力を考慮し，支持に対する照査では浮力を無視するのがよい。

4) 地震の影響

　地震の影響は，発泡スチロールブロックを用いた擁壁の自重による地震時慣性力を考慮する。発泡スチロールブロック背面に土圧が作用する場合は，背面に作用する地震時土圧を考慮する。地震動の作用に対する照査は，震度法等の静的照査法が用いられることがあるが，発泡スチロールブロックを用いた擁壁は，上部が重い構造体になりやすいので，既往の実験結果等を参考に地震動の応答特性や用いる設計水平震度を適切に設定する必要がある。

(2) 構造細目の検討

　構造細目の検討に当たっては，発泡スチロールブロックを用いた擁壁の用途及び目的に応じて検討しなければならない。

1) 壁面工

　基礎地盤への荷重の軽減対策として発泡スチロールブロックを用いる場合，壁面材の主部材としてH鋼等を支柱とし，表面保護壁としてパネル材を取り付ける方式を採用するのが一般的である。このときの壁面材は，発泡スチロールブロックを紫外線による劣化と，周辺火災による溶融から防護する性能を有するものでなければならない。

　支柱の設置方法としては，コンクリート基礎上に固定する場合と杭方式とする場合がある。

2) 排水工

　発泡スチロールブロックを用いた擁壁においては，施工中及び施工後を通じて排水対策に十分留意する必要がある。**解図7－4**に示すように段切り部と発泡スチロールブロックの境界部には，湧水や浸透水の排水ができるよう砕石や砂等により排水層を設置する。また，湧水等が多い場合には，段切り面に沿って排水用ジオテキスタイル等を設置するとよい。

　排水工の設計においては，地下水の状態はもとより，季節的な降雨や洪水の有無等についても考慮する必要がある。降雨や洪水により内水が生じる可能性のある箇所では，発泡スチロールブロックの適用を避けることが望ましいが，やむを得ず適用する場合には，排水系統を十分に調査し，浮き上がり等に対して適切な排水対策をとる必要がある。

3) コンクリート床版工

　発泡スチロールブロックの天端や発泡スチロールブロックの設置段数の多い場合の中間部には，コンクリート床版を設けるのが一般的である。これは，車両による載荷重や上載荷重等の分散，発泡スチロールブロック設置時の不陸や段差の修正，発泡スチロールブロックの一体化，発泡スチロールブロックに有害な物質の浸入防止等を図るためであり，中間部では通常，発泡スチロールブロック高さ2～3m毎に1箇所設ける。

4) 水平力抑止工

　発泡スチロールブロックを用いた擁壁は，コンクリート床版や舗装等により上部構造が重い構造になりやすいため，地震時の安定性に対する検討において水平

力抑止工が必要になる場合がある。水平力抑止工を設けると地震時の応答の増幅を抑えることができ，かつ地山との開き・ずれを防止することができる。斜面上に擁壁を構築する場合には，水平力抑止工としてコンクリート床版部から背面地山へアンカーエ等を設けるのがよい。水平力抑止工は最上部のコンクリート床版部に設けるのが効果的である。

5) 付属施設の設置

発泡スチロールブロックを用いた擁壁の上に防護柵，遮音壁等の道路付属物を設置する場合には，付属施設からの荷重がコンクリート床版及び発泡スチロールブロックに与える影響を十分に検討した上で，適切な設置方法を採用する必要がある。

(3) 施工の基本と留意事項

施工に当たっては，擁壁の要求性能を満足するために，設計図書に明記された施工の条件を遵守しなければならない。このため，設計段階で設定した条件を施工段階において実際に確認し，設定された条件を遵守し施工する必要がある。確認した条件が設計で設定した条件と大きく異なった場合には，追加の調査・試験を行う。また，擁壁の性能に大きく影響を及ぼすと考えられる場合には，設計の見直しや必要な対策を検討する必要がある。以下に，発泡スチロールブロックを用いた擁壁の施工に当たって特に留意すべき事項を示す。

1) 掘削工

斜面上において拡幅盛土等を行う場合には，**解図7－4**に示すように地山の段切りを行い，発泡スチロールブロックをできるだけ各小段に配置するなど，安定を保つための配慮が必要である。なお，段切り部に砕石を用いる場合，地震時に砕石が揺すり込み沈下を生じないように砕石にセメント等を加えポーラスコンクリート状にするとよい。斜面が岩盤の場合には，地形の状況によって段切りの幅及び高さは適宜縮小することができる。

段切りによってかえって地山の安定性を損なう場合や，湧水等がみられず，かつ安定した地山等に発泡スチロールブロックを腹付けする場合には，**解図7－5**に示すように発泡スチロールブロックと地山との境界部にモルタル等を施して地

山と一体化することもある。

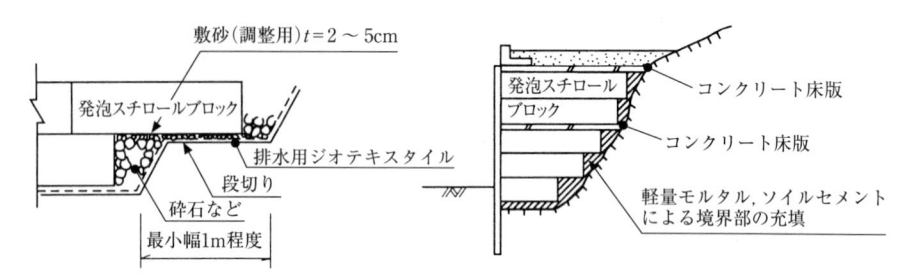

解図7－4 斜面上での段切り　　**解図7－5** 岩盤斜面への腹付け方法の例

2) 発泡スチロールブロックの設置工

　発泡スチロールブロックの設置は，人力等で各層毎に積み上げて施工する。設置に当たっては，特に第1層目（最下層）の施工精度が全体の施工精度に影響するので，段差等が生じないようにする。また，発泡スチロールブロックの目地はできるだけ各層毎に千鳥配置になるように配置し，ブロックどうしは緊結金具を用いて連結する。

　施工中は発泡スチロールブロック上に直接，重機や工事用車両が載らないように工事用道路の配置等について検討する必要がある。

　発泡スチロールブロックは，紫外線により劣化する性質を持っているため，日光に暴露することを避ける必要があり，施工中においてもできるだけ短期間に施工することが望ましい。また，極めて軽量であるため，施工時の強風や豪雨への備えとして土のうやネット等による飛散防止が必要である。

　発泡スチロールブロックの施工中の現場保管においても，火気や石油類から遠ざけ，紫外線対策や飛散防止対策としてネットやシート等で養生するのが望ましい。

3) コンクリート床版工

　コンクリート床版は，上部からの荷重分散と発泡スチロールブロックの結束及び不陸を吸収する目的で設けるので，打設下面で調整は行わず，仕上り面で整形すればよい。また，配筋は番線結線とするか網筋を用い，発泡スチロールブロック上での溶接は極力避けなければならない。

コンクリート床版上に道路舗装を行う場合には，床版のコンクリートを十分養生してから施工する必要がある。

7－4　気泡混合軽量土を用いた擁壁

(1) 気泡混合軽量土を用いた擁壁の設計は，気泡混合軽量土の材料特性を踏まえて適切に実施する。
(2) 構造細目については，気泡混合軽量土を用いた擁壁の用途及び目的に応じて検討しなければならない。
(3) 気泡混合軽量土を用いた擁壁の施工に当たっては，設計で前提とした施工の条件や構造細目に従うとともに，品質と安全の確保に努め，隣接する施設等や環境への影響にも十分に配慮する。

気泡混合軽量土（気泡モルタルを含む）は，土に水とセメント等の固化材を混ぜてスラリー化したものに，起泡剤を発泡させてできる気泡を混合して製造される軽量材である[1]。気泡混合軽量土は，軽量性や流動性に優れ，固化後は自立する特徴を持ち，変形特性はコンクリート材料に類似した挙動を示す。また，原料土として現地発生材を利用できるため，建設発生土の有効利用が図れるなどの利点がある。一般的に気泡混合軽量土の単位体積重量は，$5 \sim 12 \mathrm{kN/m^3}$ 程度，一軸圧縮強さは $10 \mathrm{MN/m^2}$ 程度まで調整可能である。気泡混合軽量土の主な特性を**解表7－3**に示す。

解表7－3　気泡混合軽量土の特性

軽　　量　　性	単位体積重量を任意に調節することができるため荷重の軽減が図れる
流　　動　　性	流動性に優れるため敷均し，締固め作業が省力化できる 狭小箇所の埋戻しや充填が可能である
硬化後の自立性	硬化後は自立することから鉛直壁の構築が容易で，強度も任意に調節できる
施　　工　　性	大規模な施工機械を必要としないため工事用機械の進入が困難な箇所の施工が可能となる 気泡が大部分を占めるため材料運搬が軽減される

(1) 設計方針及び設計に用いる荷重

　気泡混合軽量土を用いた擁壁の安定性の照査及び部材の安全性の照査は，「7－2　設計一般」に従って行うものとする。

　設計に用いる荷重は，気泡混合軽量土を用いた擁壁に特有なものについて以下に述べることとし，それ以外の荷重については，「5－2　設計に用いる荷重」に準ずるものとする。

1)　土　圧

　気泡混合軽量土を用いた擁壁に作用する土圧は，気泡混合軽量土背面に作用する土圧と施工時の未固結気泡混合軽量土の側圧を考慮する。気泡混合軽量土背面には，**解図7－3**(b)に示す発泡スチロールブロック背面に作用する土圧と同様に，気泡混合軽量土背面の勾配が盛土の安定勾配以下であるときは，土圧は作用しないと考えてよい。また，壁面材に作用する側圧は，気泡混合軽量土が未固結の状態が最大となる。したがって，気泡混合軽量土の打設時一層分の圧力を，壁面材に作用する側圧とする。

2)　強度及び密度の設定

　気泡混合軽量土は，セメント量や水セメント比，気泡量の配合を調整することにより任意の強度や単位体積重量とすることができる。気泡混合軽量土の強度や密度設定は，構造物の機能を維持し，かつ，自重や車両による載荷重，自立に必要な強度等に対する部材の安全性と，擁壁としての安定性を満足するように設定する。また，構造物の条件に応じては，路床ではＣＢＲを，盛土では繰返し荷重の影響等を考慮して設定する。

　気泡混合軽量土の一軸圧縮強さは，$0.3 \sim 10\mathrm{MN/m^2}$ 程度までが可能であるが，一般的には $0.3 \sim 2.0\ \mathrm{MN/m^2}$ 程度の配合とすることが多い。また，単位体積重量は $5 \sim 12\mathrm{kN/m^3}$ 程度を用いることが多い。

　気泡混合軽量土の密度は混練り時の気泡混合軽量土の密度で評価するものとし，一般に1層を1m以下の打設厚さで施工すれば，密度の変化はないと考えてよい。

3)　浮　力

　気泡混合軽量土は，長期間地下水位以下に置かれる場合，吸水により単位体積重量が増加し，その影響は，気泡混合軽量土の単位体積重量が小さいほど大きい。

したがって，気泡混合軽量土を地下水位のある箇所に施工する場合は，浮力の影響が小さくなるように，地下水位以下となる部分の気泡混合軽量土の単位体積重量をできるだけ重い配合とすることが望ましい。

4) 地震の影響

地震の影響は，気泡混合軽量土を用いた擁壁の自重に起因する地震時慣性力と，気泡混合軽量土背面に土圧が作用する場合は，背面に作用する地震時土圧を考慮する。地震動の作用に対する照査は，震度法等の静的照査法が用いられることがあるが，未だ十分には確立していない。斜面上に構築された擁壁を例にとれば，地震時に特に問題となるのは転倒モードによる底面部の特につま先部の応力集中による圧縮破壊や形状変化部からの亀裂発生等である。したがって，気泡混合軽量土下部の強度設定や，十分な底版幅の確保等の考慮が必要である。

過去に行われた模型実験によれば，高さ15m程度以内の気泡混合軽量土を用いた擁壁では，気泡混合軽量土の一軸圧縮強度が300kN/m^2程度を確保していればレベル2地震動に対しても上に述べたような損傷が生じないことが示されている[2),3)]。したがって，このような実験的知見に基づき設計することもできる。なお，斜面上の擁壁では，上に述べた高さの制約に加えて，底面幅を最低でも2m以上は確保する。

(2) 構造細目の検討

1) 壁面工

気泡混合軽量土の長期的な耐久性は未解明な部分があり，打設後，気泡混合軽量土の表面を曝露しておくと劣化するおそれがある。このため気泡混合軽量土の表面は適切な方法で保護する必要がある。一般的には，打設時の型枠と表面保護を兼ねた壁面材とすることが多い。したがって，打設時の型枠を壁面材として兼用する場合には，型枠材としての機能のほか，固化後においては壁面材として気泡混合軽量土を保護する十分な耐久性が必要である。

2) 排水工，防水工，敷網材

表面及び背面の盛土または地山からの地下水の浸透等の水の影響により，気泡混合軽量土が強度低下を引き起こすおそれがあるため，**解図7-6，解図7-7**の

参考例のように，不透水シートにより遮水するとともに背面地山の排水に留意する必要がある。また，気泡混合軽量土のひび割れを抑制するために，**解図7－6**のように，敷網材を設置する場合がある。

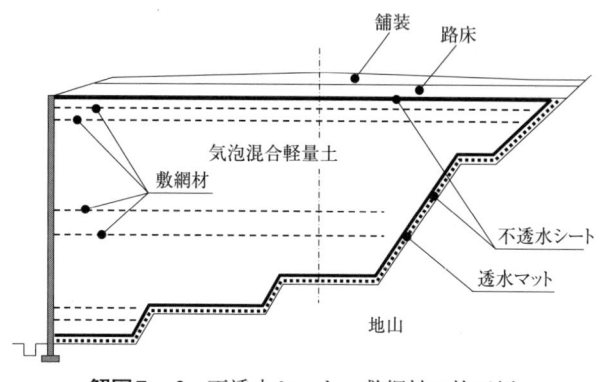

解図7－6 不透水シート，敷網材の施工例

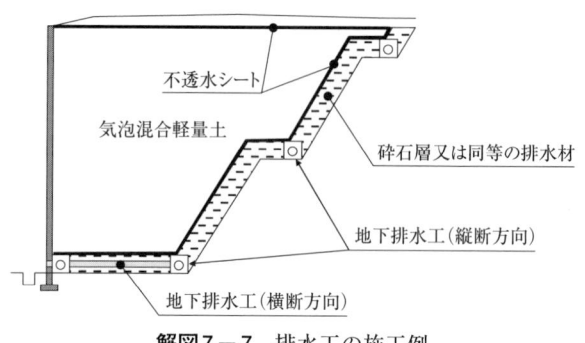

解図7－7 排水工の施工例

3) 付属施設

気泡混合軽量土はひび割れ等の損傷に対して補修が困難である。したがって，気泡混合軽量土を用いた擁壁の上に防護柵，遮音壁等の道路付属物を設置する場合には，**解図7－8**に示す防護柵の設置例のように付属施設の基礎は，コンクリート基礎とすることが望ましい。また，コンクリート基礎と壁面材は分離した構造にするのがよい。

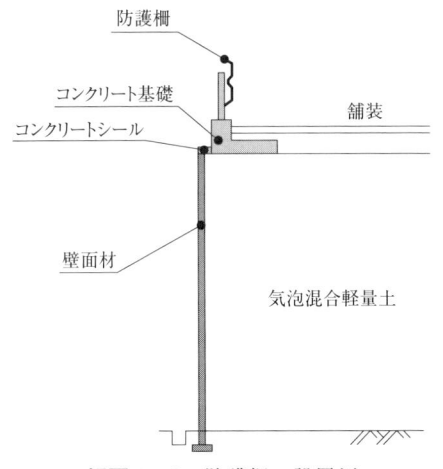

解図7-8 防護柵の設置例

(3) 施工の基本と留意事項

　施工に当たっては，擁壁の要求性能を満足するために，設計図書に明記された施工の条件を遵守しなければならない。このため，設計段階で設定した条件を施工段階において実際に確認し，設定された条件を遵守し施工する必要がある。確認した条件が設計で設定した条件と大きく異なった場合には，追加の調査・試験を行う。また，擁壁の性能に大きく影響を及ぼすと考えられる場合には，設計の見直しや必要な対策を検討する必要がある。以下に，気泡混合軽量土を用いた擁壁の施工に当って特に留意すべき事項を示す。

1) 製造方法

　気泡混合軽量土の気泡の製造方法は，起泡剤の種類や気泡の混合方式によりポストフォーム方式，ミックスフォーム方式，プレフォーム方式に分類されるが，気泡の分布・分散性に優れ，気泡量の調整が容易なプレフォーム方式が適している。

　気泡混合軽量土の製造方法は，打設量が少ない場合には発泡装置や混合機械を搭載した車両が用いられるが，打設量が多い場合には仮設プラントを設けることが多い。また，打設量が極めて少ない場合には，生コン工場から購入したセメントモルタルやセメントミルクにアジテータ車内で気泡を混合する場合もある。

2) 掘削工

斜面上に気泡混合軽量土を用いた擁壁を施工する場合には，段切り等を行い地山とのなじみを良くする。また，滑動が問題となる場合には，すべりに抵抗できる抑止杭等を用いて，地山との一体化を図るものとする。

3) 打設工

気泡混合軽量土は，軽量土内の気泡が消泡しない程度の打設厚さで施工するものとする。一般に，一層の打設厚さが厚くなると自重により気泡が破壊し，材料分離を生じ，強度のばらつきが生じるおそれがある。このため，気泡混合軽量土の施工は打設後に消泡による沈降等が生じないよう1m程度以下の打設厚さで行う必要がある。

4) 養　生

気泡混合軽量土では，急激な乾燥によるひび割れ等の防止や，降雨等による気泡の消泡や品質低下を防止するためシート等による養生を行う。また，配合によっては強度発現までの養生に時間を要する場合があるので，上層の施工に当たっては，下層が施工に必要な強度を有していることを確認する必要がある。

5) その他

気泡混合軽量土の気泡は，降雨や地下水等の影響により消泡してしまうため，降雨時や施工直後に降雨が予想される場合には施工してはならない。また，地下水や湧水等の水の影響がある場合には，適切に処理を行った上で施工するものとする。

気泡混合軽量土の打ち継目は，鉄筋等による特別な処理をする必要がないが，著しいレイタンス等は除去して打ち継ぐものとする。

参考文献
1) 東日本高速道路㈱，中日本高速道路㈱，西日本高速道路㈱：FCB工法設計・施工要領，2007．
2) 中野穣治，三木博史，小橋秀俊：急傾斜斜面上の軽量盛土の耐震性に関する実験的考察，第35回地盤工学研究発表会講演集，pp.2169-2170，2000．
3) 森啓年，中野穣治，恒岡伸幸：急斜面上の気泡混合盛土の耐震性に関する実験，第36回地盤工学研究発表会講演集，pp.2043-2044，2001．

第8章 維持管理

8-1 基本方針

> 擁壁の維持管理は，供用期間中における擁壁としての機能を良好な状態に保ち，災害を未然に防止することを目的として行う。

　擁壁が土砂の崩壊を防ぎ，道路交通の安全かつ円滑な状態を確保するための機能を果たし，災害を未然に防止するためには，建設に先立って十分な調査を行い，適切な設計・施工を実施するとともに，供用期間中は，設計で前提としている維持管理の条件に従うなど，常に適切な維持管理を行わなければならない。

　擁壁は，特に水の作用による影響を大きく受ける。維持管理が不十分で路面排水や表面排水等の排水施設が機能を果たさないと，裏込め土に水が浸入し，裏込め土の脆弱化や背面土圧の増加等により変状・損傷が生じる原因となる。また，これを放置した場合には，集中豪雨や大規模な地震が起きた際に大きな災害に至ることがある。さらに，補強土壁のように各種の部材を用いた擁壁では，周辺環境によっては使用している部材に経年的な劣化が生じることがある。擁壁が所要の機能を果たし，災害を未然に防止するためには，日常の保守や，変状・損傷をできるだけ早期に見出す点検，その結果に基づく適切な補修・補強等を継続して実施する維持管理が大切である。

　擁壁の変状・損傷は，道路交通の安全に直接かかわるものであり，いったん崩壊が発生すると交通が途絶するだけでなく，人の生命や財産を脅かし，その復旧には多大な費用を要することになる。また，隣接する施設に対しても影響を及ぼす場合もある。擁壁の維持管理に当たっては，これらに十分に留意して行わなければならない。

8-2 記録の保存

> 擁壁の設計資料，工事記録，点検記録や補修履歴は，できるだけ詳細に記録し保存するものとする。

擁壁の設計資料，工事記録や点検結果の記録は，できるだけ詳細に記録し保存するものとする。その際に，所定の様式を定め，とりまとめておくことが望ましい。また，過去の補修履歴も記録するとよい。

これらの記録により，擁壁の建設当初の状況及び変状経緯を知ることができ，補修・補強あるいは再構築の必要性を検討する判断資料として，また，補修・補強工事に先立つ調査・設計の際の重要な基礎資料として活用することができる。

8-3 点検・保守

> 擁壁の機能を維持するために，点検・保守は適切に行うものとする。

(1) 点検・保守

擁壁の機能を保つためには，点検・保守等の日常の維持管理が重要である。擁壁の保守は，擁壁の背面の表面排水工の塵芥等の清掃や裏込め土の草木の除去等を日常的に実施するものである。また，擁壁の点検は，目視による外観点検を主とし，状況に応じて詳細な点検・調査を行うことにより変状を把握し，保守とあわせて道路交通と擁壁の機能に障害を与える事象を事前に排除・把握するためのものである。特に擁壁はある程度変形を生じながら安定するものであり，施工後安定するまでの間に若干の変形を生じる場合がある。このような特徴を十分理解し，変状の進行等に関する維持管理記録は所定の様式にとりまとめ，設計資料，工事記録とともに保存することが望ましい。

擁壁の点検には，**解図8-1**のように防災点検，通常巡回の際に行う日常点検，定期的に擁壁に接近して行う定期点検，集中豪雨や台風の前後，地震の直後等において必要に応じて行う異常時点検がある。

1) 防災点検

防災点検では，道路に隣接する土工構造物等について問題があると判断される箇所を抽出するとともに，その後の平常時の点検や対策の進め方を検討するための防災対策の基本となるものである。このため，防災点検によって要注意箇所を抽出し箇所毎に専門技術者等の精査により平常時の点検において着目すべきポイントを記した様式（防災カルテ）を作成し，また点検の頻度，範囲等の必要事項はあらかじめ定めて効率的に点検が進められるようにしておくことが望ましい。防災カルテを作成した箇所については，防災カルテを基にした維持管理を行う。「巻末資料　資料－4　防災点検による安定度判定及びその活用」に防災カルテの記入例等を示しているので参照するとよい。また，以下に述べる日常点検等の通常の点検においてもこの防災カルテを有効に活用し，効率的に維持管理を行う必要がある。

2) 日常点検

日常点検は，通常巡回の際に主に車両上から目視により行うが，異常が認められた場合には，その変状の程度はかなり進展しているおそれがあるので，変状箇所の周辺状況等にも十分注意して観察する。また，必要に応じてスケールや巻尺等を用いて損傷の位置，方向や寸法等を測定し，写真撮影やスケッチ等により記録する。

日常点検，定期点検または異常時点検で擁壁に異常が認められ，継続的に観察を行うことが必要と考えられるときには，通常巡回において継続的に追跡観察をすることが重要である。

3) 定期点検

定期点検は，定期巡回の際に擁壁にできるだけ接近して点検するものとする。擁壁に損傷や異常が認められるときには，必要に応じてはしごやリフト車を用い，近接して目視あるいは測定器具により点検する。

4) 異常時点検

異常時点検は，日常点検や定期点検を補完するための点検で，集中豪雨や台風の前後，地震の直後等に擁壁の異常・損傷等の有無を確認する。点検内容は日常点検や定期点検に準じて行う。

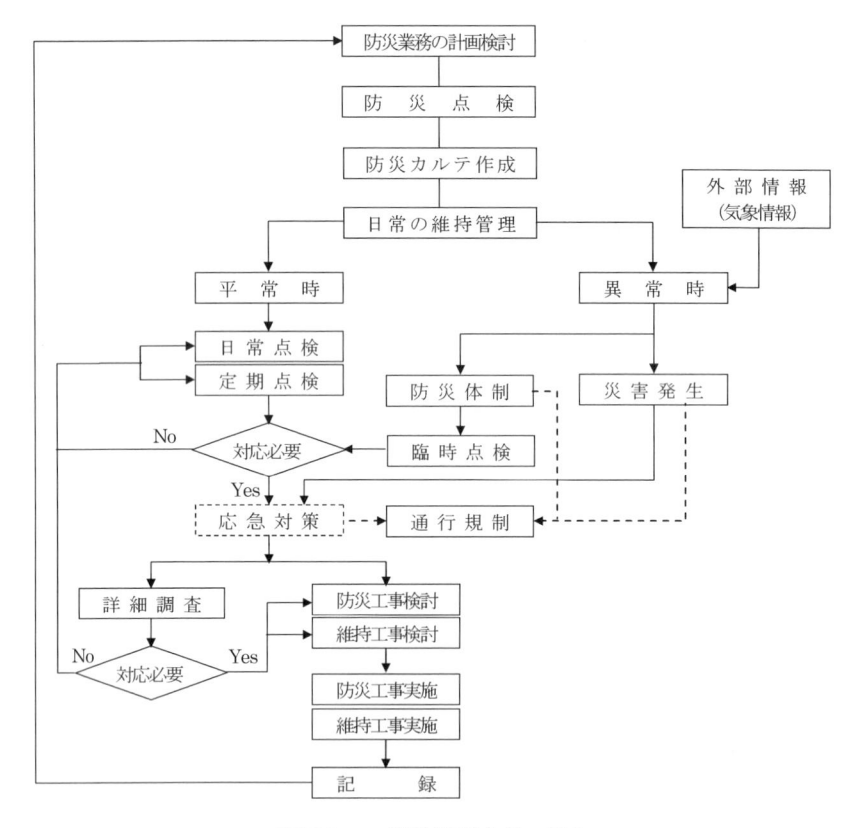

解図8-1 維持管理全体の流れ

(2) 点検時の留意事項

点検は，以下のような点に留意して行うこととする。**解表8-1**に主な点検項目と着眼点を示す。

① 擁壁は，地形，地質・土質，施工条件，周辺条件等に応じて様々な構造形式のものが用いられていることから，その特徴を十分認識して点検する必要がある。

② 擁壁高の高い擁壁，あるいは斜面上や軟弱地盤上の擁壁は，基礎地盤や背面盛土の変状等によって移動，沈下，倒れ等が生じやすいので，周辺の状況等と合わせ十分注意して点検するものとする。

③　擁壁の周囲に設置する表面排水施設は，降雨や周辺から流入する水を速やかに排除する役割を果たしている。これらの排水経路が損傷したり，泥土や落葉で目詰まりを起こしてその機能を果たさない場合は，擁壁の裏込め土等に水が浸透し，裏込め土の脆弱化や背面土圧の増加を招くことになる。このため，排水経路の遮断や目詰まりには十分注意して，保守・点検を行い，その機能を維持していくことが重要である。

④　擁壁には背面の水を抜くための裏込め排水工が施工されており，これらの施設が機能しないと背面土圧の増加や過剰な水圧が加わり，擁壁の倒壊等に進展するおそれがある。したがって，水抜き孔や目地等からの漏水には十分注意して点検・保守する必要がある。

⑤　擁壁基礎には根入れを設け，基礎地盤が洗掘や掘返しの影響を受けないことを前提に設計がなされている。このため，基礎の周辺が洗掘や掘削されないこと，それが進展するおそれのないことに十分注意して点検・保守する必要がある。

⑥　剛な壁を有するコンクリート擁壁と異なる特徴を持つ擁壁においては，その特徴を十分理解した上で点検を行う必要がある。特に，補強土壁は，基礎地盤や背面盛土の変形にある程度追随できる構造となっており，ある程度の壁面の変形，盛土天端の沈下，基礎地盤の変状は問題とならない。しかし，完成直後は降雨や地震動の影響を受けやすく全体的に変形が進行する傾向が見られ，場合によっては盛土材の抜け出しや補強材の破断が発生し崩壊に至ることもある。このため，「8-2　記録の保存」に示したように工事記録を取りまとめるとともに，補強土壁の完成後は定期的に壁面や盛土天端の変形を点検し，その記録を残しておくことが望ましい。定期点検等で壁面の倒れやはらみ出し等が見られた場合，記録簿との照合や定期的な計測により継続して進行している変状かを判断し，必要な保守・補修・補強を行う。

　特に，壁面のはらみだしや開きは，計測しやすく時系列での変化を読み取りやすい指標であり，補強土壁の変形が進行過程にある状態か，収束に向かおうとする状態かの判断や，その変状の原因を追求する際の重要なデータとなる。

なお，壁面の変形計測に当たっては，変形量を直接測定する方法のほかに壁面に観測点を設け定期的な写真撮影によって壁面の変形を求める方法等も有効である。

⑦　災害の発生または発生のおそれのある擁壁を発見した場合には，その周辺の地盤の変状や湧水等について通常と異なる状況がないかを確認する必要がある。さらに，その近傍にある擁壁についても異常が生じていないか十分に注意しておく必要がある。

解表8-1　日常点検時の点検項目と着眼点

点検項目	着眼点
ひびわれ ゆるみ はらみ	たて型や壁面材等に欠落または崩壊に結びつく著しいひびわれ，ゆるみ，はらみ出し，または角欠け等はないか また、その進展のおそれはないか
沈下 移動 倒れ	倒壊に結びつく著しい沈下、移動、または倒れはないか また，その進展のおそれはないか 背面盛土に段差や亀裂等の異常はないか
目地の異常	壁面の目地のずれ，開き，目違い、または段差はないか また，その程度はどうか 目地からの盛土材のこぼれ出しはないか
洗掘	基礎または本体の周辺が著しく洗堀されていないか また，その進展のおそれはないか
排水 漏水	水抜き孔や目地からの著しい出水，にごり、水量の変化、または排水溝や排水管、水抜き孔に詰まりはないか
鉄筋の露出 腐食	主構造部分の主鉄筋が大きく露出したり，腐食していないか また，その進展のおそれはないか
舗装 付帯構造物 等の変状	舗装面に段差やクラック，笠コンクリートや防護柵の基礎等にひび割れ、段差損傷はないか。 隣接構造物の損傷や目地の開き等の変状はないか。

8-4 補修・補強対策

> (1) 擁壁の点検により変状・損傷が認められ、擁壁の機能の低下や防災上の課題が確認された場合には、必要な機能の回復並びに安全の確保のために補修・補強対策等を行う。
> (2) 補修・補強等の必要が生じた場合には、道路交通や隣接する施設等の安全確保を第一に考え応急的な対策を講じるものとする。
> (3) 擁壁の補修・補強に当たっては、変状・損傷の原因、変状・損傷の位置やその程度等について十分な調査・検討を行い、適切な対策を施すものとする。

(1) 基本方針

擁壁の点検により変状・損傷が認められ、擁壁としての機能の低下や防災上の課題が確認された場合には、変状・損傷の状況に応じ、適切に補修・補強対策等を行い、機能の回復並びに安全の確保を行う。

(2) 応急対策

擁壁の変状・損傷によって安全な道路交通の確保に支障をきたすと判断される場合には、安全確保を第一として通行規制等必要な措置を講じる。

擁壁の変状・損傷は、水の浸透が原因となっている事例が多いため、応急対策に当たっては、周辺の排水工の状況や表面水の浸入、排水の状況等を迅速に把握することが重要である。

応急対策としては、擁壁の変状・損傷が進行しないよう擁壁背面への表面水の浸入防止等が必要であり、場合によっては、水抜きボーリングや背面土の排除等の早急な対策が必要となる。

1) 背面水圧の低減対策

擁壁背面に水圧が作用して変状が生じた場合の対策としては、擁壁背面への表面水の浸入防止を図るため、**解図8-2**に示すような排水施設の補修や仮排水路の設置、降雨・降雪の排除のためのコンクリート吹き付けやシートの被覆等を設

ける方法が取られる。例えば，水抜き孔に目づまりがある場合には，擁壁背面の浸透水が排水されず過剰な水圧が生じるため，水抜き孔の清掃や，新たに水抜き孔の設置を行う必要がある。また，損傷・変形した排水溝等については，取り換えや再度，設置のやり直しを，さらに排水溝等の流量が当初計画より多い場合，施設の増設や必要に応じて排水計画全体の見直しを行う。

背面地山の地下水により過剰な水圧が生じている場合には，**解図8-2**のように背面地山の水抜きボーリング等を併用し，過剰な水圧の消散を図る場合もある。

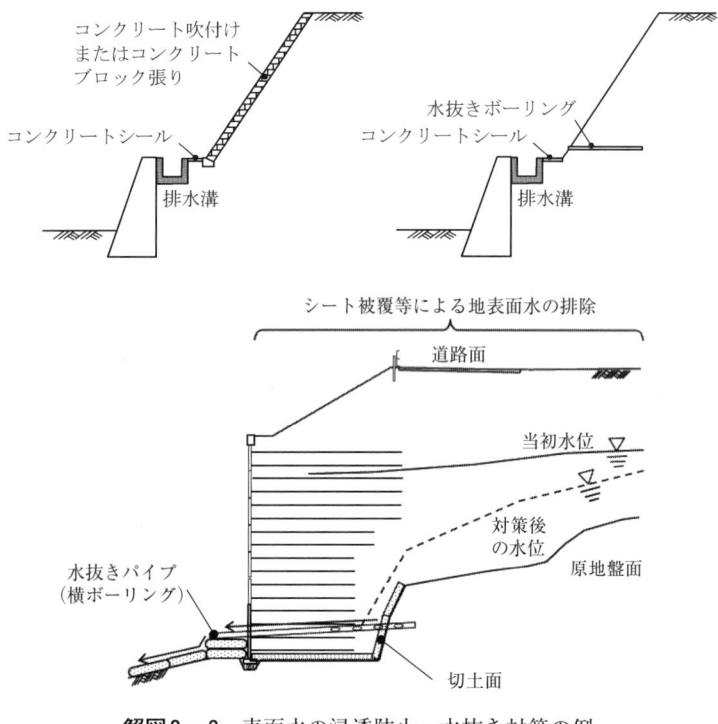

解図8-2 表面水の浸透防止・水抜き対策の例

2) 背面土圧の軽減対策

擁壁背面の土圧が設計時の想定以上に作用し，変状が生じた場合には，**解図8-3**のように背面盛土や背面地山を排除することにより擁壁背面の土圧を軽減させる工法が一般的である。この場合にも表面水の浸透防止や水抜き孔の清掃等，

間隙水圧の消散を図る必要がある。

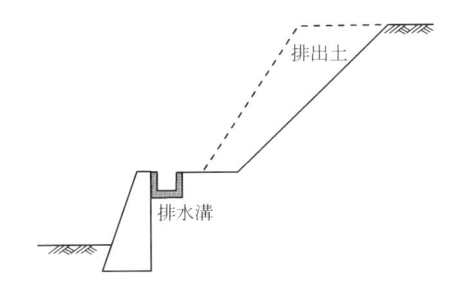

解図8-3 排土により背面土圧を減少させた例

3) 擁壁の変形抑制対策(押え盛土)

擁壁の背面の浸入水による水圧の増加,盛土材の脆弱化等により,擁壁が変状した場合には,変形の進行を抑制する,あるいは崩壊を抑えるために大型土のう等によって前面に積層し,押え盛土とすることがある。なお,この対策には,壁の前面に押え盛土を設ける余裕幅を必要とする。

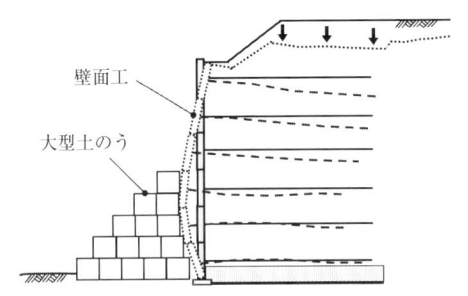

解図8-4 押え盛土による壁面の変形対策の例

(2) 恒久対策

応急対策後,擁壁の変状・損傷をさらに詳細に把握し,原因究明のための調査を行い,恒久的な補修・補強が必要かどうか判断する。

調査は,擁壁本体はもとより地形,基礎地盤,背面盛土,背面地山,裏込め土,排水工,周辺状況等多岐にわたる。擁壁の種類・規模や変状の状況により,必要に応じて基礎地盤や裏込め土等のボーリングによる試料採取や土質試験,補強材

の引き抜き抵抗力の確認等を行う。また、工事記録や点検記録、補修・補強記録等から大まかな原因把握ができることもあるので、参考にするとよい。

調査結果を基に安定性の照査を行い、応急対策を行っても擁壁の安定性が確保できない場合や、擁壁本体の変状・損傷が大きく擁壁の補強が必要と考えられる場合、原因調査で対策が必要と判断された場合には、変状・損傷の程度や原因に応じた補修・補強対策を講じる。

恒久的な補修・補強対策は、擁壁の構造形式、変状・損傷の原因、及びその位置や程度により、擁壁背面への表面水の浸入防止から擁壁本体の更新に至るまで幅が広い。特に、地盤の変状に起因する場合には擁壁本体の補強だけでは恒久的な対策とならないことが多いので注意が必要である。このような擁壁周辺の地盤を含む対策が必要となる場合については、「道路土工－切土工・斜面安定工指針」、「道路土工－盛土工指針」を参考にするとよい。

1) 擁壁の補強

擁壁の補修・補強工法としては、コンクリート擁壁ではクラックへの樹脂注入、ブロック積擁壁のはらみ出しでは部分的な積み直しが一般的である。クラックやはらみ出しの程度が著しく構造的に問題のある場合には、**解図8－5**のようにコンクリート擁壁により腹付けする方法や、**解図8－6**のようなグラウンドアンカー工法により補強する方法等により対策が行われる。

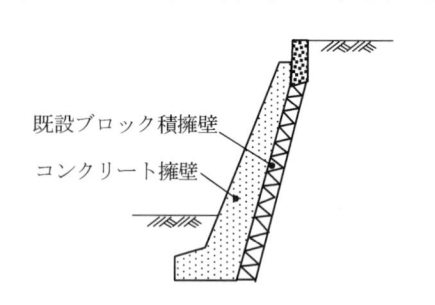

解図8－5 コンクリート擁壁による補強の例

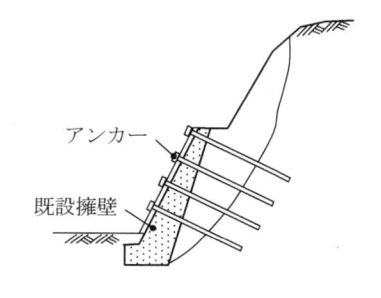

解図8－6 グラウンドアンカー工法による補強の例

グラウンドアンカー工法は、PC鋼線、PC鋼棒等の鋼材をアンカー材としてボーリング孔内に挿入し、グラウト注入によりアンカーを定着してのり面の安定を図

る工法である。この工法は，構造物の種類，形状及び定着地盤の土質により，設計・施工方法が異なるので十分な検討が必要である。

　補強工法の選定に当たっては経済性も考慮し，押え盛土を行ったり，軽量材により外力の低減を図るなど，他の工法との併用も検討するのがよい。

　補強土壁についても，コンクリート製の壁面材がクラック等の損傷を受けた場合，鉄筋の腐食膨張による損傷の拡大を防止するためエポキシ樹脂材や樹脂モルタル等の充填，欠損部の補修を行う。また，壁面材の開きが生じた場合には，背面に設ける盛土材の抜け出し防止材の劣化を防ぐため樹脂モルタルやコンクリートで隙間を埋める。局部的に壁面材が損傷を受けた場合，壁面材の背面の土砂をグラウト注入で固化させた後，**解図8－7**のように損傷した壁面材の撤去・新規の壁面材を設置・既設の補強材または新規の補強材との連結により修復することがある。

　　　　　（a）壁面材の取外し状況　　　　　　　（b）修復後
解図8－7　損傷した壁面材の修復例

解図8－8に雨水の影響により鋼製枠が脱落した場合の修復例を示す。

　修復に当たってはその影響範囲を確認して再施工を行う範囲を決定し，脱落した鋼製枠を外して新規の鋼製枠により，補強土壁の修復を行う。

　壁面の変形量やはらみ出しの程度が著しく，構造的に問題がある補強土壁については壁面材の補修とともに，補強材の増し打ちや，**解図8－9**のようにグラウンドアンカー工法等で補強する方法が用いられる。

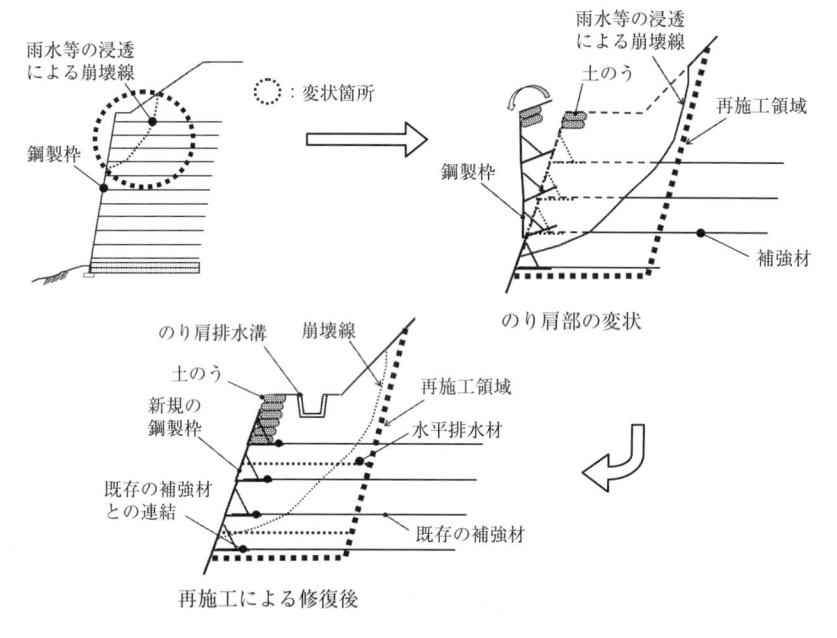

解図8-8 部分的に変状した補強土壁の修復例

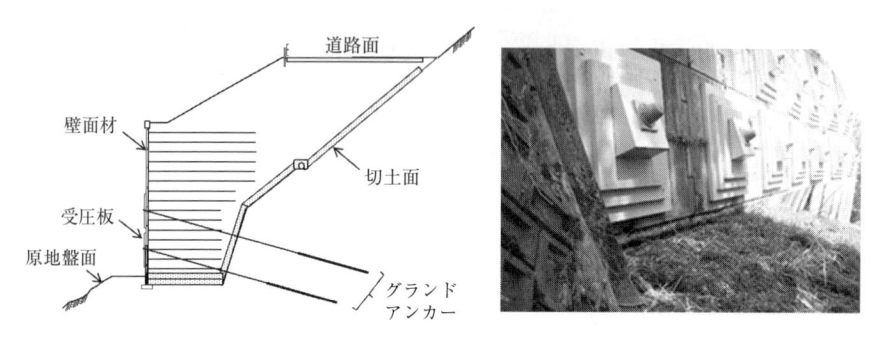

解図8-9 グランドアンカー工法による補強土壁の補強例

2) 基礎地盤の補強

擁壁の基礎の補強には矢板,鋼管杭,場所打ちコンクリート杭,地下連続壁等による基礎周辺の補強及び支持力の増加を図る工法と,高圧噴射攪拌工法,グラ

ウト注入等により地盤を強化する工法等があるが，擁壁の変状・損傷原因，地盤及び周辺条件等を十分検討した上で現地に適した工法を選択する必要がある。

このような基礎地盤の補強対策が必要となる場合については，「道路土工－切土工・斜面安定工指針」，「道路土工－盛土工指針」，「道路土工－軟弱地盤対策工指針」を参考にするとよい。

3) 更　新

擁壁の老朽化が著しく補強しても十分な効果が得られない場合や，擁壁の変状・損傷が大きく補修・補強が困難な場合，あるいは基礎の補強において工事費に比して十分な安定性の向上が得られない場合等では，変状・損傷した擁壁を取り壊し新しく擁壁を設けることがある。擁壁の更新は抜本的な対策であるが，工事費も増加するので十分な検討を行い決定する必要がある。

巻　末　資　料

資料-1　その他の擁壁

資料-2　基礎形式の一般的な適用性

資料-3　地震動の作用に対する擁壁自体の安定性の照査に関する参考資料

資料-4　防災点検による安定度判定及びその活用

資料－1　その他の擁壁

1－1　一　　般

　地形，地質・土質，環境等の各種制約条件によって，「第5章　コンクリート擁壁」，「第6章　補強土壁」及び「第7章　軽量材を用いた擁壁」で示した擁壁を採用することが適切でない場合がある。ここでは，その他の擁壁として山留め式擁壁，深礎杭式擁壁について，擁壁としての性能を確保するために必要な設計，施工の基本的な考え方を示す。なお，これらの擁壁の適用に当たっても，基本的に第1章～第4章に従うものとする。

1－2　山留め式擁壁
(1)　山留め式擁壁の形式と適用範囲

　山留め式擁壁は，設置場所の各種条件や施工性等に配慮して，適切な形式を選定して設計しなければならない。

　山留め式擁壁には，アンカー付き山留め式擁壁と自立山留め式擁壁等がある。

　アンカー付き山留め式擁壁とは，**資図1－1**に示すように壁背面の安定した地盤にアンカー体を造成し，あらかじめPC鋼棒やPC鋼線等の引張り材に緊張力を与えることにより，アンカーの引張り抵抗と山留め壁の根入れ部の土の横抵抗で背面土圧を支える形式の擁壁である。

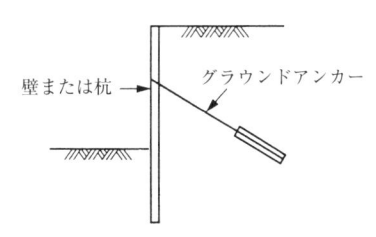

資図1－1　アンカー付き山留め式擁壁

　アンカー付き山留め式擁壁は，主に山岳道路等において，第5章から第7章に示した擁壁形式では切土が大規模となる場合や切土に伴う地山の緩みを防ぐ必要

がある場合，及び斜面安定化工事と兼用される場合等に計画される擁壁形式の一つである。この擁壁の構造形式には矢板や地下連続壁等を用いた壁式と，鋼管杭や場所打ち杭等を用いた杭式とがある。なお，既設の擁壁をアンカー等で補強する場合やのり面工，斜面安定工を兼用する場合は「道路土工－切土工・斜面安定工指針」，「道路土工－盛土工指針」を参考にして検討しなければならない。

　一方，自立山留め式擁壁とは**資図1－2**に示すように，山留め壁の曲げ剛性とその根入れ部の土の横抵抗のみによって背面土圧を支える形式の擁壁である。

　この擁壁は，第5章から第7章に示した擁壁の設置が困難な箇所の代替形式として，用地に余裕がない場合や地山掘削が困難な場合，近接施工や現況交通・周辺環境への影響等から施工条件の厳しい箇所で選定される擁壁形式である。この擁壁の構造形式にはアンカー付き山留め式擁壁と同様に，矢板や地下連続壁等を用いた壁式と，鋼管杭や場所打ち杭等を用いた杭式とがある。

　なお，自立山留め式擁壁は，その支持力機構を根入れ地盤に依存していることから，壁高は4m程度以下で，比較的締まった砂質土や硬質粘性土の地盤に適用されることが多い。

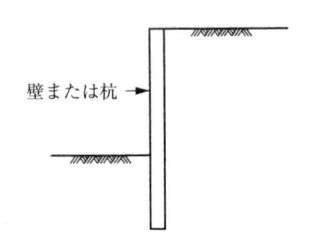

資図1－2　自立山留め式擁壁

(2) 山留め式擁壁の設計上の留意点

　山留め式擁壁の設計には，以下の点に留意する必要がある。
1）擁壁に作用する土圧

　擁壁に作用する土圧は，計画地点の地形，地質・土質条件やアンカーの導入張力の影響によって，主働土圧より大きくなる場合も考えられ，その決定に当たっては慎重な検討が必要である。なお，裏込め材料に軽量材を用いた場合は，第7

章を参考にして検討する。

2) 擁壁の根入れ，応力，変位，鉛直支持力

擁壁の挙動は作用する土圧と，山留め壁の根入れ長や曲げ剛性，アンカーの剛性，根入れ部の土の横抵抗等との相互関係に支配される。したがって解析モデルや解析条件の設定，根入れ地盤の評価及び施工時の地盤の乱れに対して留意するなど，設計・施工にあたり慎重な検討が必要である。

また，アンカー付き山留め式擁壁の根入れ長の検討に当たっては，アンカーの張力の鉛直方向分力が壁体に鉛直荷重として作用するため，これに対して十分な支持力を確保しておくことも必要である。

3) アンカー力の張力等

アンカーの定着地盤は長期的に安定していることが前提条件となる。またアンカーの長期安定性，腐食に対する安全性を十分に検討するとともに，供用中においてもアンカーの張力減少や腐食等に対し，維持管理を十分に行う必要がある。

4) アンカーも含めた構造全体の安定

アンカー付き山留め式擁壁は，擁壁本体の設計の他に外的安定性，及び内的安定性について検討を行わなければならない。外的安定性の検討とは，**資図1－3**に示すようにアンカー体と構造物とを含む地盤全体の崩壊に対する安定性の検討である。内的安定性の検討とは，**資図1－4**に示すように想定されるすべり線の外側にアンカー体を設置した場合に，地盤がアンカー体とともに過大な変位を生じさせないための検討である。アンカーの配置，長さ，アンカー体，アンカーも含めた構造全体の安定等のアンカーに関する計画，調査，設計，施工は「道路土工　切土工・斜面安定工指針」や「グラウンドアンカー設計・施工基準，同解説」（地盤工学会）等を参考にするとよい。

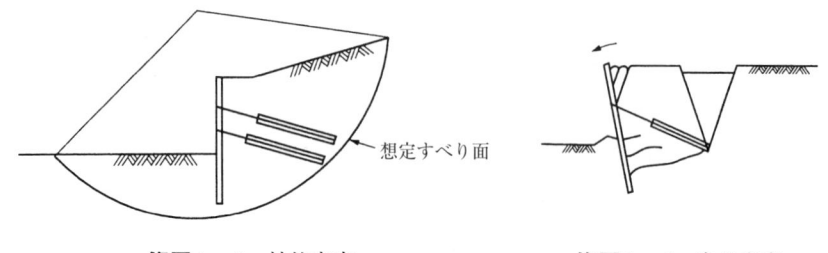

資図1-3　外的安定　　　　　　　　資図1-4　内的安定

5) 排水工

　原地盤上から地下連続壁等を施工し，前面を掘削して壁式の山留め式擁壁を構築する場合は，排水工の設計・施工が不十分となりやすい。したがって，地下水の影響を受けたり，湧水のある場所や，集水地形となっている場所等で採用する場合は，慎重な検討が必要である。

　杭式の場合は**資図1-5**に示すように，仮土留め材と壁面コンクリートとの間に透水層を設け集水し，水抜孔を通じて排水させるなど，適切に排水工を設計・施工しなければならない。

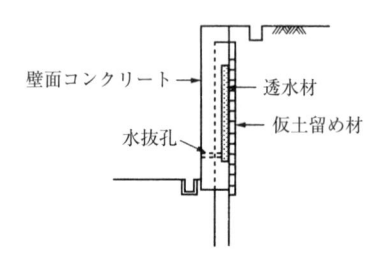

資図1-5　排水工の例（杭式の場合）

6) 周辺地盤・構造物への影響

　自立山留め式擁壁は，構造特性上，水平変位が大きくなりやすいため，背後地に重要構造物がある場合や他の構造物と近接施工となる場合等においては，擁壁背面地盤の沈下予測等を行い，周辺地盤や構造物への影響を十分検討し安全性を確認する必要がある。

1－3　深礎杭式擁壁

(1) 深礎杭式擁壁の形式と適用範囲

　深礎杭式擁壁は，設置場所の各種条件や施工性等に配慮して，適切な形式を選定して設計しなければならない。

　深礎杭式擁壁とは，「道路橋示方書・同解説　Ⅳ下部構造編」において設計上，深礎基礎として区分される基礎で，地表面の傾斜角が10°以上の斜面上に杭間をコンクリート壁等で土留めした擁壁をいう。その形式は，「1－2　山留め式擁壁」と同様に，水平方向の安定機構としてアンカー併用式と自立式とがある。

　深礎杭式擁壁は，**資図1－6**に示すように急峻な山岳道路等において，通常の擁壁では土工規模が大きくなり施工が困難な場合や不経済となる場合，大型重機の搬入が困難な場合等に計画される。

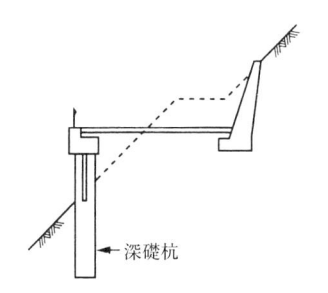

資図1－6　斜面上に設けられた深礎杭式擁壁の例

(2) 深礎杭式擁壁の設計上の留意点

　斜面上の杭基礎は，前面地盤が有限で傾斜しているため設計上，杭の水平抵抗や，全体安定には慎重な検討が必要である。また，設計地盤面をどの位置に設定するかによって構造規模が大きく異なるため，十分な検討を行い，長期的に安定した地盤に支持させなければならない。

　深礎杭の設計に当たっては，「道路橋示方書・同解説　Ⅳ下部構造編」や「杭基礎設計便覧」等を参考として設計する。

資料－2　基礎形式の一般的な適用性

資表2－1　基礎形式の適用性の目安

適用条件	直接基礎	打込み杭基礎 RC杭	打込み杭基礎 PHC杭・SC杭	打込み杭基礎 鋼管杭 打撃工法	打込み杭基礎 鋼管杭 バイブロハンマ工法	中掘り杭基礎 PHC杭・SC杭 最終打撃方式	中掘り杭基礎 PHC杭・SC杭 噴出撹拌方式	中掘り杭基礎 PHC杭・SC杭 コンクリート打設方式	中掘り杭基礎 鋼管杭 最終打撃方式	中掘り杭基礎 鋼管杭 噴出撹拌方式	中掘り杭基礎 鋼管杭 コンクリート打設方式	鋼管ソイルセメント杭基礎	プレボーリング杭基礎	回転杭	場所打ち杭基礎 オールケーシング	場所打ち杭基礎 リバース	場所打ち杭基礎 アースドリル	深礎基礎
支持層までの状態 — 表層近傍または中間層に極軟弱層がある	○	○	○	○	△	○	○	○	○	○	○	○	○	○	×	○	○	×
中間層に極硬い層がある	／	×	△	△	×	△	△	△	△	△	△	△	△	△	○	○	○	○
中間層のれきがけれ　れき径 50mm以下	／	△	△	○	△	△	△	△	○	○	○	○	△	△	○	○	○	○
れき径 50〜100mm	／	×	△	△	×	△	△	△	△	△	△	△	△	△	○	○	○	○
れき径 100〜500mm	／	×	×	×	×	×	×	×	×	×	×	△	×	×	△	△	△	○
液状化する地盤がある	△	△	○	○	△	○	○	○	○	○	○	○	○	○	△	△	△	△
支持層の状態 — 深度 5m未満	○	×	×	×	×	×	×	×	×	×	×	×	×	×	△	△	△	○
5〜15m	△	○	○	△	○	○	○	○	△	△	△	△	○	○	○	○	○	○
15〜25m	×	△	△	○	△	△	△	△	○	○	○	○	○	○	○	○	○	△
25〜40m	×	×	△	○	×	△	△	△	○	○	○	○	○	○	○	○	○	×
40〜60m	×	×	×	△	×	×	△	△	△	△	△	△	△	△	○	○	△	×
60m以上	×	×	×	×	×	×	×	×	×	×	×	×	×	×	△	△	×	×
土質　砂・砂れき (30≦N)	○	○	○	○	○	○	○	○	○	○	○	○	○	○	○	○	○	○
粘性土 (20≦N)	○	△	△	△	△	△	△	△	△	△	△	○	○	○	○	○	○	○
軟岩・土丹	○	×	△	△	×	△	△	△	△	△	△	△	○	○	○	○	○	○
硬岩	○	×	×	×	×	×	×	×	×	×	×	×	△	×	△	△	△	○
傾斜が大きい，層面の凹凸が激しい等，支持層の位置が同一深度では無い可能性が高い	△	△	△	△	△	△	△	△	△	△	△	△	△	△	△	△	△	○
地下水の状態 — 地下水位が地表面に近い	△	○	○	○	○	○	○	○	○	○	○	○	○	○	○	○	△	△
湧水量が極めて多い	×	○	○	○	○	○	○	○	○	○	○	○	○	○	△	△	×	×
地表より 2m以上の被圧地下水	×	○	○	○	○	△	△	△	△	△	△	△	△	○	×	×	×	×
地下水流速 3m/min以上	△	○	○	○	○	○	○	○	○	○	○	○	○	○	△	△	△	△
支持形式 — 支持杭	／	○	○	○	○	○	○	○	○	○	○	○	○	○	○	○	○	○
摩擦杭	／	○	○	○	○	△	△	△	△	△	△	△	△	△	×	×	×	×
施工条件 — 水上施工　水深 5m未満	○	△	△	△	△	△	△	△	△	△	△	△	△	△	△	△	△	×
水深 5m以上	×	△	△	△	△	△	△	△	△	△	△	△	△	△	△	△	△	×
作業空間が狭い	○	△	×	×	△	△	△	△	△	△	△	△	○	○	△	×	△	○
斜杭の施工	／	△	△	○	△	×	×	×	×	×	×	×	×	×	×	×	×	×
有害ガスの影響	○	○	○	○	○	○	○	○	○	○	○	○	○	○	○	○	○	×
周辺環境　振動騒音対策	○	×	×	×	×	△	△	△	△	△	△	○	○	○	○	○	○	○
隣接構造物に対する影響	○	×	×	×	×	△	△	△	△	△	△	○	○	○	○	○	○	△

○：適用性が高い　　△：適用性がある　　×：適用性が低い

　本資料は，「道路橋示方書・同解説　Ⅳ下部構造編」の「参考資料6．基礎形式の適用性」等を参考に，擁壁の基礎形式の選定を補助することを目的とし，各基礎の一般的な適用性の目安について示したものである。したがって，本資料において適用性が高いと判定される場合でも，施工箇所の条件において適用できない可能性があること，また，適用性が低いと判定される場合でも，個別に検討するなどして適用できる可能性があることを十分に考慮しておく必要がある。

資料－3　地震動の作用に対する擁壁自体の安定性の照査に関する参考資料

3－1　擁壁の地震被害の特徴

擁壁には本編に示されるように多くの構造形式がある。擁壁については，ブロック積（石積）擁壁を除き，過去の大地震で倒壊に至った事例はほとんどないが，軽微な被害も含めて既往の地震による被害事例を主な構造形式毎に概観すれば以下の通りである（例えば文献1））。

① ブロック積（石積）擁壁

擁壁中段部がはらみ出し，それに伴い水平方向に亀裂が走ることが多い。このとき背面盛土の表面には比較的狭い範囲で沈下・陥没が生じる。この変状がさらに著しいと全面崩壊に至る場合もある。控え長の短い石積・ブロック積擁壁は，他の形式の擁壁と比較すると総じて被害事例は多い。

② もたれ式擁壁

基礎地盤が堅固である場合には擁壁が前面へ傾斜することがある。このとき背面盛土の表面が陥没する。基礎地盤が傾斜地で軟弱である場合には，斜面方向へすべり変位が生じることがある。擁壁躯体自体の変状として，まれに水平打ち継ぎ目でずれが生じることがある。

③ 重力式擁壁

平地地盤に設けられた擁壁は，一般には根入れされているため滑動変位が生じることは少なく，底版つま先部の局所的支持力不足に起因して前面への傾斜が生じることの方が多い。これに対して，山岳部の傾斜地盤では，支持力不足による傾斜のほか斜面方向へのすべりも生じる。特に，崖錐・崩積土上で掘削底面の処理が不適切な場合に被害が大きくなることが多い。

④ 逆Ｔ型擁壁・Ｌ型擁壁

重力式擁壁と同様に，根入れの効果によって滑動よりは底版つま先部の局所的支持力不足により擁壁の前面への傾斜が生じる場合が多い。擁壁の躯体自体の変状が生じた事例は少ないが，2004年新潟県中越地震でプレキャストＬ型擁壁のた

て壁が土圧により根元で損傷した事例がある。
⑤　井げた組擁壁

　主に背面地山の変状によって，擁壁頂部において前方への変位や，中腹部においてはらみ出し等の変状が生じた事例がある。これらの変状によって，部材の組合せ部での角欠けや損傷，あるいは擁壁の全体的な曲げ変形によって前後のけたの間で開きが生じる。

⑥　補強土壁

　比較的新しい構造形式であり，当初より耐震設計が取り入れられている。地震後に確認される変状としては，擁壁中段部でのはらみだしや，基礎地盤の支持力不足による沈下等のほか，目地開きによって盛土材の流出が確認された事例もある。ただし，地震時に変状が確認された箇所では，排水不良や常時からの変状が確認されていた場合が多い。

3-2　耐震性能照査法の現状

　性能規定型の設計においては，擁壁の耐震性能照査は想定する地震動の作用に対して，擁壁の要求性能を確保するために地震時に擁壁に生じる変状・損傷が許容範囲内におさまるかどうかについて照査が行なわれるのが理想である。これに対して，これまで本指針における擁壁の耐震設計では，安全側の強度定数を設定しつつ，地震動の作用による荷重として震度法による地震時土圧と慣性力を考慮し，滑動・転倒・支持に対する擁壁の安定性を安全率によって照査する方法が採られてきた。この方法は，本来は動的な現象を静的な現象へと置き換えているため設計計算が簡便になる反面，設計水平震度と想定する地震動との対応が明確でない上に，計算の結果得られるのが安全率であり，擁壁の耐震性を示す指標である擁壁の変状・損傷度合い（例えば残留変位量）を直接的には評価できない。しかし，震度法と安全率による照査手法でも過去に実施した被災事例や模型実験の結果に基づき，擁壁の耐震性を評価することは可能である。これについては，3-3で述べる。

　一方で，近年，特に1995年兵庫県南部地震（以下兵庫県南部地震という。）以降，擁壁の地震時残留変位量を直接評価する手法がいくつか研究開発・提案され

ている。その主流の一つとして挙げられるものは，Newmarkの剛体すべりブロック法[2]を応用したものである。この方法は，本来は斜面上のすべり土塊を剛体とみなしてその滑り変位を評価するために提案された計算法であるが，重力式擁壁や逆T型擁壁・L型擁壁のように裏込め土に比べて躯体の剛性が高く，躯体をほぼ剛体と見なせる擁壁については，この手法を拡張して1自由度系[3]や3自由度系[4]でモデル化した方法が提案されている。これらの解析では，地震動の時刻歴に対応して擁壁の慣性力と土圧を与える必要があるが，その土圧についてもいくつかの研究成果が提案されている[5)6]。また，補強土壁についても，その主要な変形モードがせん断変形であると仮定して，せん断変形量を簡単な時刻歴計算により求める方法等が提案されている[7)8]。このほか，擁壁構造形式に拘らず，弾塑性有限要素法を用いて時刻歴解析により擁壁の変位量を計算する方法が研究されている。

なお，いずれの方法もその信頼性・実用性が十分に確認されているという段階に至っていないので，実設計への適用に当たってはそれぞれの手法の特徴と限界を踏まえることが大切である。それに加えて，擁壁を設計する時点では，擁壁の裏込め材料の土質や力学特性がわかっておらず，また，基礎地盤の調査も十分になされていないことが多い。これらの情報が不十分なまま，残留変位を計算して照査を行う意義は少なく，擁壁の残留変位を求める場合には，計算結果の確からしさが模型実験の結果や被害・無被害事例に対する解析を通じて保証されている手法を選定するとともに，裏込め材料・基礎地盤の土質や力学特性値を慎重に設定する必要がある。

これらを鑑みると，通常の擁壁の耐震性を地震時残留変位という指標で直接評価する手法を標準的な照査手法として導入するのは，計算手法，設計用地盤定数設定の観点から未整備な部分が多く，これらを改善し，擁壁の耐震性を直接評価する設計方法を導入するのは今後の課題である。

3-3 震度法における設計水平震度と擁壁の耐震性

以下では，本指針に示した震度法を用いた照査手法で担保される擁壁の耐震性を被害事例や模型実験の結果から評価した結果を示す。

震度法による安全率計算式は以下のように表される。

$Fs = f$（擁壁が発揮しうる限界抵抗力／

　　　　設計水平震度に応じて擁壁に作用する荷重）　　（資3－1）

ここで，fは計算で仮定する崩壊モード（力学モデル）に対する安全率計算式であり，本指針では部材の安全性に加えて，擁壁自体の安定性及び背面盛土及び基礎地盤を含む全体としての安定性に関する照査を行っている。分母に含まれる地震時土圧及び慣性力は地震による荷重を示す指標である設計水平震度k_hによって，その大きさが与えられるのに対して，分子は各崩壊モードに対する擁壁の限界抵抗力である。このことより，安全率はあるk_hのもとで想定される荷重に対する擁壁の安全余裕を示すものであるが，性能規定型の設計方法の中では擁壁の機能に及ぼす影響の観点から，擁壁の耐震性能を地震後の変状・損傷度合いによって直接的に評価することが求められる。

他方，地震により擁壁に生じる変状・損傷度合いを示す指標の一つである残留変位の大きさは，地震動の最大加速度や継続時間等の特性に応じて徐々に進行・累積していく。これらのことから，震度法を用いて擁壁の耐震性を評価するためには，地震による荷重増分を示す指標であるk_hに対する安全率と地震動及び残留変位量を相互に関連付ける必要がある。

いま，資図3－1(a)に示すように，底版幅の違いにより常時安全率Fs_0が異なる擁壁が資図3－1(b)に示す地震動の作用を受けることを考える。そして，資図3－1(b)に示す時刻歴の最大加速度α_{max}を変化させた場合，その振動波形における最大加速度α_{max}と擁壁の残留変位量（たとえば擁壁天端の水平変位量d）との関係として資図3－2(a)に示すような関係が得られる。ここで，擁壁の常時安全率Fs_0と，式（資3－1）により得られる擁壁の地震時安全率が1.0となる限界の震度$k_{h[cr]}$との間にも資図3－2(a)に併せて示すような関係がある。

そこで，擁壁の許容変位量を任意にd_aと定めると，限界震度$k_{h[cr]}$と，擁壁変位がd_a以下にとどまる最大加速度の関係として資図3－2(b)が得られる。この資図3－2(b)は，ある地震動波形における最大加速度α_{max}の地震動の下で擁壁の残留変位量をd_aに抑えるためには式（資3－1）で震度$k_{h[cr]}$を用いて設計すればよいことを意味している。こうして求めた震度は，動的な現象を静的な現象に置

き換えた式（資3－1）により得られる安全率に物理的な意味を持たせるように震度k_hの大きさが調整されたという意味で，ここでは「逆算震度」と呼ぶこととする。

なお，これまでの記述から推察されるように，逆算震度の大きさは，仮定する力学モデル，土圧計算式，地震動波形等に依存するものであり，ある形式の擁壁について逆算震度の裏付けがとれたからといって，構造形式や地震動の特性が大きく異なる場合においても単純にこれを準用することは本来適当でなく，適用に当たっては慎重な検討が必要である。以下では，模型実験結果，被災事例を用いてコンクリート擁壁の逆算震度を算定した結果を示す。

資図3－3は，底版幅等いくつかの条件が異なる重力式及び逆T型擁壁について遠心模型実験を行い，擁壁天端の累積残留水平変位が擁壁高の1，5，10%に達した加振加速度を求め，また，それぞれの擁壁模型について本指針に示される計算法に基づいて限界水平震度$k_{h(cr)}$を計算して，両者の関係を整理したものである。実験では，衝撃型及び振動型の地震波のほかに周波数1Hzの正弦波を入力地震動として用いた。なお，振動台実験に用いた擁壁の限界震度の算出に当たっては，擁壁裏込め土及び基礎地盤の強度定数は土質試験の結果を用いている。

また，図中には過去の大地震において擁壁に転倒傾斜，沈下等の残留変位が生じた被害事例についての計算結果も参考として併せて示している（例えば文献9)，10))。被害事例の限界水平震度の算定に当たって，兵庫県南部地震の事例では被災箇所における土質試験の結果を用いた。一方で，平成16年（2004年）新潟県中越地震（以下，新潟県中越地震という。）の事例については被災箇所において土質試験が行われていなかったため，本指針「4－3　土の設計諸定数」に示される諸定数の一般的な値を用いて限界水平震度を算定した。

模型実験の結果を参照すると，この図から設計震度としてk_h=0.2を考慮すれば，最大加速度が700gal以上となるような大規模地震に対しても，擁壁の変位量は壁面高さの5%程度までに抑えられることが分かる。これに対して，参考として示した被災事例のうち，特に新潟県中越地震の小規模被害事例の中には，限界水平震度が0.2以上の事例も多い。新潟県中越地震では地震発生の三日前に当該地域を通過した台風23号の影響によって，地震発生時における土の含水比が

高かったことが土工構造物の被害を拡大させた原因と考えられている[1]。このことから，新潟県中越地震の事例については地震発生時の限界水平震度が図中に示した値よりも小さかったことも考えられる。

また，新潟県中越地震の事例のうち，①，②に示した事例では，擁壁が急勾配の斜面部に直接基礎形式で建設されていた。本指針では，近年の大きな地震で斜面部の擁壁に沈下，傾斜が生じる事例[1), 11)]が多いことを踏まえて，直接基礎形式の擁壁が斜面部に建設される際に，斜面全体としての安定性とともに，斜面の影響を考慮した支持力に関する検討を行う必要性があることも述べている（「5－3－2 直接基礎の擁壁における擁壁自体の安定性の照査」参照）。資図3－3に示すように特に急傾斜地においては，斜面の影響を考慮しなければ擁壁の安定性を過大に評価してしまうことに留意が必要である。

なお，本指針に示した裏込め土等の強度定数の一般的な値には，安全側の設計計算となるように配慮して，良好な施工が行なわれた裏込め土等の強度定数よりも小さい値が設定されている。仮にこの標準値を用いて同様の検討を行った場合には，**資図3－3**中に示した限界水平震度$k_{h[cr]}$と最大加速度の関係を示す直線の勾配は緩やかとなる。これに加えて，ここに用いた擁壁模型では根入れがなされておらず，本指針に示される根入れがなされていれば擁壁の耐震性はさらに向上することが，後述する様な模型実験の結果から明らかになっている。

資図3－4は，根入れの効果等を遠心模型実験により調べた[10]ものである。本指針に示される設計方法によれば，この擁壁の模型は，滑動・転倒・支持に対する安定性のうち，滑動に対する安定性が最も低く，根入れを無視した場合の限界震度は0.15である。擁壁高9mに対して，根入れ深さを0，0.75，1.5mの3種類としている。入力地震動は周波数1Hzの正弦波20波であり，同じ最大加速度の地震動に比べればはるかに厳しい条件である。同図より，根入れが深くなるにつれて残留変位の大きさは著しく低減することがわかる。本指針では原則として50cm以上の根入れを確保するものとしているが，設計上は安全側の配慮として根入れの効果を無視するあるいは低減して考慮している。

以上のことより，本指針で標準値として示している強度定数と設計計算法に基づき，大規模地震動を考慮して耐震設計を行った擁壁はレベル2地震動が作用し

た場合にも，少なくとも致命的な損傷に至ることはないといえる。なお，補強土壁についても，震度法で設計震度0.2を与えれば，レベル2地震動に対して限定された変形に留まるという研究成果が得られている[13]。

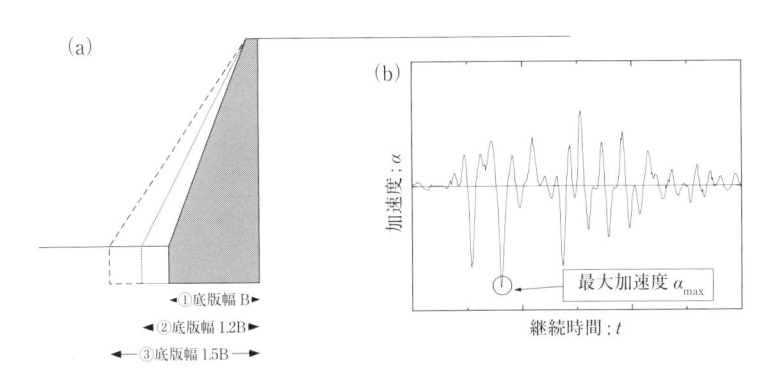

資図3−1 (a) 底版幅が異なる重力式擁壁　(b) 入力地震動の例

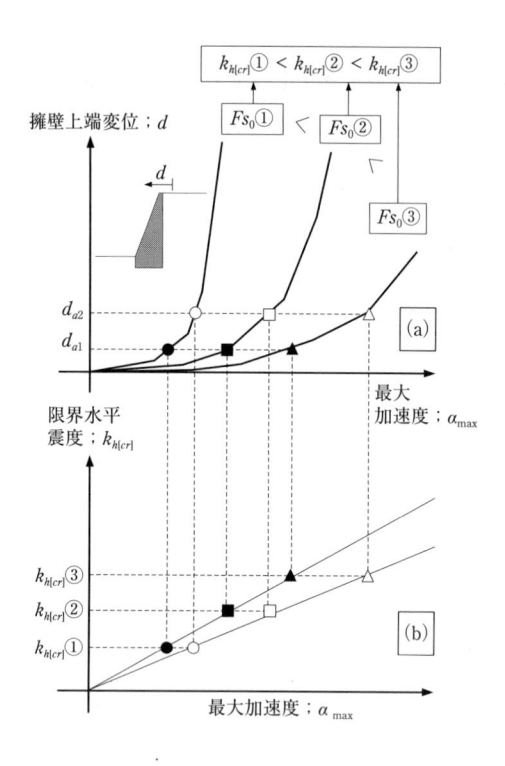

(a)は，最大加速度と擁壁上端変位の関係の模式図を示しており，(b)は，最大加速度と限界水平震度及び許容変位の関係の模式図を示している。

資図3-2 最大加速度と擁壁上端変位の関係の模式図

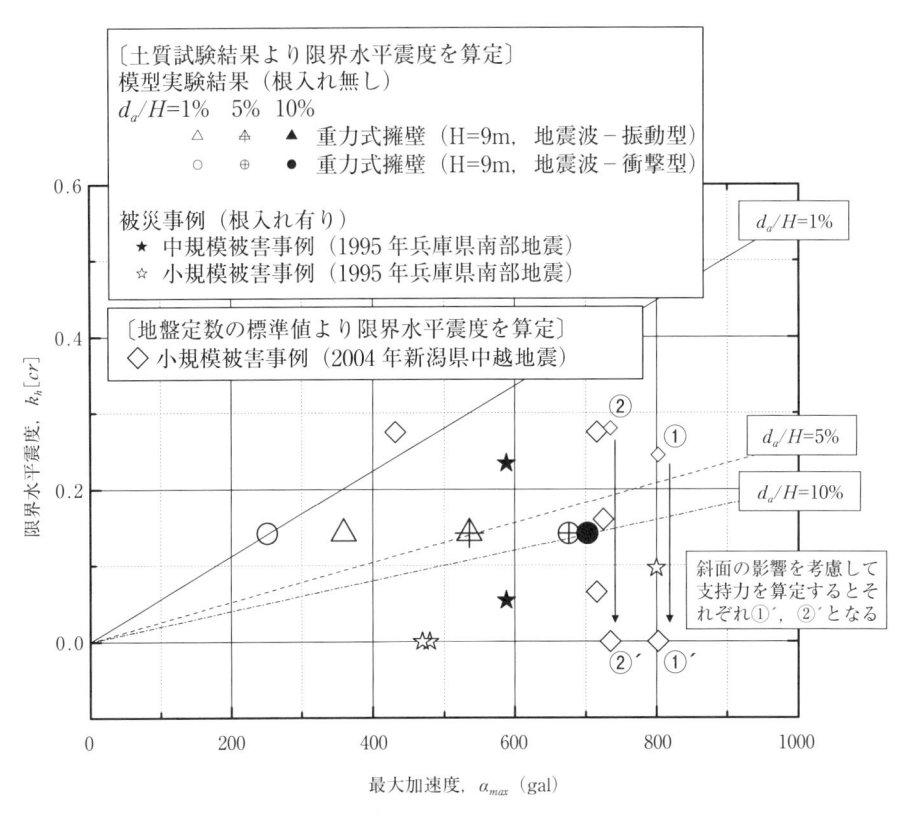

資図3－3 最大加速度と限界震度及び擁壁変位の関係[9), 10)]

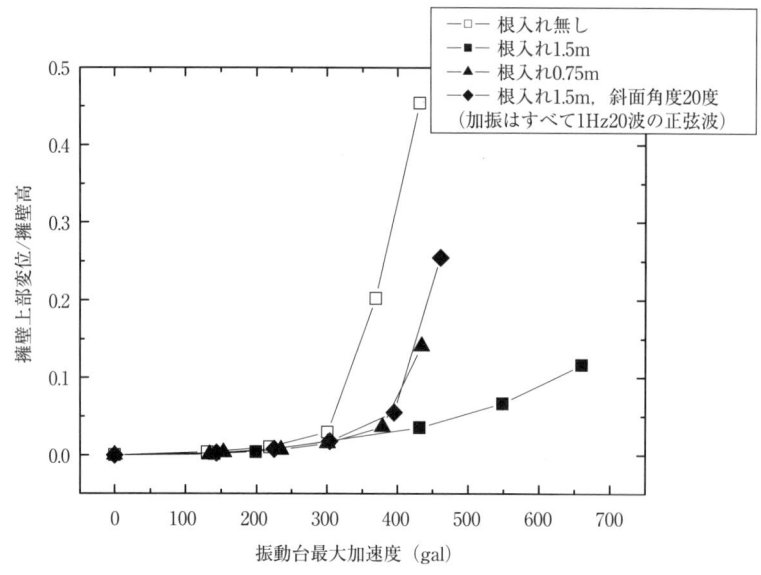

資図3－4 根入れの有無による耐震性の違い[12]

参考文献

1) 土木研究所：平成16年（2004年）新潟県中越地震土木施設災害調査報告，土木研究所報告　No.203，2006．

2) Newmark, N.M.: Effects of earthquake on dams and embankments, Geotechnique, Vol.15, No.2, pp.139-159, 1965.

3) 中島進，古関潤一，渡辺健治，舘山勝：支持地盤の変形を考慮した従来型擁壁の地震時変位量計算，土構造物の地震時における性能設計と変形量予測に関するシンポジウム発表論文集，pp.283-288，2007．

4) 岡村未対，松尾修：重力式擁壁の地震時挙動とその予測法について－擁壁の水平・鉛直・回転変位予測法－，第56回土木学会年次学術講演会　概要集，pp.246-247，2001．

5) 古関潤一：裏込め土中での滑り面発生に伴うひずみ軟化挙動を考慮した地震時土圧算定法（修正物部岡部式），土木技術，Vol.61, No.2, pp.46-52, 2006．

6) 松尾修, 齋藤由紀子, 岡村未対：擁壁に作用する地震時主働土圧に関する考察及び比較計算, 第26回地震工学研究発表会講演論文集, pp.729-732, 2001．

7) 石原雅規, 斎藤由紀子, 松尾修, 田村敬一：Newmark法によるジオテキスタイル補強土壁地震時変形量予測法, 第59回土木学会年次学術講演会 概要集, CD-ROM, 2004．

8) 中島進, 古関潤一, 渡辺健治, 舘山勝：補強土擁壁の地震時変位量計算手法の構築及び実被害事例への適用, 第23回ジオシンセティックスシンポジウム, pp.201-208, 2008．

9) 松尾修, 塚田幸弘, 堤達也, 宮武裕昭, 齋藤由紀子：兵庫県南部地震により被災した道路構造物の事例解析, 土木技術資料, Vol.39, No.3, pp.38-43, 1997．

10) 阪神・淡路大震災調査報告編集委員会：阪神淡路大震災調査報告 土木構造物の被害要因の分析 地盤・土構造物, pp.171-198, 1998．

11) 土木研究所：平成20年（2008年）岩手・宮城内陸地震被害調査報告, 土木研究所資料 第4120号, 2008．

12) 斉藤由紀子, 岡村未対, 田村敬一：重力式擁壁の地震時変位量－擁壁の根入れ深さを考慮した地震時変位計算法の検証－, 土木学会年次学術講演会講演概要集第3部, 第５７巻, 3号, pp.1171-1172, 2002．

13) 中島進, 杉田秀樹, 佐々木哲也, 榎本忠夫：分割型補強土壁の変形性能を考慮した耐震設計法に関する研究, 第54回地盤工学シンポジウム, pp.479-482, 2009．

資料-4　防災点検による安定度判定及びその活用

　防災点検は，道路災害のおそれがある箇所について，その箇所の把握と対策事業計画の策定を目的として行ってきた。初回の防災点検は昭和43年の飛騨川バス転落事故を契機として行われ，それ以降は，昭和45年，46年，48年，51年，55年，61年，平成2年，8年，18年に行われている。各々の点検は，国土交通省（旧建設省を含む）通達にもとづいて，各道路管理者が一斉に点検を行う形で実施されている。点検の結果，「対策が必要と判断される」と評価された箇所で対策工の実施までに日数を要する箇所，または「防災カルテを作成し対応する」と評価された箇所に関しては，防災カルテを作成してその後の平常時の点検において活用する必要がある。

　また，対策工を実施する際には，施工中における擁壁本体と周辺の変状を観察し，施工記録を整理して，維持管理を効率的に実施することが必要である。

　ここでは平成18年度に行われた点検において擁壁に関する点検に使用された箇所別記録表[1]（**資表4-1**），安定度調査表[1]（**資表4-2**）及び平成8年度に行われた点検における防災カルテ[2]（**資表4-3～4-5**）の例を示す。

資表4－1 箇所別記録表（擁壁）記入例

資表4－2　安定度調査表（擁壁）

| 施設管理番号 | N | * | * | G | O | O | 1 |

部分記号 [ ]

		点検者	防災　太郎
		所属機関	OOO株式会社

[擁壁周辺条件要因(A)]

項目	要因	評　点　区　分	配点	評点
地形	地すべり	地すべり地形ではない	⓪	0
		地すべり地形が放置され対策を講じている	5	(30)
		地すべり地形だが対策がない、あるいは不明	30	
基礎地盤	軟弱地盤	軟弱な地盤ではない	0	0
		軟弱地盤だが防災の対策を講じている	5	(20)
		軟弱地盤だが対策がない、あるいは不明	20	
	基礎底面	良好な地盤に着床している	0	10
		擁壁前面の基礎地盤の半場が多い	5	(10)
		直接地帯にある	⑩	
支持力		基礎地盤が30°以上傾斜している	0	5
		平板載荷試験により支持力を確認している	2	(5)
		N値から支持力を推定している	⑤	
		支持力の確認を行っていない	10	
水	地下水	付近に湧水は認められない	0	0
		付近に湧水がある	5	(10)
		基礎地盤の地下水位の面から浸入がある	10	
	排水施設	周辺の排水施設に問題がなく、雨水等が流入していない	0	25
		周辺の排水施設が機能を発揮していない	20	
		排水施設が設置されておらず、雨水が自然流入する	㉕	(25)
立地	洗堀	前面に河川がない	⓪	0
		洗堀防止工が無いが、基礎は常時水位より高い	5	(20)
		擁壁前面に有効な洗堀防止工が講じられている	10	
		洗堀防止工がない	10	
		擁壁前面の洗堀防止工の効果がない	20	

(A) 合　計　40 点
但し50点を上限とする

[擁壁本体要因(B)]

項目	要因	評　点　区　分	配点	評点
擁壁形式	石積	安定した地山や切土のり面保護として用いている	5	
	混合擁壁	良好な設置込みが施されている	5	10
		上記以外	⑩	(20)
	無筋・寄石	空積	20	
	片持梁式	点検要領参照	5	0
		点検要領参照	0	

(B) 合　計　10 点
但し20点を上限とする

[履歴(C)]

項目	要因	評　点　区　分	配点	評点
壁体の変状	変状なし		0	
	変状有	2年以上変状が進行していないことを確認	10	50
		対策工実施後変状の進行がない(2年未満)	10	
		対策工なく変状の進行がない(2年未満)	20	(50)
		変状の進行が確認されず(含む、資料無し)	㊿	

(C) 合　計　50 点
但し50点を上限とする

	要因		配点	評点
擁壁周辺条件要因によ る評点			(A)	40 点
擁壁本体要因によ る評点			(B)	10
履歴からの評点			(C)	50
合　計　点				100 点

$(D)=(A)+(B)+(C)$

[総合評価]

判定	対応
○	対策が必要と判断される。
	防災カルテを作成し対応する。
	特に新たな対策を必要としない。

注）（ ）は各項目の満点を示す。
該当する場合は配点欄に○印をつけると共に点数を記入する。
不明瞭な場合は中間的な値を採用する。

— 338 —

資表4-3 防災カルテ様式A（擁壁）

施設管理番号	N**-**-G:0:0:1	点検対象項目	一般県道			擁	壁		路線名	一般県道***号		距離標（自）	2:7	2:0	(至)	2:7	2:0		地建・都道府県等名	○○県
事業区分	一般・有料	道路種別	現道・旧道区分	現道・連続	時間	—mm	交通量	平日	所在地	○○郡○○町字**番号	休日	位置目印	両端に朱印を赤ペンキでマーキング	北緯	31°32′48.0″	東経	132°10′03.0″	管理機関名	○○○土木事務所
		道路基準	規制基準（無）	—mm				600台/12h		900台/12h		DID区間	該当・非該当	バス路線	該当・非該当	迂回路	有・無	管理機関コード	**-**-**-**	延長 29 m

[点検地点位置図]

※スケッチと位置を明記する
平面図 縮尺1:1000

正面図 縮尺1:200

横断図 縮尺1:200

[専門技術者のコメント]
○ブロック積擁壁の上下のずれ・はらみ出し等の変状は補修工直後（5年前）に生じたものであり、現時点では、滞水もなく、水抜孔は乾燥状態である。
　また、□のブロックのはらみ出しが、現時点において、露岩は崖錐と泥岩・砂岩の互層により成る。居錐層の下部に崖錐が浸透し、小規模な滑り
　が切土部のブロックに可能性があり、地層構成は崖錐と泥岩・砂岩の互層であり、ブロック積擁壁の上下程度がはらみ出しとなるのと想定される。

着目すべき変状	点検の時期	想定される災害形態	対策工が必要	1	
①擁壁の上下のはらみ出し（様式B参照）	①豪雨時または連続雨量、1週間以内	○ブロック積擁壁の上部2.5mが延長約20m	カルテ対応	②	
②擁壁の亀裂	②震度4以上の地震発生後	崩壊し、背面土砂も奥行3m程度削壊。	1,2のどちらかに対応するものに○印		
③擁壁のずれ		○車両転落による二次的被害が発生し、背面			
		地表を含め延長10m程度の崩壊			

| 作成年月 | 9年10月7日（天候：晴） | 専門技術者名 | 防災 太郎 | 会社名 | ○○○株式会社 | 連絡先 | TEL ○○○-○○○-○○○○ |

— 339 —

資表4-4 防災カルテ様式B

施設管理番号	N**G:0:0:1	擁壁	路線名	一般県道**号
点検対象項目	①、②、③			

〈詳細スケッチ欄〉

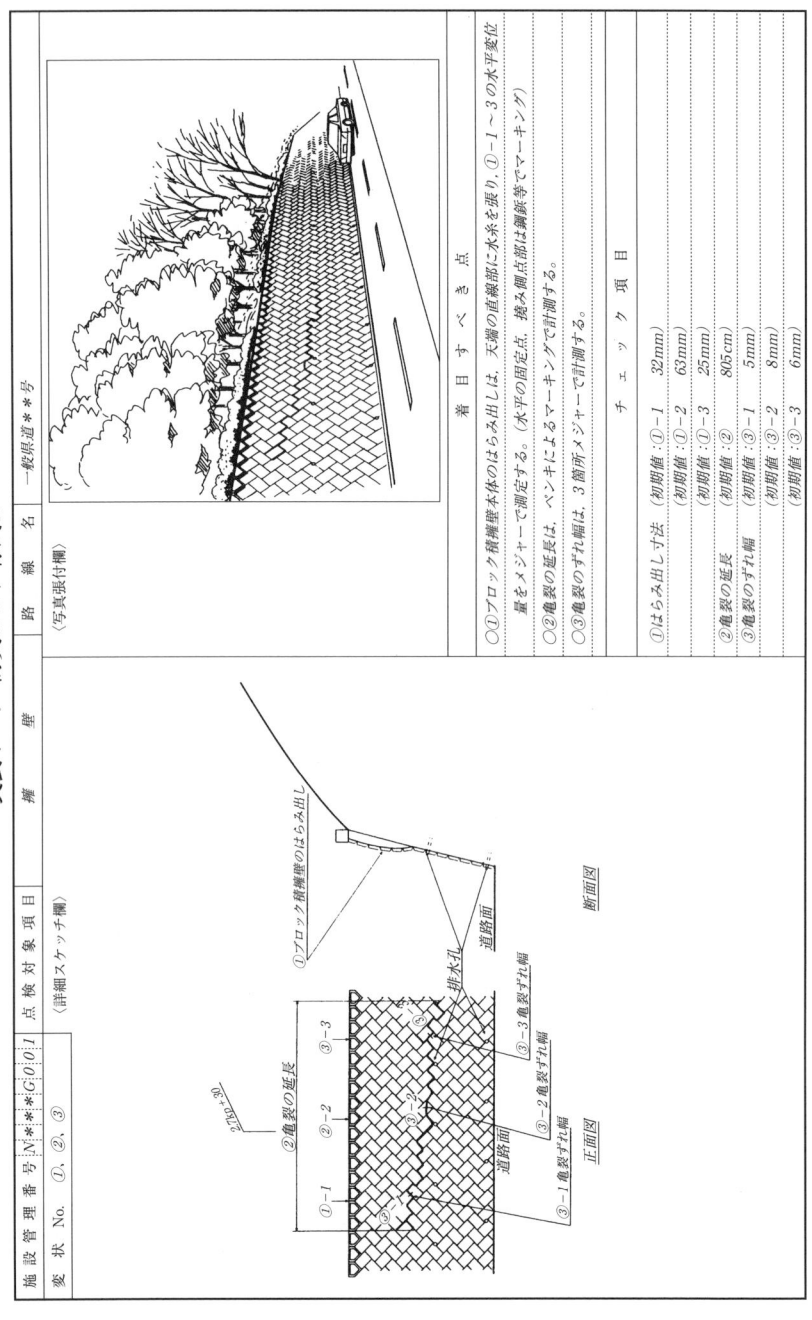

〈写真表付欄〉

正面図

断面図

着目すべき点

○①ブロック積擁壁本体のはらみ出しは、天端の直線部に水糸を張り、①-1~3の水平変位量をメジャーで測定する。(水平の固定点、積み側点は鋼鉄等でマーキング)
○②亀裂の延長は、ペンキによるマーキングで計測する。
○③亀裂のずれ幅は、3箇所メジャーで計測する。

チェック項目

①はらみ出し寸法 (初期値：①-1　32mm)
　　　　　　　　(初期値：①-2　63mm)
　　　　　　　　(初期値：①-3　25mm)
②亀裂の延長　　(初期値：②　　805cm)
③亀裂のずれ幅　(初期値：③-1　5mm)
　　　　　　　　(初期値：③-2　8mm)
　　　　　　　　(初期値：③-3　6mm)

資表4－5　防災カルテ様式C

施設管理番号 N:**G:0:1	点検対象項目	曜	壁	路線名　一般県道**号	距離標目					上・下・他 延長 29 m
点検月日		9年 11月 28日	10年 1月 30日	10年 4月 10日	年　月　日	2:7　年　月　日	2:7　2:0（至）年　月　日	2:7　5:0年　月　日		
①-1 はらみ出し		32 mm	32 mm	32 mm						
前回との差異		変化なし	変化なし	変化なし						
①-2 はらみ出し		63 mm	63 mm	64 mm						
前回との差異		変化なし	変化なし	+1 mm						
①-3 はらみ出し		25 mm	26 mm	26 mm						
前回との差異		変化なし	+1 mm	変化なし						
② 亀裂の延長		805 cm	805 cm	805 cm						
前回との差異		変化なし	変化なし	変化なし						
③-1 亀裂のずれ幅		5 mm	5 mm	5 mm						
前回との差異		変化なし	変化なし	変化なし						
③-2 亀裂のずれ幅		8 mm	9 mm	9 mm						
前回との差異		変化なし	+1 mm	変化なし						
③-3 亀裂のずれ幅		6 mm	6 mm	6 mm						
前回との差異		変化なし	変化なし	変化なし						
点検時の特記事項 （点検時の対応）		天候：雨 ○降雨量30mm ○特になし	天候：曇 ○前日に豪雨 （降雨量40mm） ○水抜き孔（下部）2孔 から少量の排水あり ○変状の進行は認められない	天候：曇 ○4月10日 地震発生 （震度4） ○変状の進行は認められない		天候：	天候：	天候：	天候：	
点　検　者　名		防災　次郎	防災　次郎	防災　次郎						
点検後の対応 （専門技術者の判定）										
点検月日・専門技術者名										

— 341 —

参考文献
1) （社）全国地質調査業協会連合会：道路防災点検の手引き，2011.
2) （財）道路保全技術センター：建設省道路局・防災カルテ作成・運営要領，1996.

執 筆 者 (五十音順)

上野 次男	大下 武志	古賀 泰之
小橋 秀俊	佐々木 哲也	澤松 俊寿
藤田 智弘	松尾 修	水谷 美登志
宮武 裕昭	苗村 正三	中根 淳
中村 洋丈	藪 雅行	

道路土工－擁壁工指針（平成 24 年度版）

昭和 52 年 1 月 31 日　初　版第 1 刷発行
昭和 62 年 5 月 30 日　改訂版第 1 刷発行
平成 11 年 3 月 10 日　改訂版第 1 刷発行
平成 24 年 7 月 30 日　改訂版第 1 刷発行
令和 6 年 9 月 20 日　　　第 15 刷発行

編集発行所　公益社団法人 日 本 道 路 協 会
　　　　　　東京都千代田区霞が関 3－3－1
印刷所　　　有限会社 セ キ グ チ
発売所　　　丸 善 出 版 株 式 会 社
　　　　　　東京都千代田区神田神保町 2－17

ISBN 978-4-88950-419-4 C2051

日本道路協会出版図書案内

図書名	ページ	定価(円)	発行年
交通工学			
クロソイドポケットブック（改訂版）	369	3,300	S49. 8
自転車道等の設計基準解説	73	1,320	S49.10
立体横断施設技術基準・同解説	98	2,090	S54. 1
道路照明施設設置基準・同解説（改訂版）	240	5,500	H19.10
附属物（標識・照明）点検必携 〜標識・照明施設の点検に関する参考資料〜	212	2,200	H29. 7
視線誘導標設置基準・同解説	74	2,310	S59.10
道路緑化技術基準・同解説	82	6,600	H28. 3
道路の交通容量	169	2,970	S59. 9
道路反射鏡設置指針	74	1,650	S55.12
視覚障害者誘導用ブロック設置指針・同解説	48	1,100	S60. 9
駐車場設計・施工指針同解説	289	8,470	H 4.11
道路構造令の解説と運用（改訂版）	742	9,350	R 3. 3
防護柵の設置基準・同解説（改訂版） ボラードの設置便覧	246	3,850	R 3. 3
車両用防護柵標準仕様・同解説（改訂版）	164	2,200	H16. 3
路上自転車・自動二輪車等駐車場設置指針 同解説	74	1,320	H19. 1
自転車利用環境整備のためのキーポイント	140	3,080	H25. 6
道路政策の変遷	668	2,200	H30. 3
地域ニーズに応じた道路構造基準等の取組事例集（増補改訂版）	214	3,300	H29. 3
道路標識設置基準・同解説（令和2年6月版）	413	7,150	R 2. 6
道路標識構造便覧（令和2年6月版）	389	7,150	R 2. 6
橋梁			
道路橋示方書・同解説（Ⅰ共通編）（平成29年版）	196	2,200	H29.11
〃（Ⅱ鋼橋・鋼部材編）（平成29年版）	700	6,600	H29.11
〃（Ⅲコンクリート橋・コンクリート部材編）（平成29年版）	404	4,400	H29.11
〃（Ⅳ下部構造編）（平成29年版）	572	5,500	H29.11
〃（Ⅴ耐震設計編）（平成29年版）	302	3,300	H29.11
平成29年道路橋示方書に基づく道路橋の設計計算例	564	2,200	H30. 6
道路橋支承便覧（平成30年版）	592	9,350	H31. 2
プレキャストブロック工法によるプレストレスト コンクリートTげた道路橋設計施工指針	81	2,090	H 4.10
小規模吊橋指針・同解説	161	4,620	S59. 4
道路橋耐風設計便覧（平成19年改訂版）	300	7,700	H20. 1

日本道路協会出版図書案内

図　書　名	ページ	定価(円)	発行年
鋼道路橋設計便覧	652	7,700	R 2.10
鋼道路橋疲労設計便覧	330	3,850	R 2. 9
鋼道路橋施工便覧	694	8,250	R 2. 9
コンクリート道路橋設計便覧	496	8,800	R 2. 9
コンクリート道路橋施工便覧	522	8,800	R 2. 9
杭基礎設計便覧（令和2年度改訂版）	489	7,700	R 2. 9
杭基礎施工便覧（令和2年度改訂版）	348	6,600	R 2. 9
道路橋の耐震設計に関する資料	472	2,200	H 9. 3
既設道路橋の耐震補強に関する参考資料	199	2,200	H 9. 9
鋼管矢板基礎設計施工便覧（令和4年度改訂版）	407	8,580	R 5. 2
道路橋の耐震設計に関する資料（PCラーメン橋・RCアーチ橋・PC斜張橋等の耐震設計計算例）	440	3,300	H10. 1
既設道路橋基礎の補強に関する参考資料	248	3,300	H12. 2
鋼道路橋塗装・防食便覧資料集	132	3,080	H22. 9
道路橋床版防水便覧	240	5,500	H19. 3
道路橋補修・補強事例集（2012年版）	296	5,500	H24. 3
斜面上の深礎基礎設計施工便覧	336	6,050	R 3.10
鋼道路橋防食便覧	592	8,250	H26. 3
道路橋点検必携～橋梁点検に関する参考資料～	480	2,750	H27. 4
道路橋示方書・同解説Ⅴ耐震設計編に関する参考資料	305	4,950	H27. 4
道路橋ケーブル構造便覧	462	7,700	R 3.11
道路橋示方書講習会資料集	404	8,140	R 5. 3
舗　装			
アスファルト舗装工事共通仕様書解説（改訂版）	216	4,180	H 4.12
アスファルト混合所便覧（平成8年版）	162	2,860	H 8.10
舗装の構造に関する技術基準・同解説	104	3,300	H13. 9
舗装再生便覧（令和6年版）	342	6,270	R 6. 3
舗装性能評価法(平成25年版)―必須および主要な性能指標編―	130	3,080	H25. 4
舗装性能評価法別冊―必要に応じ定める性能指標の評価法編―	188	3,850	H20. 3
舗装設計施工指針（平成18年版）	345	5,500	H18. 2
舗装施工便覧（平成18年版）	374	5,500	H18. 2
舗装設計便覧	316	5,500	H18. 2
透水性舗装ガイドブック2007	76	1,650	H19. 3
コンクリート舗装に関する技術資料	70	1,650	H21. 8

日本道路協会出版図書案内

図　書　名	ページ	定価(円)	発行年
コンクリート舗装ガイドブック２０１６	348	6,600	H28. 3
舗装の維持修繕ガイドブック２０１３	250	5,500	H25.11
舗装の環境負荷低減に関する算定ガイドブック	150	3,300	H26. 1
舗　装　点　検　必　携	228	2,750	H29. 4
舗装点検要領に基づく舗装マネジメント指針	166	4,400	H30. 9
舗装調査・試験法便覧（全4分冊）(平成31年版)	1,929	27,500	H31. 3
舗装の長期保証制度に関するガイドブック	100	3,300	R 3. 3
アスファルト舗装の詳細調査・修繕設計便覧	250	6,490	R 5. 3
道路土工			
道路土工構造物技術基準・同解説	100	4,400	H29. 3
道路土工構造物点検必携（令和5年度版）	243	3,300	R 6. 3
道　路　土　工　要　綱（平成２１年度版）	450	7,700	H21. 6
道路土工－切土工・斜面安定工指針（平成21年度版）	570	8,250	H21. 6
道路土工－カルバート工指針（平成21年度版）	350	6,050	H22. 3
道路土工－盛土工指針（平成２２年度版）	328	5,500	H22. 4
道路土工－擁壁工指針（平成２４年度版）	350	5,500	H24. 7
道路土工－軟弱地盤対策工指針（平成24年度版）	400	7,150	H24. 8
道　路　土　工－仮　設　構　造　物　工　指　針	378	6,380	H11. 3
落　石　対　策　便　覧	414	6,600	H29.12
共　同　溝　設　計　指　針	196	3,520	S61. 3
道　路　防　雪　便　覧	383	10,670	H 2. 5
落石対策便覧に関する参考資料 ―落石シミュレーション手法の調査研究資料―	448	6,380	H14. 4
道路土工の基礎知識と最新技術（令和5年度版）	208	4,400	R 6. 3
トンネル			
道路トンネル観察・計測指針（平成21年改訂版）	290	6,600	H21. 2
道路トンネル維持管理便覧【本体工編】（令和2年版）	520	7,700	R 2. 8
道路トンネル維持管理便覧【付属施設編】	338	7,700	H28.11
道　路　ト　ン　ネ　ル　安　全　施　工　技　術　指　針	457	7,260	H 8.10
道路トンネル技術基準（換気編）・同解説（平成20年改訂版）	280	6,600	H20.10
道路トンネル技術基準（構造編）・同解説	322	6,270	H15.11
シ　ー　ル　ド　ト　ン　ネ　ル　設　計・施　工　指　針	426	7,700	H21. 2
道路トンネル非常用施設設置基準・同解説	140	5,500	R 1. 9
道路震災対策			
道路震災対策便覧（震前対策編）平成18年度版	388	6,380	H18. 9

日本道路協会出版図書案内

図　　書　　名	ページ	定価(円)	発行年
道路震災対策便覧（震災復旧編）(令和4年度改定版)	545	9,570	R 5. 3
道路震災対策便覧（震災危機管理編）(令和元年7月版)	326	5,500	R 1. 8
道路維持修繕			
道　路　の　維　持　管　理	104	2,750	H30. 3
英語版			
道路橋示方書（Ⅰ共通編）〔2012年版〕（英語版）	160	3,300	H27. 1
道路橋示方書（Ⅱ鋼橋編）〔2012年版〕（英語版）	436	7,700	H29. 1
道路橋示方書（Ⅲコンクリート橋編）〔2012年版〕（英語版）	340	6,600	H26.12
道路橋示方書（Ⅳ下部構造編）〔2012年版〕（英語版）	586	8,800	H29. 7
道路橋示方書（Ⅴ耐震設計編）〔2012年版〕（英語版）	378	7,700	H28.11
舗装の維持修繕ガイドブック2013（英語版）	306	7,150	H29. 4
アスファルト舗装要綱（英語版）	232	7,150	H31. 3

※消費税10%を含みます。

発行所（公社)日本道路協会　☎(03)3581-2211
発売所　丸善出版株式会社　☎(03)3512-3256
　　　丸善雄松堂株式会社　学術情報ソリューション事業部
　　　　　法人営業統括部　カスタマーグループ
　　　　TEL：03-6367-6094　FAX：03-6367-6192　Email：6gtokyo@maruzen.co.jp

Memo

Memo

Memo

Memo